JIANZHU GONGCHENG ANQUAN YUFANG YU YINGJI GUANLI

最新规范

U0181188

建筑工程安全预防与应急管理

主 编 姜洁

副主编 向 冲 包启云 李小虎

重庆大学出版社

内容提要

本书按照高等院校土建类专业对工程安全预防与应急管理等相关课程的要求,以国家及行业现行建设工程标准、规范、规程为依据,与国家相关政策、方针紧密联系,以达到建立建设工程安全生产与应急管理知识方面的培训体系,全面提升行业人员的安全与应急意识和技能,提高行业人员建设工程生产安全事故应急处置能力的目的。

全书共分为11章,内容包括绪论、事故应急管理分类、建筑施工安全生产应急管理体系、建筑施工安全教育管理、建筑施工安全检查管理、建筑施工危险源辨识与管理、建筑施工安全生产事故预控管理、建筑施工现场安全生产管理、建筑施工机械安全管理、建筑施工安全生产应急预案、建筑施工生产安全事故后恢复工作。

本书可作为高等院校土木工程、工程管理等相关专业的教材,也可作为施工管理人员的参考用书。

图书在版编目(CIP)数据

建筑工程安全预防与应急管理／姜洁主编. --重庆:
重庆大学出版社,2022.7
高等学校土木工程本科系列教材
ISBN 978-7-5689-3457-2

Ⅰ.①建… Ⅱ.①姜… Ⅲ.①建筑工程—安全管理—
高等职业教育—教材 Ⅳ.①TU714

中国版本图书馆 CIP 数据核字(2022)第 121945 号

建筑工程安全预防与应急管理
主 编 姜 洁
副主编 向 冲 包启云 李小虎
策划编辑:鲁 黎
责任编辑:陈 力 版式设计:鲁 黎
责任校对:邹 忌 责任印制:张 策
*
重庆大学出版社出版发行
出版人:饶帮华
社址:重庆市沙坪坝区大学城西路 21 号
邮编:401331
电话:(023) 88617190 88617185(中小学)
传真:(023) 88617186 88617166
网址:http://www.cqup.com.cn
邮箱:fxk@ cqup.com.cn(营销中心)
全国新华书店经销
重庆天旭印务有限责任公司印刷
*
开本:787mm×1092mm 1/16 印张:15.25 字数:364 千
2022 年 7 月第 1 版 2022 年 7 月第 1 次印刷
印数:1—2 000
ISBN 978-7-5689-3457-2 定价:45.00 元

《建筑工程安全预防与应急管理》

编委会

主 任　姜　洁

副主任　向　冲　包启云　李小虎

成 员　李志强　吕辰炜　李鹏程

　　　　邱　程　杨迎港　马　伟

　　　　苏俊驰　齐晨亮　徐　忠

　　　　张　亮　杨　旭

前　言

安全预防与应急是当今全球备受关注的议题，"有备无患、居安思危"是安全应急传统文化底蕴的反映。21世纪以来，全球各类突发性灾害频发，从印度洋海啸、美国卡特里娜飓风到中国"5·12"汶川大地震、中国南方雪灾等自然灾害；从SARS事件、禽流感、埃博拉病毒到新型冠状病毒肺炎等公共卫生事件；从日本福岛核泄漏事故到长庆油田原油泄漏事故等特大环境灾害；从美国的"9·11"恐怖袭击到我国的"3·1"昆明火车站暴力恐怖袭击事件等社会安全事件。自然灾害、公共卫生安全、事故环境灾难等一系列灾害问题对当今社会和谐发展产生了严重的影响，而建筑施工事故在各行业事故中仅次于交通、矿山，属高风险生产经营行业。建筑业的安全事故带来的灾难后果，促使人们越来越关注建筑安全问题，并提高了人们对事故控制理论的重视程度。研究和分析建筑工程多发性安全事故的成因、探索预防对策和应急管理措施，对保证建筑施工安全、减少建筑行业事故的发生、促进建筑业健康有序发展具有重要的里程碑意义。

党和国家历来都十分重视安全生产工作，提出了"安全第一，预防为主"的安全生产总方针，要求施工企业必须做好安全生产工作。安全生产责任重于泰山，关注安全就是关注生命。搞好安全生产，我们要按照科学发展的要求，关爱生命，安全发展，不能以牺牲生态环境为代价，更不能以牺牲人的生命为代价。建筑业与其他行业不同，一是由于建筑产品的固定性、建筑施工的流动性决定了建筑安全生产的特殊性，即人、材料、机械设备围绕建筑产品进行野外露天作业，交叉环节多，施工过程中受自然环境如刮风、下雨、雷电、冰雹等影响大。二是目前建筑业3 800多万从业人员中农民工占70%以上，他们受教育的程度普遍较低，安全意识薄弱，缺乏安全知识和自我防护能力。综上所述，建筑业成为国家诸多行业中事故率最为高发的行业之一。

本书紧密结合我国安全应急管理部发展方针，深入学习贯彻习近平总书记关于加强应急管理体系和能力建设的重要论述精神，结合自然灾害、事故灾难、公共卫生、环境污染、社会安全等方面对建筑工程领域安全预防与应急管理进行论述，并对建筑施工安全生产应急的工作体制、安全教育、安全检查、生产预控、应急准备、应急处置等作出了系统的、详细的阐述，在减少建筑行业事故、提高应急救援能力等方面发挥了积极的作用。

全书共分为11章，各章内容简述如下：

第1章　绪论。本章主要介绍工程安全预防与应急管理基本概念、工程安全生产与应急管理特点、工程安全与应急管理基本原理与原则,我国工程安全预防与应急管理制度的发展历程以及工程安全预防原理与对策。

第 2 章　事故应急管理分类。本章对自然灾害、突发事故、公共卫生、社会安全进行简要论述,最终引出建筑施工安全生产应急管理,并对其进行详细论述。

第 3 章　建筑施工安全生产应急管理体系。本章主要围绕建筑施工安全生产应急管理体系的基本框架、制度、组织结构、资源保障四个方面展开论述。

第 4 章　建筑施工安全教育管理。本章介绍了建筑施工企业安全教育的内容、安全教育管理培训制度及要求、安全生产应急培训制度、安全生产应急演练。

第 5 章　建筑施工安全检查管理。本章介绍了安全检查管理概述、安全生产责任制度、安全生产检查制度、安全监督检查制度、安全生产检查标准。

第 6 章　建筑施工危险源辨识与管理。本章对建筑施工危险源进行概述,以及危险源的类型分级、辨识与评估、危险源管理及应急救援制度、安全生产风险分类分级管控制度。

第 7 章　建筑施工安全生产事故预控管理。本章介绍了建筑施工安全事故的主要类型、防范措施及典型案例分析、处理依据及程序、以及主要的救援方法。

第 8 章　建筑施工现场安全生产管理。本章介绍了土石方工程施工安全技术管理措施、脚手架工程施工安全技术管理措施、模板工程施工安全技术管理措施、拆除工程施工安全技术管理措施、吊装工程施工安全技术管理措施,建筑施工安全监测管理措施。

第 9 章　建筑施工机械安全管理。本章介绍了施工机械管理概述,小型施工机械管理、大型施工机械管理、设备安全管理制度。

第 10 章　建筑施工安全生产应急预案。本章对应急预案进行概述,讲述应急预案的目的、作用和分类、应急预案的编制、应急预案的管理。

第 11 章　建筑施工生产安全事故后恢复工作。本章介绍了事故后恢复计划、事故后进度管理应对措施、事故后质量管理应对措施、事故后成本管理应对措施。

本书具体编写分工如下:姜洁、李志强、吕辰炜、徐忠编写第 1 章、第 2 章、第 3 章,向冲、李鹏程、邱程、杨迎港、杨旭编写第 4 章、第 5 章、第 6 章、第 7 章,包启云、马伟、苏俊驰、齐晨亮编写第 8 章、第 9 章、第 11 章,李小虎、张亮编写第 10 章。

书稿终告段落,掩卷思量,饮水思源,应该说没有各位教授、专家、好友的支持,本书不可能付梓,在此谨表达自身的拳拳谢意。特别感谢恩师孙俊教授,她严谨务实的学术精神、诲人不倦的师德激励我们在工程安全领域奋勇向前。在书籍编写过程中,孙俊教授的耳提面命更是给我们以无限帮助。

本书在编写过程中参考了一些已公开发表的文献和资料,在此表示衷心感谢,由于编者水平所限,书中可能存在疏漏之处,恳请同行专家和广大读者批评指正。

编　者
2022 年 2 月

目　录

第1章 绪 论

1.1 工程安全预防与应急管理基本概念

工程安全预防管理指针对人们在生产过程中的安全问题,运用有效的资源,发挥人们的智慧,通过人们的努力,进行有关决策、计划、组织和控制等活动,预防安全事故的发生,实现生产过程中人与机器设备、物料、环境的和谐,达到安全生产的目的。

安全应急管理是针对可能发生或已经发生的突发事件,为减少突发事件的发生或降低其可能造成的后果和影响,达到优化决策的目的,而基于对突发事件的原因、过程及后果进行的一系列有计划、有组织的管理。它涵盖突发事件发生的前、中、后的各个过程,包括为应对突发事件而采取的预先防范措施、事发时采取的应对行动、事发后采取的各种善后措施及减少损害的行为等。

1.2 工程安全生产与应急管理特点

1.2.1 工程安全生产特点

本书"工程"二字从广义的概念来说,是指从事建筑结构施工、安装工程的生产活动。长期以来,由于人员流动性大、劳动对象复杂和劳动条件变化大等特点,建筑业在各个国家都是高风险的行业,伤亡事故发生率一直位于各行业的前列。尤其是现代社会建设项目趋向大型化、高层化、复杂化,加之建设场地的多变性,使得建设工程生产特别是安全生产与其他生产行业相比有明显的区别,建设工程安全生产的特点主要体现在以下几个方面:

①施工作业场所的固化使安全生产环境受到局限,导致在有限的空间和场地上集中大量人力、物资、机具来进行交叉作业。

②施工现场是一个受地域位置、周边环境、气象变化、工作条件等影响千差万别的工作场所。

③建筑产品体积的庞大性带来了高空作业的挑战。

④施工周期长和露天的作业使劳动者作业条件十分恶劣,一般工程的70%以上均需在露天进行作业。

⑤生产工艺的复杂多变,要求有配套和完善的安全技术措施予以保证。

⑥施工生产的流动性要求安全管理举措必须及时、到位。

⑦手工操作多、体力消耗和劳动强度大,揭示了个体劳动保护的必要性和艰巨性。

⑧施工场地窄小,对于多工种立体交叉作业的安全防护提出了较高要求。

⑨建筑业的飞速发展对安全管理和安全技术提出了新的挑战。

总结以上特点,建筑施工的安全隐患多存在于高处作业、交叉作业、垂直运输以及使用电器工具上。伤亡事故多发生在高处坠落、物体打击、机械和起重伤害、触电、坍塌等方面,每年在这些方面发生的事故占事故总数的85%。其中高处坠落占35%、触电占15% ~ 20%、物体打击占15%左右、机械伤害占10%左右、坍塌占5% ~ 10%(建筑业的五大伤害)。因此,施工项目流动资源和动态生产要素的管理是建筑施工安全预防管理的重点和关键点。

1.2.2　应急管理特点

应急管理是一项重要的公共事务,既是政府的行政管理职能,也是社会公众的法定义务。同时,在接受法律约束的前提下,应急管理活动具有与其他行政活动不同的特点。

1)政府主导性

政府主导性体现在两个方面:一方面,政府主导性是由法律规定的。《中华人民共和国突发事件应对法》规定,县级人民政府对本行政区域内突发事件的应对工作负责,涉及两个以上行政区域的,由有关行政区域共同的上一级人民政府负责,或者由各有关行政区域的上一级人民政府共同负责,从法律上明确界定了政府的责任;另一方面,政府主导性是由政府的行政管理职能决定的。政府掌管着行政资源和大量的社会资源,拥有严密的行政组织体系,具有庞大的社会动员能力,这是任何非政府组织和个人无法比拟的行政优势,只有由政府主导,才能动员各种资源和各方面力量开展应急管理。

2)社会参与性

《中华人民共和国突发事件应对法》规定,公民、法人和其他组织有义务参与突发事件应对工作,从法律上规定了应急管理的全社会义务。尽管政府是应急管理的责任主体,但是没有全社会的共同参与,突发事件应对不可能取得好的效果。在突发事件特别是生产安全事故应急处置过程中,企业主要负责人是应急管理的第一责任人,企业的先期处置工作尤其重要。企业要立即启动相关应急预案,在确保安全的前提下组织抢救遇险人员,控制危险源,封锁危险场所,杜绝盲目施救,防止事态扩大,同时依法依规及时如实向有关部门报告事故情况。

3)行政强制性

在处置突发事件时,政府应急管理的一些原则、程序和方式将不同于正常状态,权力将更加集中,决策和行政程序将更加简化,一些行政行为将带有更大的强制性。当然,这些非常规的行政行为必须有相应法律法规作为保障,应急管理活动既受到法律法规的约束,管理主体需正确行使法律法规赋予的应急管理权限,同时其又可以以法律法规作为手段,规范和约束管理过程中的行为,确保应急管理措施到位。

4)目标广泛性

应急管理追求的是社会安全、社会秩序和社会稳定,关注的是包括经济、社会、政治等方面的公共利益和社会大众利益,其出发点和落脚点就是把人民群众的利益放在第一位,保证人民群众生命财产安全,保证人民群众安居乐业,为社会全体公众提供全面优质的公共产品,为全社会提供公平公正的公共服务。

5)管理局限性

一方面,突发事件的不确定性决定了应急管理的局限性;另一方面,突发事件发生后,尽管管理者做出了正确的决策,但指挥协调和物资供应任务十分繁重,要在极短时间内指挥协调、保障物资,本身就是一项艰巨的工作,特别是对于一些没有出现过的新的突发事件,物资保障更是难以满足。加之受到突发事件影响的社会公众往往处于紧张、恐慌、激动之中,情绪不稳定,也加大了应急管理的难度。

1.3 工程安全与应急管理基本原理与原则

工程安全与应急管理是企业管理的重要组成部分,因此应该遵循企业管理的普遍规律,服从企业管理的基本原理与原则。

企业管理学原理是从企业管理的共性出发,对企业管理工作的实质内容进行科学的分析、综合、抽象与概括后所得出的企业管理的规律。原则是根据对客观事物基本原理的认识而引发出来的,需要人们共同遵循的行为规范和准则。企业管理学的原则,即是指在企业管理学原理的基础上,指导企业管理活动的通用规则。

原理和原则的本质与内涵是一致的。一般来说,原理更基本、更具普遍意义;原则更具体和有行动指导性。以下介绍同工程安全与应急管理有密切关系的系统原理和人本原理两个基本原理与原则。

1）系统原理

系统原理是现代管理科学中的一个最基本的原理，是指人们在从事管理工作时，运用系统的观点、理论和方法对管理活动进行充分的系统分析，以达到管理的优化目标，即从系统论的角度来认识和处理企业管理中出现的问题。

系统原理要求对管理对象进行系统分析，即从系统观点出发，利用科学的分析方法对所研究的问题进行全面的分析和探索，确定系统目标，列出实现目标的若干可行方案，分析对比提出可行建议，为决策者选择最优方案提供依据。

工程安全与应急管理系统是企业管理系统的一个子系统，其构成包括各级专兼职安全管理人员、安全防护设施设备、安全管理与事故信息以及安全管理的规章制度、安全操作规程、应急预案等。

安全贯穿于企业各项基本活动之中，安全与应急管理就是为了防止意外的劳动（人、财、物）耗费，保障企业系统经营目标的实现。

运用系统原理的原则可以归纳为如下：

（1）动态相关性原则

对安全管理来说，动态相关性原则的应用可以从两个方面考虑：一方面，正是企业内部各要素处于动态之中并且相互影响和制约，才使得事故有发生的可能。如果各要素都是静止的、无关的，则事故也就无从发生。因此，系统要素的动态相关性是事故发生的根本原因。另一方面，为搞好安全与应急管理，必须掌握与安全和应急有关的所有对象要素之间的动态相关特征，充分利用相关因素的作用。例如：掌握人与设备之间、人与作业环境之间、人与人之间、资金与设施设备改造之间、安全信息与使用者之间等的动态相关性，是实现有效安全和应急管理的前提。

（2）整分合原则

现代高效率的管理必须在整体规划下明确分工，在分工基础上进行有效的综合，这就是整分合原则。该原则的基本要求是：首先，充分发挥各要素的潜力，提高企业的整体功能，即首先要从整体功能和整体目标出发，对管理对象有一个全面的了解和谋划；其次，要在整体规划下实行明确的、必要的分工或分解；最后，在分工或分解的基础上，建立内部横向联系或协作，使系统协调配合、综合平衡地运行。其中，分工或分解是关键，综合或协调是保证。整分合原则在安全与应急管理中也有重要意义。"整"，就是企业领导在制订整体目标、进行宏观决策时，必须把安全纳入，作为整体规划的一项重要内容加以考虑；"分"，就是安全管理必须做到明确分工，层层落实，要建立健全安全组织体系和安全生产责任制度，使每个人员都明确目标和责任；"合"，就是要强化安全与应急管理部门的职能，树立其权威，以保证强有力的协调控制，实现有效综合。

（3）反馈原则

反馈是控制论和系统论的基本概念之一，指被控制过程对控制机构的反作用。

反馈大量存在于各种系统之中，也是管理中的一种普遍现象，是管理系统达到预期目标的主要条件。反馈原则指的是：成功的高效的管理，离不开灵敏、准确、迅速的反馈。现代企业管理是一项复杂的系统工程,其内部条件和外部环境都在不断变化,所以,管理系统要实现目标,必须根据反馈及时了解这些变化,从而调整系统的状态,保证目标的实现。管理反馈是以信息流动为基础的,及时、准确的反馈所依靠的是完善的管理信息系统。有效的安全管理,应该及时捕捉、反馈各种安全信息,及时采取行动,消除或控制不安全因素,使系统保持安全状态,达到安全生产的目标。用于反馈的信息系统可以是纯手工系统,但是随着计算机技术的发展,现代的信息系统应该是由人和计算机系统组成的匹配良好的人机系统。

(4)封闭原则

在任何一个管理系统内部,管理手段、管理过程等必须构成一个连续封闭的回路,才能形成有效的管理活动,这就是封闭原则。该原则的基本精神是企业系统内各种管理机构之间,各种管理制度、方法之间,必须具有相互制约的关系,管理才能有效。

这种制约关系包括各管理职能部门之间和上级对下级的制约。上级本身也要受到相应的制约,否则会助长主观臆断、不负责任的风气,难以保证企业决策和管理的全部活动建立在科学的基础上。

2)人本原理

人本原理就是在企业管理活动中必须把人的因素放在首位,体现以人为本的指导思想。

以人为本有两层含义:一是所有管理活动均是以人为本体展开的。人,既是管理的主体(管理者),又是管理的客体(被管理者),每个人都处在一定的管理层次上,离开人,就无所谓管理。因此,人是管理活动的主要对象和重要资源。二是在管理活动中,作为管理对象的诸要素(资金、物质、时间、信息等)和管理系统的诸环节(组织机构、规章制度等),都是需要人去掌管、运作、推动和实施的。因此,应该根据人的思想和行为规律,运用各种激励手段,充分发挥人的积极性和创造性,挖掘人的内在潜力。

搞好工程安全与应急管理,避免工伤事故与职业病的发生,充分保护企业职工的安全与健康,是人本原理的直接体现。

运用人本原理的原则可以归纳为下述内容。

(1)动力原则

推动管理活动的基本力量是人,管理必须有能够激发人的工作能力的动力,这就是动力原则。动力的产生,可以来自于物质、精神和信息,相应就有3类基本动力:

①物质动力,即以适当的物质利益刺激人的行为动机,达到激发人的积极性的目的。

②精神动力,即运用理想、信念、鼓励等精神力量刺激人的行为动机,达到激发人的积极性的目的。

③信息动力,即通过信息的获取与交流,产生奋起直追或领先他人的行为动机,达到激发人的积极性的目的。

(2)能级原则

现代管理引入"能级"这一物理学概念,认为组织中的单位和个人都具有一定的能量,并且可按能量大小的顺序排列,形成现代管理中的能级。

能级原则是说,在管理系统中建立一套合理的能级,即根据各单位和个人能量的大小安排其地位和任务,做到"才职相称",才能发挥不同能级的能量,保证结构的稳定性和管理的有效性。

管理能级不是人为的假设,而是客观的存在。在运用能级原则时应该做到3点:

①能级的确定必须保证管理系统具有稳定性。

②人才的配备使用必须与能级对应。

③对不同的能级授予不同的权力和责任,给予不同的激励,使其责、权、利与能级相符。

(3)激励原则

管理中的激励,就是利用某种外部诱因的刺激调动人的积极性和创造性。以科学的手段,激发人的内在潜力,使其充分发挥出积极性、主动性和创造性,这就是激励原则。

企业管理者运用激励原则时,要采用符合人的心理活动和行为活动规律的各种有效的激励措施和手段。

企业员工积极性发挥的动力主要来自3个方面:

①内在动力,指的是企业员工自身的奋斗精神。

②外在压力,指的是外部施加于员工的某种力量,如加薪、降级、表扬、批评、信息等。

③吸引力,指的是那些能够使人产生兴趣和爱好的某种力量。

这3种动力是相互联系的,管理者要善于体察和引导,要因人而异、科学合理地采取各种激励方法和激励强度,从而最大限度地发挥出员工的内在潜力。

1.4 我国工程安全预防与应急管理制度的发展历程

我国工程安全预防与应急管理体制的发展,从中华人民共和国成立至今,大致可划分为6个阶段。每一阶段所实现的质的飞跃,与当代中国乃至世界的政治经济和社会历史发展情势、状况、需求相吻合,与我国灾害和突发事件演化的客观环境相联系,与行政管理体制改革的总方向相一致。

第一阶段:单一灾害管理+人民战争(1949—1978年)。这一时期,灾害种类相对比较单一,主要是洪涝、地震等自然灾害,以及肺结核、鼠疫、血吸虫等公共卫生事件,形成了以"条条管理"为主的单一灾害管理。1950年2月,中央救灾委员会成立,政务院副总理董必武兼任主任委员,参加的委员单位有政法委员会、内务部、财经委员会、财政部、农业部、水利部、铁道部、交通部、食品工业部、贸易部、合作事业管理局、卫生部、全国妇联等13个机构。此后,相继建立了地震、水利和气象等专业性或兼业性部门,负责职能管辖范围内的灾害预防和抢险救灾。整个社会生产服从于中央计划安排。在这样的整体背景下,中央政府是救灾的唯一责任主体,形成了"全国找中央"的防灾救灾局面。同时,政府强调人民群众的力量,提倡生产领域中的灾害要自救互救。

第二阶段：单一灾害管理+部门协调机制(1978—1992年)。改革开放以后，除了传统的自然灾害，伴随工业化和城市化进程的工业、交通等领域的事故和社会群体性事件开始大量出现，包括公路、民航和铁路领域的交通事故数量直线上升，以国有企业改革和土地拆迁为诱因的社会群体性事件成为影响社会安定团结的主要因素，突发事件的破坏力增大。在自然灾害领域，中央层面由国家减灾委员会、国家防汛抗旱总指挥部、国务院抗震救灾指挥部等部门议事协调机构负责全国灾害管理的协调组织工作，分别对应承担日常具体工作的民政部、水利部和国家地震局的行政职能。

第三阶段：单一灾害管理+党委协调机制+部门协调机制(1992—2003年)。1992年，邓小平"南方谈话"之后，国家经济发展速度进一步加快，引发的社会问题也凸显出来。面对新兴领域风险加剧的现实，1992年国家成立了中央社会治安综合治理委员会，1998年成立了中央维护稳定工作领导小组，对口公安部的职责。在2003年国务院机构改革中，安全生产监管局从国家经贸委中独立出来，成为国务院直属机构。同时成立国务院安全生产委员会，对口原安全监管局。

这一系列工程安全预防与应急管理体制中的安全管理体系与部门间议事协调机构对口专业部门进行制度安排，成为这个时期的一个明显特点。

应该说，从2003年以来，我国依托政府应急管理办事机构、议事协调机构和联席会议制度建立起来的应急协调机制，为我国突发事件应对工作实现历史性的新跨越做好了准备。同时，国家安全生产行政管理体制也逐步理顺。2003年国务院机构改革中国家安全生产监督管理局从国家经贸委中独立出来，成为国务院直属机构。2005年，国家安全生产监督管理局升格为国家安全生产监督管理总局，规格为正部级。应急管理越来越受到政府的重视。

第四阶段：枢纽机构抓总+部门协调机制(2003—2013年)。众所周知，2003年的"非典"事件暴露出我国公共卫生领域存在的重大薄弱环节，成为加强和改进应急管理的机会"窗口"。面对各类突发公共事件数量持续上升、范围逐步扩大、表现形式多样化的特点，我国应急管理体系建设，一年一个重点，从各个层面推进。2006年，在国务院办公厅内部以总值班室为基础设立国务院应急办公室，全面履行政府应急管理职能。国务院各部门和各级地方政府作为突发事件应急管理工作的行政主体，按照行业管理职责和区域管理职责开展工作，国务院应急办统一负责协调和信息汇总。遇到重大突发事件，启动非常设指挥机构，或者成立临时性指挥机构，由国务院分管领导任总指挥，国务院有关部门参加，应急办服务于国务院领导应急响应和决策。国务院应急管理办公室不取代各有关部门的应急管理职责，民政、公安、国土、环境、水利、安监等各有关部门都负有应急管理职责，相应地都在各自部门内部设立应急管理机构，负责相关部门突发事件的应急管理。国家防汛抗旱、安全生产、海上搜救、森林防火、核应急、减灾委、抗震、反恐、反劫机等专项指挥机构及其办公室，发挥在相关领域突发事件应急管理中的指挥协调作用。地方各级政府是本行政区域突发事件应急管理的行政领导机构，负责本行政区域各类突发事件的应对工作；地方各级政府办公厅(室)和相关部门相应履行应急管理办事机构、工作机构的职责。

自从2008年国务院机构改革提出我国行政管理体制改革按照"职能有机统一的大部门

体制"总体要求以来,应急管理职能进一步整合的呼声越来越强烈,在一定程度上推动了应急管理体制综合化建设。总的来看,这一时期中国特色应急管理体制模式对我国传统的应急管理体制在3个方面实现了突破与制度创新。一是从"事后型"体制向"循环型"体制转变;二是从"以条为主型"体制向"以块为主型"体制转变;三是从"独揽型"体制向"共治型"体制转变。我国应急管理体制在领导机构、指挥机构、执行机构、办事机构、咨询机构等各方面体系完整,职责明确、分工合理,有利于实现统一指挥、协调一致。

第五阶段:国安委+党政同责+部门协调机制(2013—2018 年)。党的十八大以来,新一代领导集体提出了国家治理体系和治理能力现代化的战略目标。国家开始重构应急管理体系,建立国家安全委员会,修订了国家应急预案,各级党委书记成为第一责任人,实行党政同责的制度。

这一时期是在习近平新时代中国特色社会主义思想指导下的应急管理。加快建立公共安全治理体系成为题中之义,为进一步加强工程安全预防与应急管理,建立应急管理部做了体制和思想上的准备。

第六阶段:中华人民共和国应急管理部正式挂牌(2018—2020 年)。新组建的应急管理部整合了9 个单位相关职责及国家防汛抗旱总指挥部、国家减灾委员会、国务院抗震救灾指挥部、国家森林防火指挥部职责。十九届四中全会通过了《中共中央关于坚持和完善中国特色社会主义制度 推进国家治理体系和治理能力现代化若干重大问题的决定》,要求构建统一指挥、专常兼备、反应灵敏、上下联动的应急管理体制,优化国家应急管理能力体系建设,提高防灾减灾救灾能力。

十九届五中全会提出 12 项重要举措中,要"统筹发展和安全,建设更高水平的平安中国。坚持总体国家安全观,实施国家安全战略,把安全发展贯穿国家发展各领域和全过程,防范和化解影响我国现代化进程的各种风险"。两次的全会精神又将我国的应急管理体系建设提升到了举足轻重的战略位置,要不断加强国家的安全能力建设,走出一条具有中国特色的国家安全道路。

1.5　工程安全预防原理与对策

1.5.1　工程安全预防原理的含义

安全管理工作应当以预防为主,通过有效的管理和技术手段,防止人的不安全行为和物的不安全状态出现,从而使事故发生的概率降到最低,这就是预防原理。

工程安全管理以预防为主,其基本出发点源自生产过程中的事故是能够预防的观点。

除了自然灾害以外,凡是由于人类自身的活动而造成的危害,总有其产生的因果关系,探索事故的原因、采取有效的对策,原则上讲就能够预防事故的发生。由于预防是事前的工作,因此正确性和有效性就十分重要。

工程安全预防包括两个方面:

①对重复性事故的预防,即对已发生事故的分析,寻求事故发生的原因及其相互关系,提出防范类似事故重复发生的措施,避免此类事故再次发生。

②对预计可能出现事故的预防,此类事故预防主要只对可能将要发生的事故进行预测,即要查出有哪些危险因素组合,并对可能导致什么类型事故进行研究,模拟事故发生过程,提出消除危险因素的办法,避免事故发生。

1.5.2 工程安全预防的基本原则

(1)偶然损失原则

事故所产生的后果(人员伤亡、健康损害、物质损失等),以及后果的大小如何,都是随机的,是难以预测的。反复发生的同类事故,并不一定产生相同的后果,这就是事故损失的偶然性。

关于人身事故,美国学者海因里希调查指出:对于跌倒这样的事故,如果反复发生,则存在这样的后果——在330次跌倒中,无伤害300次、轻伤29次、重伤1次。这就是著名的海因里希法则,或者称为"事故三角形法则"。该法则的重要意义在于指出事故与伤害后果之间存在着偶然性的概率原则。

根据事故损失的偶然性,可得到安全管理上的偶然损失原则:无论事故是否造成了损失,为了防止事故损失的发生,唯一的办法是防止事故再次发生。这个原则强调,在安全管理实践中一定要重视各类事故,包括险肇事故,只有将险肇事故都控制住,才能真正防止事故损失的发生。

(2)因果关系原则

事故是许多因素互为因果连续发生的最终结果,一个因素是前一因素的结果,又是后一因素的原因。事故的因果关系决定了事故发生的必然性。掌握事故的因果关系,砍断事故因素的环链,就消除了事故发生的必然性,就可能防止事故的发生。事故的必然性中包含着规律性,必然性来自因果关系,深入调查和了解事故因素的因果关系就可以发现事故发生的客观规律,从而为防止事故发生提供依据。

应用数理统计方法,收集尽可能多的事故案例进行统计分析,就可以从总体上找出带有规律性的问题,为宏观安全决策奠定基础,为改进安全工作指明方向,从而做到"预防为主",实现安全生产。

从事故的因果关系中认识必然性,发现事故发生的规律性,变不安全条件为安全条件,把事故消灭在早期起因阶段,这就是因果关系原则。

(3)"3E"原则

造成人的不安全行为和物的不安全状态的主要原因可归结为4个方面:

①技术的原因。技术的原因包括:作业环境不良(照明、温度、湿度、通风、噪声、振动等),物料堆放杂乱,作业空间狭小,设备工具有缺陷并缺乏保养,防护与报警装置的配备和维护存在技术缺陷。

②教育的原因。教育的原因包括：缺乏安全生产的知识和经验,作业技术、技能不熟练等。

③身体和态度的原因。身体和态度的原因包括：生理状态或健康状态不佳,如听力、视力不良,反应迟钝,疾病、醉酒、疲劳等生理机能障碍;急慢、反抗、不满等情绪,消极或亢奋的工作态度等。

④管理的原因。管理的原因包括：企业主要领导人对安全不重视,人事配备不完善,操作规程不合适,安全规程缺乏或执行不力等。

针对这 4 个方面的原因,可以采取 3 种防治对策,即工程技术(Engineering)对策、教育(Education)对策和法制(Enforcement)对策。这 3 种对策就是所谓的"3E"原则。

(4)本质安全化原则

本质安全化原则来源于本质安全化理论,是指从一开始和从本质上实现了安全化,就可从根本上消除事故发生的可能性,从而达到预防事故发生的目的。

本质安全化是安全管理预防原理的根本体现,也是安全管理的最高境界,虽然实际上很难做到,但应该坚持这一原则。

本质安全化的含义也不仅局限于设备、设施的本质安全化,而应扩展到诸如新建工程项目,交通运输,新技术、新工艺、新材料的应用,甚至人们的日常生活等。

1.5.3　工程安全预防对策

根据事故预防的"3E"原则,目前普遍采用的工程安全预防对策主要有：

(1)技术对策

运用工程技术手段消除生产设施设备的不安全因素,改善作业环境条件、完善防护与报警装置,实现生产条件的安全和卫生。

(2)教育对策

提供各种层次的、各种形式和内容的教育和训练,使职工牢固树立"安全第一"的思想,掌握安全生产所必需的知识和技能。

(3)法制对策

利用法律、规程、标准以及规章制度等必要的强制性手段约束人们的行为,从而达到消除不重视安全、违章作业等现象的目的。

在应用"3E"原则预防事故时,应针对人的不安全行为和物的不安全状态的 4 种原因,综合地、灵活地运用这 3 种对策,不能片面强调其中某一个对策。

技术手段和管理手段对预防事故来说并不是割裂的,而是相互促进的,预防事故既要采用基于自然科学的工程技术,也要采取社会人文、心理行为等管理手段。

第2章　事故应急管理分类

2.1　自然灾害应急管理

我国是世界上自然灾害最为严重的国家之一,在中华民族五千多年文明史中,记录着同自然灾害作斗争的历史。近年来,在习近平新时代中国特色社会主义思想指引下,我国对自然灾害防治体制机制进行了更加全面的改革,从防灾、减灾、救灾各个环节入手,完善新时代自然灾害应急管理体系,提高自然灾害应急管理各项能力。

1)大力加强自然灾害防治

自然灾害是我们面临的主要突发事件类型之一。我国自然灾害类型多,发生频率高,造成损失大,应对自然灾害贯穿我国几千年历史进程。近年来我国逐渐形成了综合减灾理论,并开展了综合减灾实践,有效减轻了自然灾害对经济社会发展的冲击。新时代实施的防灾减灾救灾体制机制改革,自然灾害防治九大工程建设,基层防灾减灾能力建设及其科普宣教,以及国际减灾合作,极大地推动了自然灾害防治体系和能力的现代化进程。

2)我国自然灾害基本情况

自然灾害主要分为气象水文灾害、地震及地质灾害、海洋灾害、生物灾害、生态环境灾害五大类。其中,气象水文灾害包括干旱、洪涝、台风、暴雨、大风、冰雹、雷电、低温、冰雪、高温沙尘暴、大雾灾害等;地震及地质灾害包括地震、火山、崩塌、滑坡、泥石流、地面塌陷、地面沉降、地裂缝灾害等;海洋灾害包括风暴潮、海浪、海冰、海啸、赤潮灾害等;生物灾害包括植物病虫害、疫病、鼠害、草害、赤潮、森林草原火灾等;生态环境灾害包括水土流失、风蚀沙化、盐渍化、石漠化灾害等。

自然灾害主要有4个特点:一是灾害种类多。除现代火山活动外,所有的自然灾害类型基本都在我国出现过。二是分布地域广。各省区市均不同程度受到自然灾害影响,70%以上的城市、50%以上的人口分布在气象、地震、地质、海洋等灾害高风险区。三是发生频率高。区域性洪涝、干旱几乎每年都会出现;东南沿海地区平均每年有 6~8 个台风登陆;地震活动频繁,大陆地震占全球陆地破坏性地震的 1/3,是世界上大陆地震最多的国家。四是灾害损失重。2000 年以来,平均每年因各类自然灾害造成 3.4 亿人次受灾,年均直接经济损失 3 400 多亿元。

近年来,全球气候正经历一次以全球暖湿化为主要特征的显著变化,我国极端天气气候事件呈多发频发态势,强降雨、高温、洪涝和干旱等风险进一步加剧。地震方面,我国位于欧亚、太平洋和印度洋三大板块交汇地带,全球大地震活动呈现多发状态,中国大陆及周边地区 7 级以上地震活动同全球大地震活动有着准同步演化的特征,表明中国大陆进入了新的地震活跃期。由于我国国土面积广袤,地理气候条件复杂,自然灾害往往呈现群发性特点,一次重大灾害可以衍生一系列次生灾害,形成灾害链。随着经济全球化、城镇化快速发展,社会财富聚集,人口密度增加,承灾体暴露度增加,人类活动诱发自然灾害也频发,各类风险相互交织、相互叠加,我国防灾减灾救灾工作面临更加复杂严峻的形势和挑战。

3) 自然灾害应急准备

自然灾害应急准备是灾害治理的重要起始环节,是坚持底线思维,增强忧患意识,做到常备不懈的主要工作手段。通过制订预案,充实队伍,完善物资装备,建设应急场所,发展应急科技,为灾害治理体系和能力奠定坚实的基础。

4) 自然灾害应急预案

自然灾害应急预案是指各级人民政府及其部门、基层组织、企事业单位、社会团体等在进行风险分析评估、应急资源调查的基础上,为依法、迅速、科学、有序应对可能发生的自然灾害,最大程度减少灾害损害而预先制订的工作方案。应急预案主要解决自然灾害发生之前、发生之时、发生之后,做什么、怎么做、谁来做、用什么资源做等问题。自然灾害应急预案管理遵循统一规划、分类指导、分级负责、动态管理的原则。国务院办公厅印发《突发事件应急预案管理办法》(国办发〔2013〕103 号),从应急预案的规划、编制、审批、发布、备案、演练、修订、培训、宣传教育等方面进行了详细规范,为应急预案的编制提供了基本依据和关键支撑。

为有力有序应对森林草原火灾、洪涝、地震、突发地质灾害等自然灾害,国务院制定并印发了《国家森林火灾应急预案》(国办函〔2020〕99 号)、《国家防汛抗旱应急预案》、《国家地震应急预案》、《国家突发地质灾害应急预案》、《国家自然灾害救助应急预案》等自然灾害应急预案,各地区结合本地自然灾害特点和应急工作实际需求,制订并实施本级自然灾害应急预案。各级森林草原防灭火指挥部、防汛抗旱指挥部、抗震救灾指挥部、减灾委员会会同有关部门组织预案学习、宣传和培训,并根据实际情况适时组织评估和修订,同时制订应急演练计划并定期组织演练。自然灾害发生后,各地区按照本级预案规定启动程序和条件,及时启动相应等级应急响应,切实落实主体责任,强化区域协作和部门联动,支持引导社会力量有序参与,统筹做好自然灾害应急各环节工作,最大限度地减少灾害损害。

2.2　突发生态环境事件应急管理

维护生态安全是践行习近平生态文明思想、建设美丽中国重要内容和迫切任务。树立底线思维，加强生态环境突发事件研判、预案准备、响应管理，有力有效科学处置各类突发事件，将损失、影响降到最低程度，不断提高维护我国生态安全的应急处置能力。

党的十八大以来，以习近平同志为核心的党中央高度重视生态文明建设，把生态文明建设作为统筹推进"五位一体"总体布局和协调推进"四个全面"战略布局的重要内容。在生态文明建设和生态环境保护实践中，形成了习近平生态文明思想，为新时代推进生态文明建设提供了根本遵循。生态安全体系是生态文明体系的重要组成部分，关系民生福祉和经济社会可持续发展，是国家安全体系的重要基石，是生态文明建设必须守住的基本底线。

1）加强突发生态环境事件应急管理是维护生态安全与核安全的必然要求

生态安全与核安全是国家安全体系的重要组成部分，以习近平同志为核心的党中央创造性提出总体国家安全观，明确将生态安全、核安全纳入国家安全体系之中。习近平总书记指出，生态环境安全是国家安全的重要组成部分，要建立健全以生态系统良性循环和环境风险有效防控为重点的生态安全体系。

习近平总书记指出，保护生态环境就是保护生产力，改善生态环境就是发展生产力。党的十九大报告进一步阐述了生态安全的重要性，指出要"坚定走生产发展、生活富裕、生态良好的文明发展道路，建设美丽中国，为人民创造良好生产生活环境，为全球生态安全作出贡献"。

习近平总书记在中央财经领导小组第五次会议上强调，我国水安全已全面亮起红灯，河川之危、水源之危是生存环境之危、民族存续之危。水已经成为我国严重短缺的产品，成了制约环境质量的主要因素，成了经济社会发展面临的严重安全问题。全党要大力增强水忧患意识、水危机意识，从全面建成小康社会、实现中华民族永续发展的战略高度，重视解决好水安全问题。习近平总书记在深入推进长江经济带发展座谈会上指出流域环境风险隐患突出，长江经济带内 30% 的环境风险企业位于饮用水源地周边 5 km 范围内，生产储运区交替分布。固体危废品跨区域违法倾倒呈多发态势，污染产业向中上游转移风险隐患加剧。长江沿岸长期积累的传统落后产能体量很大、风险很多，动能疲软沿袭传统发展模式和路径的惯性巨大。如果不能积极稳妥化解这些旧动能，变革创新传统发展模式和路径，不仅会挤压和阻滞新动能培育壮大，而且处理不好还会引发"黑天鹅"事件、"灰犀牛"事件。要从生态系统整体性和长江流域系统性出发，开展长江生态环境大普查，系统梳理和掌握各类生态隐患和环境风险，做好资源环境承载能力评价，对母亲河做一次大体检。要针对查找到的各类生态隐患和环境风险,按照山水林田湖草是一个生命共同体的理念研究提出从源头上系统开展生态环境修复和保护的整体预案和行动方案。

习近平总书记在黄河流域生态保护和高质量发展座谈会上强调,黄河流域在我国经济社会发展和生态安全方面具有十分重要的地位,黄河流域是我国重要的生态屏障和重要的经济地带,是打赢脱贫攻坚战的重要区域,在我国经济社会发展和生态安全方面具有十分重要的地位;加强黄河治理保护,推动黄河流域高质量发展,积极支持流域省区打赢脱贫攻坚战,解决好流域人民群众特别是少数民族群众关心的防洪安全、饮水安全、生态安全等问题,对维护社会稳定、促进民族团结具有重要意义。

习近平总书记高度重视核安全,提出理性、协调、并进的中国核安全观,强调发展和安全并重,倡导打造全球核安全命运共同体,为新时期中国核安全发展指明了方向,为推进核能开发利用国际合作、实现全球持久核安全提供了中国方案。2014年4月,习近平总书记在中央国家安全委员会第一次会议上指出,要准确把握国家安全形势变化新特点新趋势,坚持总体国家安全观,走出一条中国特色国家安全道路。构建包括生态安全、核安全在内的国家安全体系,是其中的重要组成部分。

党的十九届五中全会提出,到2035年基本实现社会主义现代化远景目标,生态环境根本好转,美丽中国建设目标基本实现。"十四五"期间要统筹发展和安全,确保生态安全,加强核安全监管。

习近平总书记强调,要把人民群众生命安全和身体健康放在第一位,像保护自己的眼睛一样保护生态环境。突发生态环境事件的发生会造成环境质量下降或者造成生态环境破坏,危及公众身体健康和财产安全,甚至造成重大社会影响。突发生态环境事件的多发频发,特别是重大事件往往造成广泛深远的影响,对生态安全构成威胁。加强生态环境应急管理,削减事件数量、控制事件影响,具有很强的现实性和紧迫性,是坚持国家总体安全观、维护生态安全的必然要求。

2)加强生态环境应急管理是完善国家应急管理体系、及时科学妥善应对突发生态环境事件的现实需要

习近平总书记指出,我国各类事故隐患和安全风险交织叠加易发多发,影响公共安全的因素日益增多。应急管理是国家治理体系和治理能力的重要组成部分。加强应急管理体系和能力建设,既是一项紧迫任务,又是一项长期任务。党的十九届五中全会提出,要完善国家应急管理体系,加强应急物资保障体系建设。

当前我国环境事件多发频发的高风险态势没有根本改变,突发生态环境事件总数多、影响大,亟须加强包括评估、预警、预案、队伍、物资装备等在内的全过程生态环境应急管理体系和能力建设,既打好防范和抵御风险的有准备之战,也打好化险为夷、转危为机的战略主动战。

3)坚持底线思维,防范化解重大生态环境风险,着力提升突发生态环境事件应急处置能力

习近平总书记在全国生态环境保护大会上强调,要把生态环境风险纳入常态化管理,系

统构建全过程、多层级生态环境风险防范体系,着力提升突发生态环境事件应急处置能力;要始终保持高度警觉,防止各类生态风险积聚扩散,做好应对任何形式生态环境风险的准备。

凡事预则立,不预则废。党的十八大以来,习近平总书记多次强调,要善于运用底线思维的方法,凡事从坏处准备,努力争取最好的结果。为落实相关要求,就要牢固树立风险意识和底线思维着力防范化解生态环境领域重大风险,系统、全面、科学地做好应对突发生态环境事件的各项应急准备,把困难估计得更充分一些,把解决问题的措施想得更周全一些,把各项工作做得更扎实一些。

生态环境应急是一项科学性、专业性很强的应急工作,对处突能力要求高。在推动经济社会高质量发展和生态环境高水平保护,推进国家治理体系和治理能力现代化的背景下,应针对生态环境应急全过程,实施精准治理,补齐短板,增强弱项,加强应急人员队伍和应急物资装备能力建设,全面、科学、有效提升突发生态环境事件监测预警和应急处置能力,切实担负起维护生态安全的责任。

进入新时代,面对复杂多变的形势,以习近平同志为核心的党中央高瞻远瞩、统筹谋划,将加强生态安全体系建设作为推进生态文明和国家安全体系建设的重要战略举措,为生态安全体系建设提出了要求、指明了方向。生态安全作为非传统安全范畴,其风险具有潜在性、突发性、传导性的特点,决定了生态安全体系建设是一项具有长期性、复杂性、艰难性的系统工程,需要树立和践行绿色发展理念,坚持底线思维,增强忧患意识,统筹突发和累积、原生和次生、局部和整体、近期和远期生态环境风险,提高防范化解能力,推动生态环境应急治理体系和治理能力现代化。

2.3 公共卫生事件应急管理

受工业化、城镇化、经济全球化、人口增长、气候变化、生活方式改变、环境污染、政治冲突、人道主义危机等多重因素影响,公共卫生事件所造成的健康危害更大、经济损失更重、社会关注度更高,对公共卫生安全乃至国家安全构成严重威胁。同时,事件发展的不确定性、影响的广泛性及其应对能力的高要求性,对政府执政能力提出现实考验和更高要求。

新冠肺炎疫情是百年来全球发生的最严重的传染病大流行,是中华人民共和国成立以来我国遭遇的传播速度最快、感染范围最广、防控难度最大的重大突发公共卫生事件。习近平总书记在中央全面深化改革委员会第十二次会议上指出,要研究和加强疫情防控工作,从体制机制上创新和完善重大疫情防控举措,健全国家公共卫生应急管理体系,提高应对突发重大公共卫生事件的能力水平。

因此,提升政府公共卫生事件应急管理能力是政府工作的重中之重,是关系人民生命健康安全、经济社会发展和国家安全的大事,是各级政府坚持以人为本、执政为民、全面履行政府职能的重要体现。

2.3.1 公共卫生事件及现状

2003 年公布的《突发公共卫生事件应急条例》(国务院令第 376 号),将突发公共卫生事件表述为"突然发生,造成或者可能造成社会公众健康严重损害的重大传染病疫情、群体性不明原因疾病、重大食物和职业中毒以及其他严重影响公众健康的事件";2006 年公布的《国家突发公共卫生事件应急预案》进一步细化了事件的定义,表述为"突然发生,造成或者可能造成社会公众身心健康严重损害的重大传染病、群体性不明原因疾病、重大食物和职业中毒以及因自然灾害、事故灾难或社会安全等事件引起的严重影响公众身心健康的公共卫生事件"。

由此可见,所有最终可能引发公众身心健康危害的事件都可以归于突发公共卫生事件。在实际工作中,为便于管理,特别是厘清各部门在预防和应对准备等工作中的职责,卫生健康部门主要负责公共卫生事件中传染病事件、群体性不明原因疾病、突发中毒事件、医源性感染事件的管理,而在自然灾害、事故灾难、社会安全事件应急处置中,卫生健康部门配合其他主责部门主要承担紧急医学救援、卫生学处置等工作,同时负责其衍生的公共卫生事件的处置工作。在突发事件应急管理实践中,根据实际情况和管理需求,不断调整各类突发事件的主责部门及协作部门。

根据公共卫生事件性质、危害程度、涉及范围,按照《国家突发公共卫生事件应急预案》规定,将事件划分为特别重大(Ⅰ级)、重大(Ⅱ级)、较大(Ⅲ级)和一般(Ⅴ级)四级,分别由国家省级、地市级、县区级政府分级反应。

《国家突发公共卫生事件应急预案》规定的分类分级标准进一步细化,主要类别包括传染病、食物中毒、职业中毒、其他中毒环境因素事件、意外辐射照射事件、传染病菌种和毒种丢失、预防接种和预防服药群体性不良反应事件、医源性感染事件、群体性不明原因疾病暴发以及各级人民政府卫生健康行政部门认定的其他突发公共卫生事件等 11 类。其中,特别重大突发公共卫生事件主要包括:

①肺鼠疫、肺炭疽在大、中城市发生并有扩散趋势,或肺鼠疫、肺炭疽疫情波及 2 个以上的省份,并有进一步扩散趋势。

②发生传染性非典型肺炎、人感染高致病性禽流感病例,并有扩散趋势。

③涉及多个省份的群体性不明原因疾病,并有扩散趋势。

④发生新传染病或我国尚未发现的传染病发生或传入,并有扩散趋势,或发现我国已消灭的传染病重新流行。

⑤发生烈性病菌株、毒株、致病因子等丢失事件。

⑥周边以及与我国通航的国家和地区发生特大传染病疫情,并出现输入性病例,严重危及我国公共卫生安全的事件。

⑦国务院卫生健康行政部门认定的其他特别重大突发公共卫生事件。

明确界定公共卫生事件概念及其分类分级标准,为我国加强突发公共卫生事件应对准备和应急处理工作的可操作性,及时发现报告和处理突发事件,提供了科学规范管理的依据。

公共卫生事件通常具有下列特征:一是突发性。突然发生,具有非预期性和意外性,难以预料发生的时间、地点和危害。事件发生时,如果政府、专业机构和公众没有足够的思想准备,仓促应对,特别是在事件发生初期,容易出现混乱的状况。二是危害性。造成公众健康、经济和社会秩序等多方面影响和危害。严重的事件可在短时间内造成人群大量发病和死亡,给医疗和公共卫生体系造成巨大压力。同时,可能危及众多行业,造成严重经济损失,甚至引起一定程度的经济衰退。三是紧迫性。因事发突然、危害严重、情况紧急,所以需要第一时间在有限的信息和资源条件下寻求最可能的处理方案,做出决策并采取应对行动,以便将其危害控制在最低程度。四是复杂性。公共卫生事件成因及后果相对较为复杂,其应对和处置也更为复杂,需要政府多部门的共同努力和社会的广泛参与。同时,处置公共卫生事件往往持续时间较长。五是处理难度大。其复杂性和迁延时间长,导致其处理难度大,如不能及时有效干预和控制,有时甚至可能导致社会危机或政治动荡。

2.3.2 公共卫生事件应急管理体系

我国的公共卫生事件应急管理体系是由相互关联的组织功能系统以及相应的规则系统构成的有机整体。其中,组织功能系统是由相关的组织机构相互联结而成的,组织规则系统主要是以"一案三制"(预案、法制、体制、机制)为核心内容的规则框架。

我国的卫生应急管理组织体系主要由各级政府、专业机构、企事业单位、非政府组织及社会公众等组成。按其功能可以分为卫生应急指挥机构、日常管理机构、专业技术机构、专家咨询委员会及其他组织机构。

国务院根据实际需要,设立国家突发事件应急指挥机构,负责特别重大突发事件应对工作。县级以上地方各级人民政府设立突发事件应急指挥机构,统一领导本行政区域的公共卫生事件应对工作。

国家卫生健康委卫生应急办公室(突发公共卫生事件应急指挥中心)负责组织卫生应急和紧急医学救援日常管理工作。我国已经建立了国家、省、地市三级卫生应急日常管理机构组织体系,县级也因地制宜,建立专门或兼职的日常管理部门。

疾病预防控制机构、医疗机构、卫生监督机构、出入境检验检疫机构是卫生应急管理的专业技术机构,负责对突发公共卫生事件的技术调查、确证、处置、控制和评价工作。

卫生应急专家咨询委员会为公共卫生事件的决策、咨询、参谋发挥重要作用。国家卫生健康委和各省级卫生健康行政部门负责组建本级的突发公共卫生事件专家咨询委员会。市(地)级和县级卫生健康行政部门则根据工作需要,组建本级突发公共卫生事件应急处理专家咨询委员会。企事业单位、非政府组织及公民个体均是我国应急管理组织体系的重要组成部分。企事业单位在保障应急救援物资、生活必需品和应急处置装备的生产、供给等方面发挥着重要作用。非政府组织在调动社会资源方面具有独特优势,协助政府共同应对公共卫生事件。公民个体是应急管理活动的积极参与者。

目前,我国基层卫生应急组织体系尚不健全。在一些基层单位中卫生应急管理机构设置还不健全,人员编制缺乏,现有工作人员多为兼职,更换频繁。另外,全社会共同参与的应急管理工作格局尚未完全形成,卫生应急咨询系统也需要进一步发展与完善。

卫生应急组织体系的建立健全是确保卫生应急管理目标得以实现的组织保障。首先,要对组织体系结构与功能不断优化,强弱项、补短板,尤其加强基层政府和单位的卫生应急组织建设,建设协调、高效、统一、反应迅速的组织体系。其次,进一步构建全社会共同参与的应急管理工作格局。公共卫生事件的有效应对,需要紧紧依靠群众,动员社会各方面力量积极参与。最后,进一步发展和完善卫生应急咨询系统。促进应急决策过程中专家、智囊组织的积极参与和配合,允分发挥专家的参谋咨询作用。

2.4 社会安全事件应急管理

习近平总书记指出,当今世界正经历百年未有之大变局。面对波谲云诡的国际形势、复杂敏感的周边环境、艰巨繁重的改革发展稳定任务,我们必须始终保持高度警惕,既要高度警惕"黑天鹅"事件,也要防范"灰犀牛"事件;既要有防范风险的先手,也要有应对和化解风险挑战的高招;既要打好防范和抵御风险的有准备之战,也要打好化险为夷、转危为机的战略主动战。面对新危机、新困境与新挑战,管理应对各类社会安全事件形势严峻,任务繁重。

社会安全事件主要包括恐怖袭击事件、群体性事件、重大刑事案件、网络安全事件等。与其他突发事件相比,社会安全事件的发生原因更为复杂,往往诸多社会矛盾、风险和挑战相互交织和相互作用。同时,社会安全事件也可能由其他类型突发事件衍生发展而成,不确定性和严重性更为突出。如果防范不及时、应对不力、善后不当,矛盾风险就可能传导、叠加、演变、升级,甚至酿成大的危机。

社会安全事件应急管理不仅包括现场指挥与处置,还包括事前的防范化解、应急准备和事后的善后处理,是事前、事中、事后的全过程应急管理。要充分发挥我国应急管理体制优势,充分借鉴国内外应急管理相关理论和经验,不断完善社会安全事件应急管理组织体系,积极推进应急管理体系和能力现代化。

习近平总书记指出:"防范化解重大风险,是各级党委、政府和领导干部的政治职责""要健全风险防范化解机制,坚持从源头上防范化解重大安全风险,真正把问题解决在萌芽之时。"社会安全事件防范与化解是在社会安全事件发生之前,对可能引发事件的相关因素进行风险评估、情报预警、源头化解并做好应急准备工作。引发社会安全事件的不稳定因素在事件发生之前是以各类社会安全风险的形式存在的,如果能够及时识别这些风险并加以防控就可以将事件消除在萌芽状态,做到防患于未然,实现应急管理由被动处理向主动预防转变。

习近平总书记强调,当前和今后一个时期,我国发展进入各种风险挑战不断积累甚至集中显露的时期;对潜在的风险要有科学预判,该斗争的就要斗争。看不到风险是最大的风险,发现风险是防范化解风险的前提。因此,做好社会安全事件防范与化解工作,首先要准确认识风险、评估风险,要增强斗争敏锐性,善于洞察形势发展走势和隐藏在其中的风险挑战,掌握风险发生演变规律。社会安全事件风险评估是对各类可能导致社会冲突,危及社会稳定和社会秩序的潜在因素进行识别、分析和评价的过程,是提高社会安全事件的预见能力,保护公民的生命和财产安全,维护社会稳定的重要基础。

(1)正确认识,准确识别风险

增强忧患意识,做到居安思危,是我们党治国理政必须始终坚持的一个重大原则。"生于忧患,死于安乐""于安思危,于治忧乱"。这是几千年来治国理政的重要经验。社会安全风险是引起社会秩序紊乱、社会不稳定的一系列潜在因素,是一类根本性、深层次、结构性的潜在危害因素,这类因素具有明显的不确定性和难以预测性等特征,对社会的安全运行和健康发展构成负面影响和严重威胁。

风险识别也称风险辨识,是在特定的系统中确定风险因素并定义其特征的过程。社会安全风险评估需要先分析其发生原因、"威胁"要素等。以重大事项可能引发社会安全事件为例,需要在风险识别过程中考虑事项所涉及政策调整、利益调节的对象和范围是否界定准确,调整、调节的依据是否合法;是否给所涉及的群众生产、生活带来一定影响,是否符合大多数群众的利益诉求和愿望;对所涉及群众的补偿、安置、保障等措施是否与其他同类地区或类似事项的措施有较大差别,是否可能引起群众的强烈不满;是否会诱发关联性的其他不稳定问题;等等。

(2)把握步骤,科学评估风险

社会安全风险评估一般包括资产评估(包括可能受到影响的人员、活动、信息、设备等)、威胁评估、脆弱性分析、风险等级划分等步骤。资产评估主要包括3个步骤:第一,确定需要保护的关键资产;第二,预测不希望发生的事件及可能造成的后果;第三,根据可能造成的损失大小,优先选择需要保护的目标。威胁评估是指在综合分析多种因素的基础上,识别和评价各种威胁包括威胁主体的攻击目标、攻击能力、危害的程度及可能性的过程。脆弱性分析就是对系统中存在的薄弱环节进行分析和评估的过程。在脆弱性分析过程中,必须站在威胁主体的角度观察和考虑问题,从安全管理的工作程序、环节及实体结构、人力防护系统等方面进行实际调查,掌握可能出现的疏漏及薄弱环节。风险等级划分是指在综合考虑风险全面属性的基础上对风险进行划分,并与社会的可接受程度相比较,为应急管理提供决策依据。

(3)掌握方法,把握风险演化规律

看到形势发展变化给我们带来的风险,从最坏处着眼,做最充分的准备,朝好的方向努力,争取最好的结果。全面认识可能遇到的风险挑战,做好有效应对的各方面准备。为全面有效地识别社会安全风险,必须遵循系统性原则、动态性原则、重要性原则。从全局的角度系统地开展调查和了解,掌握风险产生的原因、条件和风险本身的性质。"为之于未有,治之于未乱",不仅要识别那些曾经发生过的风险,还要用发展的观点分析随着社会安全的变化和社会环境的变化而可能产生的新的风险。在遵循系统性原则的基础上突出重点,掌握关键。在风险评估的发展过程中,出现了不同类型的评估方法,这些方法各具特色有不同的适用范围,主要包括专家会议法、德尔菲法、头脑风暴法等。

专家会议法是在进行风险评估时,确定并邀请一定数量的专家就风险的类型、范围、作用过程等发表看法,通过讨论形成评估结论。德尔菲法实质是多次反复无记名的咨询,通过中间机构以匿名的方式征求专家的意见,最后取得专家们一致的评估结论。参加评估的成员相互并不了解,可以消除成员间的影响,成员可以改变自己的意见而无须作公开说明。头脑风暴法是吸收多方面专家参加积极的创造性思维过程,这种方法鼓励创新,鼓励参与者大胆提出自己的看法,通过相互启发、相互影响、相互刺激,产生并征集创造性设想的连锁反应,达到集体评估的目的。

2.5 建筑施工安全生产应急管理

建筑业是我国国民经济的支柱产业之一。随着我国城市化进程的加快,基建投资项目不断增加,建筑施工企业也随之迅速发展。目前我国建筑业是从业人数最多的行业,同时建筑业由于露天作业、高空作业、务工人员流动性强等特殊性,生产安全事故多发,被列入我国高危行业。

2.5.1 建筑施工项目及管理的特点

建筑施工项目现场是施工生产要素的集中点,其特点是多工种立体作业,生产设施临时性、作业环境多边性、人机流动性并存。由于人、机、料高度集中,多种危险因素并存,决定了建筑施工安全生产的复杂性。

1)建筑施工项目的特点

(1)一次性

考虑项目的规模、结构以及实施的时间、地点、参加者、自然条件和社会条件,设计的单一性,施工的单件性,使得它不同于制造业的重复生产,项目管理中的不确定因素多,建筑施工安全生产管理所要面对的环境十分复杂,并且需要不断地面对新的问题,要充分发挥创造性。

(2)流动性

施工队伍需要不断地从一个地方换到另一个地方进行建筑施工,施工流动性大,生产周期长,作业环境复杂,可变因素多;同时由于建筑企业超过80%的工人是外来务工人员,人员流动性也较大;建筑工程从基础、主体到装修各阶段,因分部分项工程、工序的不同,施工方法的不同,现场作业环境、状况和不安全因素都在变化中,作业人员经常更换工作环境。建筑施工项目的流动性特点使危险存在不确定性,要求项目的组织管理对安全生产具有高度的适应性和灵活性。

（3）密集性

我国建筑行业是典型的劳动密集型行业，由于集中了大量的外来务工人员，工人的文化水平较低，安全意识差，防护技能低，职业技能培训无论从广度和深度都远未满足当前要求，给安全管理工作提出了挑战。建筑业同时还是资金密集型行业，项目建设是以大量资金投入为前提的，资金投入大决定了项目受制约的因素多，因此建筑施工安全生产要考虑外界环境的影响。

（4）协作性

首先是多个主体的协作。建设工程项目的参与主体涉及业主、勘察、设计、工程监理以及施工等多个单位，它们之间存在着较为复杂的关系，需要通过法律法规及合同来进行规范和安排。其次是多个专业的协作。建设工程项目需要经过策划、设计、建造和维修等各个阶段才能完成实现工程实体的功能。这个过程涉及工程项目管理、法律、经济、建筑、结构、电气、给水、暖通和电子等相关专业。在各个专业的工作过程中经常需要交叉作业。需要专业工作队伍之间精诚协作、合理协调，需要完善的施工组织作为保障。这就对安全管理提出了更高的要求。

（5）危险性

首先，建筑施工高处作业、交叉作业多，劳动强度大。建筑施工中2 m以上即属高处作业，通常建筑物的高度从十几米到几百米，地下工程深度也从几米到几十米，并且存在多工种、多班组在一处或一个部位施工作业，施工的危险性较高。施工中，大多数工种仍是手工操作或借助工具进行手工作业、现场安装，湿作业多，如浇筑混凝土、抹灰作业等。劳动强度高，体力消耗大，容易发生疏忽造成事故。其次，建筑施工作业环境条件差，作业非标准化。建筑施工大部分在室外进行，受天气、温度影响较大，夏天受高温冬天受低温影响，还要受风、雨、霜和雾等的影响，在雨雪天气还会导致工作面湿滑，工作条件较差。这些自然因素也都容易导致事故发生。同时，随着工程项目施工的进行，施工现场的作业内容和工作环境不断变化，工人散布在工地上从事各岗位工作，即使做出机准作业技术规定，也很难规范所有施工人员的操作行为，增加了安全生产管理和监督检查的难度。

2）建筑施工管理的特点

（1）项目管理与企业管理离散

由于项目的临时性、特定环境和条件以及项目盈利能力的压力等，企业的安全管理制度和措施往往难以在项目中得到充分的落实。

（2）注重结果而忽视过程

建筑施工中的管理主要是一种目标导向的管理，注重结果而忽视过程，而安全管理恰恰是在过程中的管理。

（3）安全管理难度大

建筑工程一般是由多家企业共同完成的，总承包企业与各分包企业之间责任制度的建立和落实、现场的管理和协调等，对工程质量、安全管理影响很大。同时，现阶段建筑投资主体的成分日趋多元化,复杂多元的投资主体中,由于安全生产意识和管理的不到位使得部分投资主体行为不规范,个别投资项目刻意逃避政府监管,增加了项目管理难度。

针对建筑施工现场的安全管理,国家先后颁布了《中华人民共和国安全生产法》《中华人民共和国建筑法》《中华人民共和国消防法》等法律法规,住建部也出台了相关部门规章。但有些企业和部门片面追求经济利益,漠视法律法规,监管力度不够,忽视安全生产这一基础性工作。加之部分项目经理及现场管理人员尤其是一线操作人员缺乏基本安全知识,不执行国家标准和规定,违章违规操作,对员工的安全教育培训流于形式,工人安全意识淡薄,从而成为酿成生产安全事故的重要原因,这些都对建筑施工安全生产管理工作提出了新的要求。

2.5.2 建筑施工安全生产应急管理特点

我国每年建筑施工企业因突发生产安全事故造成的人员伤亡数量一直居高不下,究其原因,除了建筑施工安全生产的特点以及意识、制度、管理等各方面因素外,对突发生产安全事故而采取的应急处置能力相对薄弱也是造成人员伤亡和经济损失的一个重要方面。虽然突发事件不可能完全准确预测,甚至有时不可避免,但是"凡事预则立,不预则废",为突发事件的应对做好充分的准备,可以最大限度地降低各种损失。

所谓建筑施工安全生产应急管理,就是通过健全组织体系、建立有效的突发事件预警机制和应急预案等措施,针对建筑施工现场突发生产安全事故作出正确的应对决策协调各应急组织的行动,从而降低突发安全事故引起的人员伤亡和财产损失。建筑施工安全生产应急管理作为安全生产管理的重要环节,理应引起行业内的高度重视,提高安全生产应急管理能力可以有效减轻建筑工程项目突发生产安全事故造成的损失和保证建筑施工企业的可持续发展。建筑施工安全生产应急管理具有以下特点。

(1)复杂性

建筑施工安全生产应急管理是一项复杂的系统管理工作。从涉及部门层面来看,有政府部门、社会团体、机构,如安全生产监督管理部门、交通管理部门、消防管理部门、市政管理部门、卫生管理部门、财政管理部门、新闻媒体、生产经营单位等;从管理层次来看,由上至下为国家、省、市、县、生产经营单位设置的应急管理机构;从涉及领域层面来看,有法律、交通、通信、信息、工业等;从涉及周边环境来看,有道路交通、市政管线、通信线路、周边街道及居民的安全;从救援资源构成来看,一般有安全生产监督管理部门、交通、医疗、消防、街道、建设单位、设计单位、监理单位、施工单位等;从行业本身来看,建筑行业是劳动密集型产业,建筑产品的实现过程是各工序实施结果的集合,为实现预订目标,各个层面的工序平面、立体相互间交叉施工非常普遍,而人们所建建筑物越来越高,对地下空间利用越来越广,超高层建筑、超深基坑、超大型楼盘项目层出不穷,交叉施工更加频繁,管理工作越来越艰巨,安全生产应急管理越来越复杂。

(2)突发性

建筑施工安全本身就存在许多不确定风险,且因气候变化、周边环境变化、施工控制过程动态变化等因素,事故发生的必然性、偶然性不断增加。在建筑安全事故中,绝大部分属于突发事件,主要受天气、地质、周边环境、施工人员心理素质等因素影响。在施工期间,建筑施工应急管理有时也对危险源种类分别进行了辨识,预测事故可能或将要发生,并且采取了相应的控制措施和应急准备,但在动态的施工环境中,目前仍无法准确预测事故发生的具体时间和地点。在突发事件面前,人们显得非常渺小,往往无法抵抗事件的发生,并失去对后果的控制,产生难以预料的后果。

(3)时效性

由于建筑工程施工安全影响范围内的人员和财产均非常集中,一旦发生建筑施工安全事故,极易对人员造成伤害,对财产造成损失,产生不可估量的后果。事故发生后,相关单位必须在最短时间内按照应急管理体系程序启动应急预案,应急指挥机构统一指挥,各部门密切配合、协调联动。应急队伍第一时间反应、第一时间到位、第一时间展开救援、发布应急处理措施、保护现场、抢救伤员、保护财产,在有效时间内最大限度地保护人员生命和财产损失,防止次生灾害对施工场区造成损失,控制事故的影响在可控范围内再次扩大。

(4)长期性

目前,在应急管理体制不够健全、监测预警体系建设滞后、安全事故时有发生、应急救援队伍有待加强的严峻形势下,需要各级领导、各级应急管理职能部门、施工企业、社会团体共同努力,常抓不懈,将安全生产应急管理这一重要的管理工作作为一项长效机制融入整个施工管理中,不断探索求真,持续改进。

针对建筑施工安全生产应急管理的特点,需要从各个方面加强应对。首先,应加强评估和危险源辨识管理,分类建档,分级管理,重点监控高风险、易发生突发事件的环节,降低事故发生概率。其次,加强应急培训教育,日常检查,全程监控,提高公众的安全意识和应急管理水平,杜绝突发事件的发生。再次,生产安全事故发生后,不能有丝毫的犹豫,应立即进行应急救援,控制事态的发展。建筑行业相关管理部门、建筑施工企业应切实贯彻落实科学发展观,以法律法规为指引,以科学技术为依托,以预防事故发生、控制发展为原则,建立制度化、常态化的应急管理体系,保护人员生命和财产,构建和谐、稳定、安全的社会环境。

2.6 典型案例分析

1)事故概况

2007年3月28日上午9点30分左右,中铁十二局第二工程公司在承建北京市地铁10号线2标段施工过程中,由于对施工复杂的地质情况不清,当施工断面发生局部塌方和导洞拱部产生环向裂缝的险情时,未制订并采取保护抢险人员的安全技术方案,指挥作业人员实施抢险,发生二次塌方,造成6人死亡。事故发生后,该局第二工程公司及项目部有关负责人隐瞒事故情况,未按规定向政府有关部门报告,性质恶劣。

这起事故反映出一些企业安全生产责任制不落实,安全生产规程、标准执行不严格,特别是应急管理措施不当和有关管理人员法律意识淡薄。同时,也反映出地铁施工安全监管工作存在一些薄弱环节。

2)事故原因

(1)直接原因

坍塌处地质情况复杂引发险情,在无安全防护措施情况下组织抢险,是造成此次事故的直接原因。

①坍塌处周边环境条件十分复杂,工程地质及水文条件极差。在不利的环境和地质条件下进行浅埋暗挖隧道施工,其上方形成小量坍塌,并迅速发展至地面,形成大塌方。

②坍塌处集隧道爬坡、断面变化及转向、覆土层浅、环境条件和地质条件复杂等多种不利因素,且该暗挖结构本身处于复杂的空间受力状态,当开马头门时,由于地层压力作用,拱脚失稳,引起已施工做成的导洞产生变形过大,从而造成导洞拱部产生环向裂缝,并在抢险过程中发生坍塌。

③施工单位在已发现拱顶裂缝宽度由最初的 1 cm 发展为 10 cm,并有少量土方坍塌的情况下,没有制订并采取任何保护抢险人员的安全措施,指挥作业人员实施抢险,造成在二次塌方中 6 名作业人员被埋压。

(2)间接原因

①事发地铁标段地质勘探按照探孔间距不大于 50 m 的规范要求,以 40 m 为间距设置探孔。事故地点处在探孔间距之间,勘探资料未能显示出事故地点实际地质情况。

②现场安全生产管理存在漏洞。一是应急预案对施工过程可能出现的风险考虑不全,出现险情后不能按照预案组织抢险;二是对劳务用工管理不严,使用无资质的劳务队伍从事施工作业;三是现场管理人员未严格遵守安全生产有关法律规定。

坍塌事故案例 1　　　　　　坍塌事故案例 2

第3章 建筑施工安全生产应急管理体系

3.1 建筑施工安全生产应急管理体系基本框架

从整体来看,应急管理工作是在深入总结群众实践经验的基础上,制订各级各类应急预案,形成应急管理体制、机制,并且最终上升为一系列的法律法规和规章,使突发事件应对工作基本上做到有章可循、有法可依。由此,应急预案,应急管理体制、机制和法制合称"一案三制",共同构成了我国应急管理体系的基本框架。"一案三制"是基于4个维度的一个综合体系:体制是基础,机制是关键,法制是保障,预案是前提,它们具有各自不同的内涵特征和功能定位,是应急管理体系不可分割的核心要素。

对于建筑行业,从宏观层面来看,建筑施工安全生产应急管理体系建设也同样围绕"一案三制"展开;从微观层面来看,作为建筑施工企业及项目部,应在国家应急管理体系的基础之上,根据企业的自身规模、业务类型、市场环境等条件,通过全面的危险源分析,建立起适应企业特点并重点针对建筑施工现场的应急管理体系。建筑施工安全生产应急管理体系的构建,可以为建筑施工安全生产应急管理工作的有序、有效开展提供保障。

3.1.1 建筑施工安全生产应急管理体制

应急管理体制包括应急管理机构设置、职责划分及其相应的制度建设。我国应急管理体制建设的重点主要是建立健全集中统一、坚强有力的组织指挥机构,发挥我们国家的政治优势和组织优势,形成强大的社会动员体系;建立健全以事发地党委、政府为主,有关部门和相关地区协调配合的领导责任制;建立健全应急处置的专业队伍、专家队伍。

从宏观层面的政府机构设置来看,根据国务院发布的《国家突发公共事件总体应急预案》,我国针对突发公共事件的应急管理组织体系由领导机构、办事机构、工作机构、地方机构和专家组成。根据国务院发布的《国家安全生产事故灾难应急预案》,全国安全生产事故灾难应急救援组织体系由国务院安委会、国务院有关部门、地方各级人民政府安全生产事故灾难应急领导机构、综合协调指挥机构、专业协调指挥机构、应急支持保障部门、应急救援队伍和生产经营单位组成。国家安全生产事故灾难应急领导机构为国务院安委会,综合协调指挥机构为国务院安委会办公室,国家安全生产应急救援指挥中心具体担任安全生产事故灾难应急管理工作,专业协调指挥机构为国务院有关部门管理的专业领域应急救援指挥机构。地方各级人民政府的安全生产事故灾难应急机构由地方政府确定。应急救援队伍主要包括消防部队、专业应急救援队伍、生产经营单位的应急救援队伍、社会力量、志愿者队伍及有关国际救援力量等。国务院安委会各成员单位按照职责履行本部门的安全生产事故灾难应急救援和保障方面的职责,负责制定、管理并实施有关应急预案。我国建筑施工安全生产应急管理体制宏观上与国家突发事件应急管理体制相一致。

从微观层面的制度建设来看,建筑施工企业实行安全生产岗位责任制,决策层、管理层、实施层的各级岗位各施其责,明确参与人员的职责与权限并落实到人;落实应急管理规章制度,从应急预案的编制、实施、参与应急救援演习人员、应急救援物资储备、应急演练种类、应急演练方式、应急演练次数、应急预案的修改完善等方面详细规定;加强过程管理,采用定期检查和不定期抽查相结合的方式,检查应急管理规章制度的实施状态与上级主管部门的衔接、安全隐患的排查与整改措施、应急救援队伍和物资的准备情况,降低因管理疏漏发生事故的概率;开展全员安全生产应急管理教育,提高队伍素质,预防事故的发生;确认事故发生后的性质和影响程度,控制事故的影响范围,协调应急队伍的运转效率以及降低次生灾害产生的影响。

3.1.2　建筑施工安全生产应急管理的法制建设

应急管理的法制建设是指把整个应急管理工作建设纳入法律和制度的轨道,按照有关的法律法规来建立健全预案,依法行政,依法实施应急处置工作,要把法治精神贯穿于应急管理工作的全过程。

《中华人民共和国突发事件应对法》是我国目前突发事件应对的最高级别法律依据,是全国范围内突发事件应对的主要行动准则。该法从政府应急的角度对事件的预防与应急准备、监测与预警、应急处置与救援、事后恢复与重建进行了规定,明确了各阶段应进行的工作、责任主体和相关方的配合工作等。该法的第二十三条规定:"矿山、建筑施工单位和易燃易爆物品、危险化学品、放射性物品等危险物品的生产、经营、储运、使用单位,应当制定具体应急预案,并对生产经营场所、有危险物品的建筑物、构筑物及周边环境开展隐患排查,及时采取措施消除隐患,防止发生突发事件。"该条规定明确了建筑施工单位应针对突发事件编制应急预案。

《中华人民共和国安全生产法》第二十四条规定:"矿山、金属冶炼、建筑施工、运输单位和危险物品的生产、经营、储存、装卸单位,应当设置安全生产管理机构或者配备专职安全生产管理人员。"第四十条规定:"生产经营单位对重大危险源应当登记建档,进行定期检测、评估、监控,并制定应急预案,告知从业人员和相关人员在紧急情况下应当采取的应急措施。"第八十条规定:"县级以上地方各级人民政府应当组织有关部门制定本行政区域内生产安全事故应急救援预案,建立应急救援体系。"该法从管理人员、重大危险源管理、应急救援三方面对突发安全事件的应对进行了规范。

国务院《建设工程安全生产管理条例》第四十八条规定:"施工单位应当制定本单位生产安全事故应急救援预案,建立应急救援组织或者配备应急救援人员,配备必要的应急救援器材、设备,并定期组织演练。"第四十九条规定:"施工单位应当根据建设工程施工的特点、范围,对施工现场易发生重大事故的部位、环节进行监控,制定施工现场生产安全事故应急救援预案。实行施工总承包的,由总承包单位统一组织编制建设工程生产安全事故应急救援预案,工程总承包单位和分包单位按照应急救援预案,各自建立应急救援组织或者配备应急救援人员,配备救援器材、设备,并定期组织演练。"该条例还对安全事故的上报和调查处理进行了规定。

国务院《安全生产许可证条例》(国务院令第 397 号)规定:企业取得安全生产许可证应当有重大危险源检测、评估、监控措施和应急预案;有生产安全事故应急救援预案、应急救援组织或者应急救援人员,配备必要的应急救援器材、设备。

同时,国务院《生产安全事故报告和调查处理条例》(国务院第 493 号令)、《国务院关于全面加强应急管理工作的意见》(国发〔2006〕24 号)、国家安全生产监督管理总局《关于加强安全生产应急管理工作的意见》、《生产安全事故应急预案管理办法》以及住房和城乡建设部与各地方行政法规等,分别从各个层面和角度对安全生产应急管理进行了法律法规方面的强制性规定,共同构成了应急管理的法制基础体系,为建筑施工安全生产应急管理提供了法制保障。

3.1.3　建筑施工企业安全生产应急管理体系的构建策略

建筑施工项目突发生产安全事故后,应急管理的第一责任主体是建筑施工企业及其项目部。本书内容也是重点围绕建筑施工企业及其项目部如何应对施工现场突发生产事故展开的。作为建筑施工企业,安全生产应急管理体系的构建应遵循以下基本策略。

①全程化的应急管理。在制度上预防,于过程中控制,完善后期评估与总结,进行全程管理。建筑施工安全生产应急管理应贯穿于建筑施工全过程,在施工的每一阶段,都要实施监测、预警、干预或控制等缓解性措施。及时准确地分析建筑工程项目危险源、危害程度,恰当地选择应急方案,是及时避免建筑工程项目生产安全事故突发和实现全过程管理的关键点。

②全员的应急管理。培育健康的企业文化,以增进企业全体员工的应急理念和提高面对突发生产安全事故的勇气。在企业员工上下凝聚共识,形成合力的情况下,共同抵抗突发生产安全事故冲击的能量是巨大的。

③整合的应急管理。要合理整合各类资源,应与企业之外的组织或单位维持良好的互动关系,实现跨组织合作对象的多元化,彼此合作,争取更多的社会资源,提升企业应对建筑施工项目突发生产安全事故的实力。

④集权化的应急管理。要建立健全建筑工程项目突发生产安全事故应急组织机构和责任制度,厘清组织隶属关系,明确权责,增加组织成员间的协调合作,夯实消除建筑施工项目突发生产安全事故的组织基础。

⑤全面化的应急管理。建筑施工企业要不断吸收外部的新知识,建立学习型组织确保

应急管理能够识别面临的一切危险源,能够涵盖所有环节中的一切危险源,提升建筑施工项目突发生产安全事故的预见性,防止其发生与发展。

3.2 建筑施工安全生产应急管理制度

应急管理制度是建筑施工企业管理制度的重要组成部分,是工程项目管理的重要内容,是安全生产的重要保障,也是每位员工应对突发事件时必须共同遵守的行为规范和准则。应急管理制度起源于有效的应急管理方法,是通过将生产实践中行之有效的应急措施和办法制订成统一标准来实现应急管理工作的标准化、规范化。建筑施工企业应从对突发事件的随机零散管理向集中有序管理改进,从被动应付型向主动保障型转变,建立一套有效的应急管理制度,从制度层面保障应急管理工作的实施。

3.2.1 建筑施工安全生产应急管理制度建立的依据

1)符合国家法律法规的管理要求

《中华人民共和国突发事件应对法》和《国家突发公共事件总体应急预案》的颁布实施,为我国突发事件应急管理建立了制度框架,初步形成了纵向由中央到地方再到企业,横向由各部门综合协调的宏观应急管理机制。全国各行各业应急管理制度的建立都是在国家宏观管理要求下进行的。建筑施工现场应急管理是施工企业应急管理的组成部分,属于微观管理的范畴,应服从于国家宏观管理。建筑施工现场应急管理制度应该秉承国家宏观应急管理中的精神和原则,体现对国家突发事件应急管理方针、法律法规和标准规范的贯彻执行。

2)符合施工企业和工程项目实际情况

建筑施工现场应急管理制度的建立是在施工企业应急管理制度的框架下进行的,施工企业的应急管理属于微观管理,制度的制定应充分强调适应企业的实际情况,如企业的规模、经营范围、主要风险、管理的模式和水平、工作流程、组织结构等,不能照搬其他企业的制度。同时,还要符合具体工程项目的实际情况,例如项目的规模、施工环境、施工技术特点、项目组织结构、人员安排等。应根据工程项目自身特点,在已有企业应急管理制度基础上制定施工现场应急管理制度。

3)符合突发事件应急管理的特点

制定应急管理制度的目的是有效地应对突发事件,因此它的制定还要充分考虑突发事件应急的特点。不同于一般的事件处理,突发事件的应对要求快速地反应,最大限度保障人员的安全。应急管理制度在制定时就需要注重这些方面,才能体现出反应迅速、保障安全的特点。此外,只有在制度上体现出突发事件应急的特点,它才能更加全面准确地反映突发事件应急的需要,更好地指导事件处理。

3.2.2　建筑施工安全生产应急管理制度制定的原则

应急管理制度制定实施后,既要保持相对稳定,又不能一成不变。要以严肃、认真、谨慎的态度,经过不断实践,总结经验教训,对应急管理制度不断增加新的内容。有关人员要认真总结每一次突发事件应对的情况,把存在的问题逐级反馈,以便对应急管理制度作及时的修正和改进。总的来说,制定应急管理制度应该遵循以下原则和要求:

①制度要具有针对性。制度要简单明了,易懂易记,切忌冗长烦琐,用词晦涩,难以理解;弄清各项制度的对象,增强针对性,避免出现分工不清,责任不明现象。

②制度应有可操作性。每一个项目可以调配的资源都是有限的,应急能力也参差不齐,制度规定要符合实际,不能脱离实际。

③保证制度有效实施。制度的公布执行,必须有其严肃性和约束力,切勿走形式通过严格奖罚以保证制度全面有效地实施,要求明确制定专门的奖罚制度以支持整套制度的有效实施。同时也要有一定的弹性,使应急人员可以相机行事。

④强化相关宣传培训。要重视宣传和教育培训,缩短员工素质与制度要求之间的差距。

3.2.3　建筑施工安全生产应急管理制度的内容

应急管理制度是建筑施工企业为应对突发事件而采取的组织方法。应急管理涉及的相关主体众多,应急管理工作内容也极为丰富,制度的内容应该充分体现各相关方的协调和应急管理工作的顺利进行。根据有关法律法规的要求和应急管理的特点,建筑施工企业针对工程项目现场的应急管理制度主要包括以下6项。

1)应急管理责任制度

应急管理责任制度是建筑施工现场各项应急管理制度中最基本的一项制度。应急管理责任制度作为保障突发事件应对的重要组织手段,其内容包括对施工现场应急管理的管理要求、职责权限、工作内容和工作程序、应急管理工作的分解落实、监督检查、考核奖罚作出具体规定,形成文件并组织实施,确保每位员工在自己的岗位上认真履行各自的职责。

2)教育培训制度

人员的教育培训是提高全员应急意识和应急能力的基础性工作,是应急管理的重要环节。教育培训的对象是施工现场的全体人员,上至项目经理,下至现场操作人员。施工现场人员应根据工程项目的施工部位和施工进度有针对性地接受教育培训,通过相应的考核。教育培训制度对具体的教育培训对象、组织实施、形式和内容作出详细的规定,最大限度地保障人员应急时的需要。

3)危险源管理制度

危险源管理是应急管理的重要内容之一。危险源管理制度是对建筑施工现场所涉及各类危险源的识别及处理的具体规定。以制度的形式对建筑施工危险源进行风险管控,可以保证该项工作的规范化和科学化。危险源管理制度具体包括危险源的辨识与分析、危险源的风险评估、危险源的监控预警、危险源的控制实施以及危险源的信息管理和档案管理等方面的内容规定。

4) 应急预案管理制度

根据《中华人民共和国突发事件应对法》和《建设工程安全生产管理条例》的具体要求,建筑施工企业应根据本企业和工程项目的实际情况编制应急预案并形成体系。应急预案管理制度具体规定应急预案的编制要求、编制程序、编制内容、预案启动情形、预案的改进和管理等内容。应急预案管理制度的确立可以有效保证建筑施工企业应急预案的编制按照要求进行,保证预案的形式和内容标准化、规范化。

5) 应急救援制度

应急救援制度是各项应急管理制度中最重要的一项制度,其他制度的制定最终还是为应急救援服务。应急救援制度具体指导应急救援行动的实施,是现场人员采取救援行动的行为准则。应急救援制度要对救援的形式、工作程序、工作内容、人员的职责权限,以及救援过程中的决策指挥权、不同主体间的协调、救援的优先级等作出具体规定。

6) 善后处置制度

善后处置制度是应急管理制度的内容之一。施工企业必须对突发事件造成的财产损失和人员伤亡进行登记、报告、调查、处理和统计分析工作,总结和吸取突发事件应对的经验教训。同时还应该调查清楚事故原因,追究相关人的责任,尽快清理事故现场恢复正常的工程建设秩序。善后处置制度就是要对上述的内容作出详细的规定,以规范工作程序和方法。

3.3 建筑施工安全生产应急管理组织结构

3.3.1 建筑施工安全生产应急管理组织形式

组织形式也称组织结构类型,是指一个组织以什么样的结构方式去处理层次、跨度、部门设置和上下级关系。在现代建筑施工企业中,通常采用公司—项目部两个管理层次,现场项目部的组织形式与施工企业的组织形式是相互关联的,建立矩阵制的企业组织结构。项目部是施工企业派驻施工现场的组织,项目经理负责施工企业现场所有工作的实施和管理,企业为项目部的工作提供指导和各方面的支持。建筑施工企业应急管理组织形式也应遵循同样的组织设置层次,公司层面设置一级应急管理机构,工程项目部层面设置二级应急管理机构。应对突发事件时,两级机构呈联动状态,及时沟通,互相配合,积极落实各项应对措施。

应急管理有预防、准备、响应和恢复 4 个阶段,对应的就有日常管理状态和应急管理状态。日常管理状态下主要是应急预防和应急准备工作,可以认为是公司或项目部的日常管理工作。应急管理状态就是突发事件发生后的应对状态,此时公司和项目部由正常状态下的组织结构转换成应急反应组织结构。建筑施工企业合理的应急组织模式应当是在正常状态下不增加任何机构部门与人员和不影响各职能部门原来职责的基础上进行创建,突发事件发生时生成应急组织机构模式。建筑施工企业公司级应急管理组织机构如图 3-1 所示。

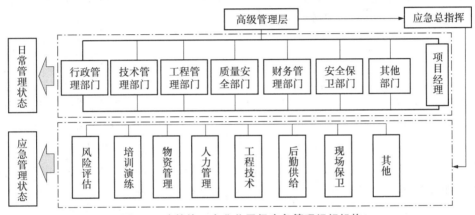

图 3-1　建筑施工企业公司级应急管理组织机构

建筑施工现场发生突发事件时,项目部就是应急管理的行为主体。建筑施工现场项目部负责应急管理预防和准备阶段的工作,也是多突发事件发生后的应对组织。根据工程项目规模和复杂程度的不同,会有不同的项目部组织形式,应该依据工程项目的特点和项目部的组织形式构建合理的应急管理组织。一般情况下,建筑施工企业项目部级应急管理组织机构如图 3-2 所示。

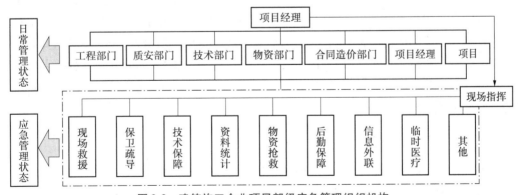

图 3-2　建筑施工企业项目部级应急管理组织机构

在图 3-2 中,下部框内部分就是突发事件发生后建筑施工现场应急组织结构形式,通常包括现场救援组、保卫疏导组、技术保障组、资料统计组、物资抢救组、后勤保障组、信息外联组和临时医疗组等。应急组织直接面对突发事件,它的结构设置有着很强的目标导向性,即遏制事态发展、控制事件带来的损失。应急组织是为应对突发事件而形成的一个临时性组织,但是它也需要一定的稳定性,同时也要有很好的灵活性。应急组织中各小组直接按照应急响应所要进行的工作设立,各小组是由不同技能的人员跨越不同职能领域组成,负有特殊任务,为了共同的目标进行协作,直到突发事件消亡为止。

3.3.2　建筑施工安全生产应急管理职责

人是应急管理的关键因素,也是应急组织构成的具体内容,突发事件应对的所有工作是由应急组织来完成,但最终还是落实到人身上。为使各项工作能更好地进行,建筑施工企业应该对应急组织有明确的职责划分。

1)指挥决策主体的职责

应急管理指挥分为公司级的应急总指挥和施工项目现场的事故现场指挥。应急总指挥在日常管理状态下的职责是定期检查各应急反应组织和部门的正常工作和应急反应准备情况。还有根据各施工场区的实际条件,努力与周边有条件的企业达成在事故应急处理中共享资源、相互帮助的应急救援协议、建立共同的应急救援网络。应急管理状态下,应急管理总指挥的职责主要是启动应急反应组织;指挥、协调应急反应行动;协调、组织和获取应急所需要的其他资源、设备以支援现场的应急操作;组织公司总部的相关技术人员和管理人员对施工场区生产全过程各危险源进行风险评估,确定升高或降低应急警报级别;与企业外应急反应人员、部门、组织和机构进行联络;通报外部机构和决定请求外部援助。

项目经理是应急管理的现场指挥,负责施工现场突发事件应对的指挥决策工作。在日常管理状态下,项目经理组织领导各部门建立应急管理制度,进行危险源的识别与评估应急预案的编制与管理、人员培训、应急物质准备等工作。项目经理也要负责与所属施工企业的沟通协调工作,在企业的指导和支持下完成各项应急准备工作。应急管理状态下,由项目经理与工程部、技术部、质量安全部、物资部负责人组成应急领导小组,项目经理任现场应急指挥。应急领导小组负责启动应急组织并履行以下职责:识别突发事件的性质和严重程度,作出决策并启动相应的应急预案;确保应急人员安全和应急行动的执行,做好现场指挥权转变后的移交和应急救援协助工作;做好消防、医疗、交通管制、抢险救灾等各公共救援部门的协调工作;负责突发事件的报告工作,协调好企业内部、应急组织与外部组织的关系,获取应急行动所需资源和外部援助。

2)应急职能部门的职责

图 3-1 所示的应急职能部门,如风险评估部门、工程技术部门等,是从公司原有职能部门中抽调所需的各类专业人员组成的,这些抽调的人员要避免因拥有两个上级和接受双重领导而造成权责不清。公司应规定:在日常管理工作中,各类工作人员归其隶属的原职能部门领导,但与应急预防和应急准备有关的工作应该优先于其他工作完成;在应急管理状态下,所有抽调的各类专业人员归其所在的应急职能部门所领导,对其负责,原部门领导无权干预其应急工作。

日常管理状态下,应急部门的职能和职责主要是为应对突发事件做一些准备工作。应急管理状态下,各应急职能部门的职能和职责发生了很大的变化,主要是按应急总指挥的部署,有效地组织应急反应物资资源和应急反应人力资源,及时赶赴事故现场进行应急救援,提供科学的工程技术方案和技术支持、后勤服务,协助组织事故现场的保卫工作等。

3)应急小组的职责

应急小组要在现场应急领导小组的领导下,完成突发事件应对所要做的各项工作。在日常管理状态下,应急小组的职责包括:根据施工现场的特点对施工全过程的危险源进行科学的识别和风险评估;制订应急预案,进行各种应急反应技能的学习培训和演练;按照计划准备施工现场应急物资;对现场重大危险源进行监控。应急管理状态下,应急小组要按应急总指挥的部署,有效地进行各项应急处置工作。

在应急管理状态下,应急指挥与应急小组的工作职能与职责见表3-1。

表 3-1　应急指挥与应急小组的工作职能与职责表

组织机构		工作职能与职责
应急总指挥		(1)启动应急反应组织,指挥、协调应急反应行动。 (2)协调、组织和获取应急所需资源、设备以支援应急操作。 (3)组织风险评估,确定升高或降低应急警报级别。 (4)与企业外部进行联络,通报外部机构和决定请求外部援助。
现场指挥		(1)识别突发事件的性质和严重程度,作出决策并启动应急预案。 (2)确保应急人员安全和应急行动的执行。 (3)做好现场指挥权转变后的移交和应急救援协调工作。 (4)做好消防、医疗、交通管制等各公共救援部门的协调工作。 (5)负责突发事件的报告工作,协调好企业内部应急组织与外部组织的关系,获取应急行动所需资源和外部援助。
应急小组	现场救援	(1)引导现场作业人员从安全通道疏散。 (2)将受伤人员营救至安全地带。 (3)落实各种技术措施,阻止事态的进一步扩大。
	保卫疏导	(1)对场区内外进行有效的隔离工作和维护现场应急救援通道畅通工作。 (2)疏散场区外的居民撤出危险地带。
	技术保障	(1)对事件进行情景风险评估,制订并启动合适的应急预案。 (2)分析应急中面临的技术难题,运用必要的工程技术排除险情。
	资料统计	(1)对突发事件进行跟踪预警。 (2)收集分析各方面的信息,为决策提供信息依据。
	物资抢救	(1)抢运可以转移的场区内物资。 (2)转移可能引起新危险源的物品至安全地带。
	后勤保障	(1)迅速调配抢险物资和现场抢险人员安全配备。 (2)及时组织并输送后勤供给物品至施工现场。 (3)组织施工现场内外部的可用物资。

续表

组织机构		工作职能与职责
应急小组	信息外联	(1)上报企业和相关部门事件发展态势和应对情形。 (2)对外发布突发事件信息。
	临时医疗	(1)对受伤人员作简易的抢救和包扎工作。 (2)及时转移受伤人员到医疗机构。
	专家咨询	为应急管理过程各环节提供技术咨询服务。

3.4 建筑施工安全生产应急资源保障

3.4.1 应急资源保障的意义

应急资源是有效应对突发事件的重要物质基础和人力保障,无论是事前的预防与准备,事中的处置与救援,还是事后的恢复与重建,都需要大量的应急资源来保障和实现。应急资源是应急管理的对象,也是有效开展应急管理的基础。应急资源对于应急管理有着至关重要的作用,品种齐全、数量充足的应急资源是应急处置的关键,对于提高应急组织综合应对能力具有十分重要的意义。

首先,应急资源是应急预案编制的基础。应急预案要根据突发事件的性质对应急资源提出供应和储备的要求,具体要求的提出必然要综合考虑成本和效益,这样预案编制就要受企业和施工现场实际的资源保障能力的约束。反过来,能在多大程度上满足需要的各类资源是应急预案编制的前提。

其次,应急资源是应急决策的保障。应急决策受事件情形、应急预案、应急资源情况的影响。应急决策要保证应急行动有足够的资源保障,没有充足的应急资源,再好的决策也只能是空谈。应急决策应结合突发事件情形,综合考虑应急资源的可获得情况。

最后,应急资源是应急综合能力的具体体现。应急资源越充足,应急响应的限制就越少,应急能力也就越强。

3.4.2 应急资源保障要素的主要种类

1)人力资源

人是应急能力建设和应急救援工作的主体力量,应急人员的素质和应急能力直接决定了安全应急管理能力和水平。从政府管理层面看,根据住房和城乡建设部《建设工程重大质量安全事故应急预案》(建质〔2004〕75 号),各省、自治区、直辖市建设行政主管部门要组织好 3 支建设工程重大质量安全事故应急工作基本人员力量:一是工程设施抢险力量,主要由施工、检修、物业等人员组成,担负事发现场的工程设施抢险和安全保障工作;二是专家咨询力量,主要由从事科研、勘察、设计、施工、质检、安监等工作的技术专家组成,担负事发现场的工程设施安全性鉴定、研究处置和应急方案、提出相应对策和意见的任务;三是应急管理力量,主要由建设行政主管部门和各级管理干部组成,担负接收同级人民政府和上级建设行政主管部门应急命令、指示,组织各有关单位对建设工程重大质量安全事故进行应急处置,并与有关单位进行协调及信息交换的任务。

从建筑施工企业应急管理角度看,人力资源管理主要包括两个方面:一方面,建筑施工企业应根据企业自身能力和项目实际情况建立高效的应急管理组织机构,配备合格的应急管理人员,明确各级应急部门和人员的工作职责,建立岗位责任制。一旦发生突发事件,企业能够按照应急预案的内容和组织分工有效地进行事件处置。另一方面,建筑施工企业应当培养和建立生产安全事故应急救援队伍,与地方各级人民政府和有关部门的应急救援组织建立联动协调机制,不断加强应急救援队伍的业务培训和应急演练等应急能力建设,提高装备水平。

2)物质资源

物质资源是指基础设施、应急救援物资、技术装备等以物质实体形态存在的资源。物质资源是有效实施各种应急方案的物质基础,同时也是信息资源的物质载体和突发事件应急管理的物质保障。物质资源的作用在于直接满足施工现场应急的物质需求与应急人员安全需求。建筑施工现场物质资源涉及的内容非常广泛,按用途可分为防护救助、应急交通、动力照明、通信广播、设备工具和一般工程材料几大类。防护救助物资包括保护应急人员安全的器物,如安全帽、安全带、手套等,也包括抢救受伤人员用的担架、各类药物。应急交通主要指运送应急物资和受伤人员用的各种交通工具。动力照明是应对地下工程、隧道工程突发事件以及夜间突发事件所必需的。通信广播包括电话、对讲机等通信工具,人员疏散、调配用的扩音器、广播设施等。设备工具由应急处置时用的机械设备和工器具、消防灭火设施、降水排水设施等组成。一般工程材料主要有沙石、钢管、木材等应急时所需材料。

3)资金资源

建筑施工现场突发事件的特点决定了应急资源不需要也不必要都以实物的形式存在,多种形式的应急资源更有利于资源效益的发挥。资金资源是调动外部和间接资源的总枢纽,能够扩展突发事件应急管理资源的范围和种类,是影响应急决策自由度的重要因素。资金资源是物质资源发挥效能的有益补充,同时也是人力资源和信息资源的重要保障。资金资源包括用于建筑施工现场突发事件应急管理的各种预算、专项应急资金、保险等以货币或存款形式存在的资金。

4)信息资源

信息资源是突发事件相关信息及其传播途径、媒介、载体的总称,在突发事件应急管理中发挥着重要作用。信息资源具有双向性：一方面，应急组织要依靠信息资源组织应急工作、作出决策、采取行动；另一方面，应急组织要借助信息资源了解突发事件发展现状与趋势，进而借助信息资源驱动人力、财力、物力等资源以间接满足应急需求。信息资源的及时、客观、准确直接关系到突发事件应急管理的效率，是影响突发事件应急管理的重要因素。建筑施工现场应急管理信息包含事态信息、环境信息、资源信息和应急知识等。

3.4.3 应急资源配置的原则

1）效率性原则

突发事件的性质决定了效率是建筑施工现场应急管理的生命。效率性原则具体有两方面的含义：一方面，时间上的效率性至关重要，突发事件一旦发生，必须迅速反应，全面调动资源开展应急救援，缓解各类资源的供需矛盾，恢复正常的施工反应；另一方面，资源的配置效率与使用效率不可或缺。从应急资源角度看，突发事件应急管理是一个资源供应与消耗补充的全过程，在该过程中所消耗与占用资源带来的各种成本的总和就是突发事件应急管理的成本。只有在资源配置过程中有效、合理、充分地使用资源，不断降低耗费与占用资源所带来的无效成本、沉没成本、机会成本等，才能满足效率性原则。

2）协调性原则

突发事件应急管理的资源配置过程本身就是一个依照资源属性，对各类资源及其供给和实际需求进行协调的过程。在突发事件应急管理中，各类资源的所有者性质不同，职责不同，价值与利益取向也会有所差异，而且在应对突发事件的介入方式也不尽相同。有效的协调必须把个体的、局部的力量聚合成整体的力量，发挥资源整体的最大效用。突发事件应急管理资源配置必须坚持协调性原则，整合自有的和外部的各种资源，并对各级各类资源进行统一指挥、有效协调，发挥整体功效，提高资源配置效率和运行效率。

3）管控结合原则

突发事件应急管理中的资源配置，要坚持统一指挥，注重关键资源的控制，全面提高资源配置效率。为确保对突发事件的控制，决策人员必须集中时间精力和有限资源，抓主要矛盾，确保对关键信息、应急人员、安全设施、应急救援物资等核心资源的控制，实现资源的科学优化配置与快速有效调度，保障总体局面的稳定与控制，从而为突发事件应急管理的其他工作环节提供坚实可靠的基础与强有力支撑。同时，还要围绕事态的发展变化，将以控制为主和以管理为主的两种资源配置方式统筹结合起来，这也是将突发事件应急响应与日常准备工作有机结合起来的必然要求。

3.5　典型案例分析

　　某建筑施工单位有从业人员1 000多人。该单位安全部门的负责人多次向主要负责人提出要建立应急救援组织。但单位负责人另有看法,认为建立这样一个组织,平时用不上,还老得花钱养着,划不来。真有了事情,可以向上级报告,请求他们给予支援就行了。由于单位主要负责人有这样的认识,该建筑施工单位一直没有建立应急救援组织。后来,有关部门在进行监督和检查时,责令该单位立即建立应急救援组织。

　　这是一起建筑施工单位不依法建立应急救援组织的案件。应急救援组织是指单位内部建立的专门负责对事故进行抢救的组织。建立应急救援组织,对于发生生产安全事故后迅速、有效地进行抢救,避免事故进一步扩大,减少人员伤亡,降低经济损失具有重要的意义。

　　《中华人民共和国安全生产法》第八十二条规定:"危险物品的生产、经营、储存单位以及矿山、金属冶炼、城市轨道交通运营、建筑施工单位应当建立应急救援组织;生产经营规模较小的,可以不建立应急救援组织,但应当指定兼职的应急救援人员。"按照一般原则,在市场经济条件下,法律不干预生产经营单位内部机构如何设立,这属于生产经营单位的自主经营权的内容。但考虑到危险物品的生产、经营、储存单位以及矿山建筑施工单位的生产经营活动本身具有较大的危险性,容易发生生产安全事故,且一旦发生事故,造成的人员伤亡和财产损失都较大。因此,《中华人民共和国安全生产法》对这些单位有针对性地作出了一些特殊规定,即要求其建立应急救援组织。

　　本案中的建筑施工单位有1 000多名从业人员,明显属于《中华人民共和国安全生产法》第八十二条规定的应当建立应急救援组织的情况。但该单位主要负责人却不愿意在这方面进行必要的投资,只算经济账,不算安全账,不建立应急救援组织。这种行为是违反《中华人民共和国安全生产法》上述有关规定的,有关负有安全生产监督管理职责的部门责令其予以纠正是正确的。

物体打击事故案例1　　　　物体打击事故案例2

第4章 建筑施工安全教育管理

4.1 安全教育内容

为贯彻安全生产的方针,加强建筑业企业职工安全培训教育工作,增强职工的安全意识和安全防护能力,减少伤亡事故的发生,施工现场安全教育应该贯穿于整个建筑施工生产经营全过程,体现全面、全员、全过程的原则。施工现场所有人员均应接受安全培训和教育,确保他们先接受安全教育并懂得相应的安全知识后才能上岗。

施工现场安全教育培训的类型应包括岗前教育、日常教育、年度继续教育,以及各类证书的初审、复审培训。

在建筑施工现场,对全体员工的安全教育通常包括以下内容。

1)安全生产法规教育

通过对建筑企业员工进行安全生产、劳动保护等方面的法律、法规的宣传教育,使每个人都能够依据法规的要求做好安全生产管理。因为安全生产管理的前提条件就是依法管理,所以安全教育的首要内容就是法规的教育。

2)安全生产思想教育

通过对员工进行深入细致的思想工作,提高他们对安全生产重要性的认识。各级管理人员,特别是企业管理人员要加强对员工安全思想的教育,要从关心人、爱护人、保护人的生命与健康出发,重视安全生产,做到不违章指挥;操作工人也要增强安全生产意识,从思想上深刻认识安全生产不仅仅涉及自身生命与安全,同时也和企业的利益和形象,甚至国家的利益紧紧联系在一起。

3）安全生产知识教育

安全生产知识教育是让企业员工掌握施工安全中的安全基础知识、安全常识和劳动保护要求，这是经常性、最基本和最普通的安全教育。

安全知识教育的主要内容有：本企业生产经营的基本情况；施工操作工艺；施工中的主要危险源的识别及其安全防护的基本知识；施工设施、设备、机械的有关安全操作要求；电气设备安全使用常识；车辆运输的安全常识；高处作业的安全要求；防火安全的一般要求及常用消防器材的正确使用方法；特殊类专业（如桥梁、隧道、深基础、异形建筑等）施工的安全防护基本知识；工伤事故的简易施救方法和事故报告程序及保护事故现场等规定；个人劳动防护用品的正确使用和佩戴常识等。

4）安全生产技能教育

安全生产技能教育是在安全生产知识教育基础上，进一步开展的专项安全教育，其侧重点是在安全操作技术方面，是通过结合本工种特点、要求，以培养安全操作能力而进行的一种专业性的安全技术教育，主要内容包括安全技术要求、安全操作规程和职业健康等。

根据安全技能教育的对象不同，可分为一般工种和特殊工种的安全技能教育。

5）安全事故案例教育

安全事故案例教育是指通过一些典型的安全事故实例的介绍进行事故的分析和研究，从中找出引起事故的原因以及正确的预防措施。用事实来教育职工引以为戒，提高广大员工的安全意识。这是一种借用反面教材但行之有效的教育形式。但需要注意的是在选择案例时一定要具有典型性和教育性，使员工明确安全事故的偶然性与必然性的关系，切勿过分渲染事故的血腥和恐怖。

以上安全教育的内容可以根据施工现场的具体情况单项进行也可几项同时进行。由此可见，安全教育是安全管理工作的重要环节。安全教育的目的是提高全员的安全意识、安全管理水平和防止事故发生，实现安全生产。安全教育是提高全员安全素质，实现安全生产的基础。通过安全教育，提高企业各级管理人员和广大职工搞好安全工作的责任感和自觉性，增强安全意识，掌握安全生产的科学知识，不断提高安全管理水平和安全操作水平，增强自我防护能力。

4.2 安全教育管理培训制度及要求

《中华人民共和国安全生产法》第十八条规定，生产经营单位的主要负责人负有对本单位安全生产工作组织制定并实施本单位安全生产教育和培训计划的职责。《中华人民共和国建筑法》第四十六条规定："建筑施工企业应当建立健全劳动安全生产教育培训制度,加强对职工安全生产的教育培训;未经安全生产教育培训的人员,不得上岗作业";建设部根据《建设工程安全生产管理条例》(国务院令393号)的规定,制定了《建筑施工企业主要负责人、项目负责人和专职安全生产管理人员安全生产考核管理暂行规定》,从而在国家法律、法规中确立了安全生产教育培训的重要地位。除进行一般安全教育外,特种作业人员培训还要执行《特种作业人员安全技术培训考核管理规定》(国家安全生产监督管理总局令第30号)中的有关规定,按国家、行业、地方和企业规定进行本工种专业培训、资格考核、取得特种作业人员操作证后上岗。

施工企业安全生产教育培训制度由企业劳动工资管理部门会同企业安全生产管理部门编制,经企业分管生产的副总经理和企业技术负责人(总工程师或技术总监)审核,由企业法定代表人批准发布。

4.2.1 安全教育的时间

根据《建筑业企业职工安全培训教育暂行规定》,建筑业企业职工每年必须接受一次专业的安全培训,具体要求如下:

①企业法定代表人、项目经理每年接受安全培训,时间不得少于30学时。

②企业专职安全管理人员除按照《建设企事业单位关键岗位持证上岗管理规定》要求,取得岗位合格证书并持证上岗外,每年还必须接受安全专业技术业务培训,时间不得少于40学时。

③企业其他管理人员和技术人员每年接受安全培训,时间不得少于20学时。

④企业特殊工种(包括电工、焊工、架子工、司炉工、爆破工、机械操作工、起重工、塔机及指挥人员、人货两用电梯司机等)在通过专业技术培训并取得岗位操作证后,每年接受有针对性的安全培训,时间不得少于20学时。

⑤企业其他职工每年接受安全培训,时间不得少于15学时。

⑥企业待岗、转岗、换岗的职工,在重新上岗前,必须接受一次安全培训,时间不得少于20学时。

⑦建筑业企业新进场的工人,必须接受公司、项目部(或工区、工程处、施工队)、班组的三级安全培训教育,培训时间分别不得少于15学时、15学时和20学时,并经考核合格后方可上岗。

4.2.2 安全教育的对象与要求

1)三类人员

依据建设部《建筑施工企业主要负责人、项目负责人和专职安全生产管理人员安全生产考核管理暂行规定》的要求,为贯彻落实《中华人民共和国安全生产法》、《建设工程安全生产管理条例》(国务院令第393号)和《安全生产许可证条例》(国务院令第397号),提高建筑施工企业主要负责人、项目负责人、安全生产管理人员安全生产知识水平和管理能力,保证建筑施工安全生产,对建筑施工企业三类人员进行考核认定。三类人员应当经建设行政主管部门或者其他有关部门考核合格后方可任职,考核内容主要是安全生产知识和安全管理能力。

(1)建筑施工企业主要负责人

建筑施工企业主要负责人指对本企业日常生产和对安全生产全面负责、有生产经营决策权的人员,包括企业法定代表人、经理、企业分管安全生产工作的副经理等。其安全教育的重点如下:

①国家有关安全生产的方针政策、法律法规、部门规章、标准及有关规范性文件,本地区有关安全生产的法规、规章、标准及规范性文件。

②建筑施工企业安全生产管理的基本知识和相关专业知识。

③重特大事故防范、应急救援措施,报告制度及调查处理方法。

④企业安全生产责任制和安全生产规章制度的内容、制定方法。

⑤国内外安全生产管理经验。

⑥典型事故案例分析。

(2)建筑施工企业项目负责人

建筑施工企业项目负责人指由企业法定代表人授权负责建设工程项目管理的项目经理或负责人等。其安全教育的重点如下:

①国家有关安全生产的方针政策、法律法规、部门规章、标准及有关规范性文件,本地区有关安全生产的法规、规章、标准及规范性文件。

②工程项目安全生产管理的基本知识和相关专业知识。

③重大事故防范、应急救援措施,报告制度及调查处理方法。

④企业和项目安全生产责任制和安全生产规章制度内容、制定方法。

⑤施工现场安全生产监督检查的内容和方法。

⑥国内外安全生产管理经验。

⑦典型事故案例分析。

(3)建筑施工企业专职安全生产管理人员

建筑施工企业专职安全生产管理人员指在企业专职从事安全生产管理工作的人员,包括企业安全生产管理机构的负责人及其工作人员和施工现场专职安全生产管理人员。其安全教育的重点如下:

①国家有关安全生产的方针政策、法律法规、部门规章、标准及有关规范性文件,本地区有关安全生产的法规、规章、标准规范性文件。

②重大事故防范、应急救援措施,报告制度,调查处理方法以及防护、救护方法。

③企业和项目安全生产责任制和安全生产规章制度。

④施工现场安全监督检查的内容和方法。

⑤典型事故案例分析。

2）特种作业人员

特种作业人员必须按照国家有关规定，经过专业的安全作业培训，并取得特种作业资格证书后，方可上岗作业。专业的安全作业培训，是指由有关主管部门组织的针对特种作业人员的培训，也就是特种作业人员在独立上岗作业前，必须进行与本工种相适应的、专业的安全技术理论学习和实际操作训练。经培训考核合格，取得特种作业操作合格证书后，才能上岗作业。特种作业人员还要接受每两年一次的再教育和审核，经再教育和审核合格后，方可继续从事特种作业，特种作业操作资格证书在全国范围内有效，离开特种作业岗位6个月及以上时间，应当按照规定重新进行实际操作考核，经确认合格后方可上岗作业，特种作业资格证的有效期为6年。对于未经培训考核，即从事特种作业的，《建设工程安全生产管理条例》第六十二条规定："违反本条例的规定，施工单位有下列行为之一的，责令限期改正；逾期未改正的，责令停业整顿，依照《中华人民共和国安全生产法》的有关规定处以罚款；造成重大安全事故，构成犯罪的，对直接责任人员，依照刑法有关规定追究刑事责任：（一）未设立安全生产管理机构、配备专职安全生产管理人员或者分部分项工程施工时无专职安全生产管理人员现场监督的；（二）施工单位的主要负责人、项目负责人、专职安全生产管理人员、作业人员或者特种作业人员，未经安全教育培训或者经考核不合格即从事相关工作的；（三）未在施工现场的危险部位设置明显的安全警示标志，或者未按照国家有关规定在施工现场设置消防通道、消防水源、配备消防设施和灭火器材的；（四）未向作业人员提供安全防护用具和安全防护服装的；（五）未按照规定在施工起重机械和整体提升脚手架、模板等自升式架设设施验收合格后登记的；（六）使用国家明令淘汰、禁止使用的危及施工安全的工艺、设备、材料的。"

3）入场新工人

入场新工人必须接受首次三级安全生产方面的基本教育。三级安全教育一般是由施工企业的安全、教育、劳动、技术等部门配合进行的。受教育者必须经过考试，合格后才准予进入施工现场作业；考试不合格者不得上岗工作，必须重新补课，并进行补考，合格后方可工作。

三级安全培训教育的内容包括以下几方面：

（1）公司安全培训教育的主要内容

①国家和地方有关安全生产、劳动保护的方针、政策、法律、法规、规范、标准及规章。

②企业及其上级部门（主管局、集团、总公司、办事处等）印发的安全管理规章制度。

③安全生产与劳动保护工作的目的和意义等。

（2）项目部安全培训教育的主要内容

①建设工程施工生产的特点，施工现场的一般安全管理规定、制度和要求。

②施工现场主要安全事故的类别，常见多发性事故的特点、规律及预防措施，事故的教训。

③本工程项目施工的基本情况（工程类型、施工阶段、作业特点等），施工中应当注意的

安全事项。

（3）作业班组安全培训教育的主要内容

①本工种的安全操作技术要求。

②本班组施工生产概况，包括工作性质、职责和范围等。

③本人及本班组在施工过程中，所使用和遇到的各种生产设备、设施、机械、工具的性能、作用、操作和安全防护要求等。

④个人使用和保管的各类劳动防护用品的正确穿戴、使用方法及劳动防护用品的基本原理与主要功能。

⑤发生伤亡事故或其他事故，如火灾、爆炸、机械伤害及管理事故等，应采取的措施（救助抢险、保护现场、事故报告等）要求。

为加深新工人对三级安全教育的感性认识和理性认识，一般规定，在新工人上岗工作6个月后，还要进行安全知识再教育。再教育的内容可以从入岗前三级安全教育的内容中有针对性地选择，再教育后要进行考核，合格后方可继续上岗。考核成绩要登记到本人劳动保护教育卡上。

4）变换工种的工人

建筑施工现场由于其产品、工序、材料及自然因素等特点的影响，作业工人经常会发生岗位的变更，这也是施工现场一种普遍的现象。此时，如果教育不到位，安全管理跟不上，就可能给转岗工人带来伤害。因此，按照有关规定，企业待岗、转岗、换岗的职工，在从事新工作前，必须接受一次安全培训和教育，时间不得少于20学时，其安全培训教育的内容如下：

①本工种作业的安全技术操作规程。

②本班组施工生产的概况介绍。

③施工区域内各种生产设施、设备、机具的性能、作用、安全防护要求等。

施工企业必须给每一名职工建立职工劳动保护（安全）教育卡，教育卡应记录包括三级安全教育、变换工种安全教育等的教育及考核情况，并由教育者与受教育者双方签字后入册，作为企业及施工现场安全管理资料备查。

4.2.3　安全教育的类型

安全教育的类型较多，一般有经常性教育、季节性教育和节假日加班教育等几种。

（1）经常性教育

经常性的安全教育是施工现场进行安全教育的主要形式，目的是时刻提醒和告诫职工遵规守章，加强安全意识，杜绝麻痹思想。

经常性安全教育可以采用多种形式，比如每日班前会、安全技术交底、安全活动日、安全生产会议、各类安全生产业务培训班，张贴安全生产招贴画、宣传标语和标志以及安全文化知识竞赛等。具体采用哪一种，要因地制宜，视具体情况而定，但不要摆花架子、搞形式主义。经常性安全教育的主要内容如下：

①安全生产法规、标准、规范等。

②企业和上级部门下达的安全管理新规定。

③各级安全生产责任制及相关管理制度。

④安全生产先进经验介绍，最新的典型安全事故。

⑤新技术、新工艺、新材料、新设备的使用及相关安全技术要求。

⑥近期安全生产方面的动态，如新的法规、文件、标准、规范等。

⑦本单位近期安全工作回顾、总结等。

（2）季节性教育

季节性教育主要是指夏季和冬季施工前的安全教育。

①夏季施工安全教育。夏季高温、炎热、多雷雨，是触电、雷击、坍塌等事故的高发期。闷热的气候容易使人中暑，高温使得职工夜间休息不好，打乱了人体的"生物钟"，往往容易使人乏力、瞌睡、注意力不集中，较易引起安全事故。因此，夏季施工安全教育的重点如下：

a. 用电安全教育，侧重于防触电事故教育。

b. 预防雷击安全教育。

c. 大型施工机械、设施常见事故案例教育。

d. 基础施工阶段的安全防护教育，特别是基坑开挖的安全和防护安全教育。

e. 高温时间，"做两头、歇中间"，保证职工有充沛的精力。

f. 劳动保护的宣传教育。合理安排好作息时间，注意劳逸结合。

②冬季施工安全教育。冬季气候干燥、寒冷，为了施工和取暖需要，使用明火、接触易燃易爆物品的机会增多，容易发生火灾、爆炸和中毒事故；寒冷又使人们衣着笨重、反应迟钝、动作不灵敏，也容易发生安全事故。因此，冬季施工安全教育应从以下几方面进行：

a. 针对冬季施工的特点，注重防滑、防坠落安全意识的教育。

b. 防火安全教育。

c. 现场安全用电教育，侧重于预防电器火灾教育。

d. 冬季施工，工人往往为了取暖，而紧闭门窗、封闭施工区域，因此，在员工宿舍地下室、地下管道、深基坑、沉井等区域就寝或施工时，应加强作业人员预防中毒的自我防护意识教育，要求员工识别中毒的症状，掌握急救的常识。

（3）节假日加班教育

节假日由于多种原因，会使加班员工思想不集中、注意力分散给安全生产带来隐患。节假日加班应从以下几个方面进行安全教育：

①重点做好员工的安全思想教育，稳定操作人员的工作情绪，增强安全意识。

②注意观察员工的工作状态和情绪，严禁酒后进入施工操作现场的教育。

③班组长和相关人员应做好班前安全教育，强调安全操作规程，提高防范意识。

④对较危险的部位，进行针对性的安全教育。

4.2.4 安全教育的方式

一般安全教育的方式有以下几种：

①召开会议。如安全培训、安全讲座、报告会、先进经验交流、安全现场会、展览会、知识竞赛等。

②报刊宣传。订阅或编制安全生产方面的书报或刊物,也可编制一些安全宣传的小册子等。

③音像制品。如电影、电视剧、专题片等。

④文艺演出。如小品、相声、短剧、快板、评书等。

⑤图片展览。如安全专题展览、板报等。

⑥悬挂标牌或标语。如悬挂安全警示标牌、标语、宣传横幅等。

⑦现场观摩。如现场观摩安全操作方法、应急演练等。

安全教育的方式应当结合建筑生产的特点和员工的文化水平而定,尽可能采取丰富多彩、行之有效的教育方式,使安全教育深入每个员工的内心。

4.3 安全生产应急培训制度

4.3.1 培训目的

采取不同形式,开展安全生产应急管理知识、应急技能和应急预案的宣传教育培训工作,是建筑企业安全生产应急管理的基础性工作,通过宣传教育培训实现以下目的:

①使企业员工熟悉企业应急预案,掌握本岗位事故预防措施和具备基本应急技能。

②使企业应急救援人员熟悉应急救援知识,熟悉和掌握应急处置程序,提高应急救援技能。

③提高应急救援人员和企业员工应急意识。

4.3.2 培训内容

建筑企业应对企业管理人员、项目管理人员、应急救援人员、现场施工人员进行法律法规、安全技术知识、应急救援知识、应急救援技能、应急救援案例的办法内容的培训,重点包括以下几个方面。

(1)报警

①使应急人员和现场施工人员了解并掌握如何利用身边的工具最快最有效地报警,比如使用移动电话(手机)、固定电话、网络或其他方式报警。

②使应急人员和现场施工人员熟悉发布紧急情况通告的方法,如使用警笛、警钟电话或广播等。

③当事故发生后,为及时疏散事故现场的所有人员,应急队员应掌握如何在现场贴发警

示标志。

（2）疏散

①为避免事故中不必要的人员伤亡,应培训足够的应急队员在事故现场安全、有序地疏散被困人员或周围人员。

②对施工人员进行培训,使其熟悉紧急避险和疏散的知识、技能和注意事项。

③对人员疏散的培训主要在应急演练中进行,通过演练还可以测试应急人员的疏散能力。

（3）救援

①使应急人员了解和掌握救援的基本知识、救援技能、救援设备和器材的使用等。

②使现场施工人员了解和掌握最基本的自救知识和技能。

（4）指挥和配合

应急指挥和配合是决定应急救援效果的关键因素。根据事故现场的实际情况及时决策和指挥,各救援队伍能够密切配合,协同工作,能够有效地提高应急救援工作的效率,取得最好的结果。指挥和配合培训主要在应急演习中进行。

4.3.3　培训方式

从培训技巧的种类来讲,建筑施工安全生产应急培训可以划分为理论授课型、案例研讨型和模拟演练型。

①理论授课型培训,主要是针对建筑施工安全生产应急管理中的一个或几个问题,由专家向受训对象进行讲解。这种方式主要用于对企业员工和应急救援人员的基本应急救援知识和技能的培训。

②案例研讨型培训,主要是针对建筑施工安全生产应急管理中的一个或几个问题,由受训者进行讨论,找出解决问题的方法。这种方式主要应用于建筑企业各级应急救援负责人之间的协调问题的培训。

③模拟演练型培训,主要是建筑企业针对应急预案的一部分或整体进行演练,以便发现问题、解决问题。

4.3.4　培训的实施

建筑企业安全生产应急培训应按照制定的培训计划,认真组织,精心安排,合理安排事件,充分利用不同方式开展,使参培人员能够在良好的氛围中学习,掌握有关应急知识。培训的实施主要包括以下几个方面。

（1）制订培训计划

建筑企业应根据本企业的实际情况、业务特点和需求分析制订培训计划,明确培训目标。

（2）课程设计和课程准备

对建筑企业不同类型的人员,应进行具有针对性的应急培训,对企业中高层管理人员、基层管理人员、施工作业人员的培训内容和重点是不同的,要针对性地进行课程准备,包括标准授课计划、辅助设施、学习资料等。

（3）选择适合的培训方式

针对不同的培训对象、内容，所采取的培训方式也有所区别。在各种方式中，选择合适的方式是培训计划的主要内容之一，也是培训成败的关键因素之一。

（4）做好培训记录和效果评价

培训工作是建筑企业安全生产应急管理的一项重要工作，培训部门一定要做好培训记录，建立培训档案并对培训效果进行评价。针对不同的培训方式和对象，可以采用不同的评价方式，既可以通过考核方式和手段，评价受训者的培训效果，也可以在培训结束后通过考核受训者在演练中或实践中的表现来评价培训效果。对评价不合格的，应组织进行再次培训。

4.4　安全生产应急演练

4.4.1　应急演练的目的

建筑企业在施工现场开展应急演练，主要目的是验证应急预案的实用性，找出存在的问题，建立和保持可靠的信息渠道及应急人员的协同性，确保企业各级应急组织能够正确履行职责。应急演练的目的可以概括为以下几点：

①检验预案。发现应急预案中存在的问题，判别和改正应急预案的缺陷，提高应急预案的科学性、实用性和可操作性。

②锻炼队伍。熟悉应急预案，提高应急人员在紧急情况下妥善处置事故的能力。

③磨合机制。完善应急管理相关部门、单位和人员的工作职责，提高协调配合能力。

④宣传教育。普及应急管理知识，提高参演和观摩人员的风险防范意识和自救互救能力。

⑤完善准备。完善应急管理和应急处置技术，补充应急装备和物资，提高其适用性和可靠性。

⑥其他需要解决的问题。

4.4.2　应急演练的原则

应急演练应符合以下原则：

①符合相关规定。按照国家相关法律法规、标准及有关规定组织开展演练。

②切合企业实际。结合企业生产安全事故特点和可能发生的事故类型组织开展演练。

③注重能力提高。以提高指挥协调能力、应急处置能力为主要出发点组织开展演练。

④确保安全有序。在保证参演人员及设备设施的安全的条件下组织开展演练。

4.4.3　应急演练的内容

应急演练依据应急预案和应急管理工作重点,通常包括以下内容:

①预警与报告。根据事故情景,向相关部门或人员发出预警信息,并向有关部门和人员报告事故情况。

②指挥与协调。根据事故情景,成立现场指挥部,调集应急救援队伍和相关资源,开展应急救援行动。

③应急通信。根据事故情景,在应急救援相关部门或人员之间进行音频、视频信号或数据信息互通。

④事故监测。根据事故情景,对事故现场进行观察、分析或测定,确定事故严重程度、影响范围和变化趋势等。

⑤警戒与管制。根据事故情景,建立应急处置现场警戒区域,维护现场秩序。

⑥疏散与安置。根据事故情景,对事故可能波及范围内的相关人员进行疏散、转移和安置。

⑦医疗卫生。根据事故情景,调集医疗卫生专家和卫生应急队伍开展紧急医学救援,并开展卫生监测和防疫工作。

⑧现场处置。根据事故情景,按照相关应急预案和现场指挥部要求对事故现场进行控制和处理。

⑨社会沟通。根据事故情景,召开事故情况通报会,通报事故有关情况。

⑩后期处置。根据事故情景,应急处置结束后,所开展的事故损失评估、事故原因调查、事故现场清理和相关善后工作。

⑪其他。根据建筑行业(领域)安全生产特点所包含的其他应急功能。

4.4.4　应急演练方式

应急演练按照演练内容分为综合演练和单项演练,按照演练形式分为桌面演练和现场演练,不同方式的演练可互相组合。

(1)综合演练

综合演练是指建筑企业针对本企业安全生产应急预案中多项或全部应急响应功能,为检验、评价应急救援体系整体应急能力而开展的演练活动。

综合演练要求建筑企业从公司总部到项目部到班组各级应急单位、部门都要参加,以检验各级应急单位、部门之间的协调联动能力,检验在紧急情况下能否充分调动现有的人力、物力等各类资源有效控制事故或减轻事故后果。综合演练是建筑企业规模最大、动用人员和资源最多、持续时间最长、成本最高的演练方式,也是能比较全面、真实地展示应急预案的优缺点,使参与人员能够得到比较好的实战训练的演练方式。在条件和时机成熟时,建筑企业应尽可能地进行综合演练。

（2）单项演练

单项演练是建筑企业针对本企业应急预案中某项应急响应功能或现场处置方案中一系列应急响应功能而开展的演练活动。主要针对一个或少数几个特定环节和功能进行演练。

单项演练一般在建筑企业应急指挥中心举行，并可同时开展现场演练，调用有限的应急资源，主要目的是针对特定的应急响应功能，检验应急响应人员以及应急管理体系的策划和响应能力。单项演练主要针对部分应急响应功能进行，演练侧重点明显，工作细致深入。如建筑企业进行的指挥和控制功能演练，其目的是检验评价本企业总部应急部门、项目部应急部门指导施工班组应急人员在一定压力下应急运行和及时响应能力。

（3）桌面演练

桌面演练是建筑企业针对施工项目现场可能发生的事故情景，利用图纸、沙盘、流程图、计算机、视频等辅助手段，依据本企业应急预案而进行交互式讨论或模拟应急状态下应急行动的演练活动。

桌面演练的主要作用是使演练人员在检查和解决应急预案中存在的问题的同时，获得一些建设性讨论结果，并锻炼演练人员解决问题的能力，解决各级应急组织之间的相互协作和职责划分问题。桌面演练方法成本低、针对性强，主要为单项演练、现场演练和综合演练服务，是建筑企业为应对生产安全事故做应急准备常采用的一种有效形式。

（4）现场演练

现场演练是建筑企业在项目施工现场，针对本项目可能发生的生产安全事故，在可能发生事故的生产区域设定事故情景，依据本企业应急预案而模拟开展的演练活动。

现场演练时，建筑企业事先在施工现场设置突发事件情景和后续发展情景，参演人员调集可利用的应急资源，针对应急预案中部分或所有应急功能，通过实际决策、行动和操作，完成真实应急响应过程，从而检验和提高应急人员现场指挥、队伍调动、应急处置和后勤保障等应急能力。现场演练时建筑企业常采用的演练方式如现场火灾演练、现场基坑坍塌演练等，现场演练场面较大、真实、复杂，应进行充分的设备设施准备、演练工作准备和善后工作准备。

4.4.5　应急演练方式的选择

建筑企业应急管理部门在选择应急演练方式时，应根据本企业安全生产要求、资源条件和客观实际情况，并充分考虑以下因素：

①本企业应急预案和应急响应程序制订工作的进展情况。

②本企业常见的事故类型和面临风险的性质和大小。

③本企业现有的应急资源状况，包括人员、设备、物资和资金等。

④在项目进行现场演练和综合演练时，项目所在地政府及相关部门的态度。

4.4.6　建筑企业应急演练的准备

建筑企业应根据本企业的实际情况和需要，制订应急演练计划，包括演练目的、类型（形式)、时间、地点,演练主要内容、参加单位和经费预算等,并根据应急预案和应急演练计划进行应急演练准备。应急演练准备一般包括成立演练组织机构、编制演练文件、演练工作保障、应急演练情景设计、制定演练现场规则 5 个方面。

1)成立演练组织机构

应急演练通常成立演练领导小组,下设策划组、执行组、保障组、评估组等专业工作组。根据演练规模大小,其组织机构可进行调整。

领导小组:负责演练活动筹备和实施过程中的组织领导工作,具体负责审定演练工作方案、演练工作经费、演练评估总结以及其他需要决定的重要事项等。

策划组:负责编制演练工作方案、演练脚本、演练安全保障方案或应急预案、宣传报道材料、工作总结和改进计划等。

执行组:负责演练活动筹备及实施过程中与相关单位、工作组的联络和协调、事故情景布置、参演人员调度和演练进程控制等。

保障组:负责演练活动工作经费和后勤服务保障,确保演练安全保障方案或应急预案落实到位。

评估组:负责审定演练安全保障方案或应急预案,编制演练评估方案并实施,进行演练现场点评和总结评估,撰写演练评估报告。

2)编制演练文件

建筑企业应急演练文件一般包括演练工作方案、演练脚本、演练评估方案、演练保障方案和演练观摩手册。

(1)演练工作方案

建筑企业在进行应急演练之前,应编制演练工作方案,其内容主要包括:

①应急演练目的及要求。

②应急演练事故情景设计。

③应急演练规模及时间。

④参演单位和人员主要任务及职责。

⑤应急演练筹备工作内容。

⑥应急演练主要步骤。

⑦应急演练技术支撑及保障条件。

⑧应急演练评估与总结。

(2)演练脚本

根据需要,可编制演练脚本。演练脚本是应急演练工作方案具体操作实施的文件,帮助参演人员全面掌握演练进程和内容。演练脚本一般采用表格形式,主要内容包括:

①演练模拟事故情景。

②处置行动与执行人员。

③指令与对白、步骤及时间安排。

④视频背景与字幕。

⑤演练解说词等。

（3）演练评估方案

根据演练工作方案和演练脚本编写演练评估方案,供演练观摩人员、评估人员对演练进行评估,演练评估方案的内容主要包括:

①演练信息:应急演练目的和目标、情景描述,应急行动与应对措施简介等。

②评估内容:应急演练准备、应急演练组织与实施、应急演练效果等。

③评估标准:应急演练各环节应达到的目标评判标准。

④评估程序:演练评估工作主要步骤及任务分工。

⑤附件:演练评估所需要用到的相关表格等。

（4）演练保障方案

针对应急演练活动可能发生的意外情况制订演练保障方案或应急预案,并进行演练,做到相关人员应知应会,熟练掌握。演练保障方案应包括应急演练可能发生的意外情况、应急处置措施及责任部门,应急演练意外情况中止条件与程序等。

（5）演练观摩手册

根据演练规模和观摩需要,可编制演练观摩手册。演练观摩手册通常包括应急演练时间、地点、情景描述、主要环节及演练内容、安全注意事项等。

3）演练工作保障

建筑企业应急演练工作保障主要包括人员保障、经费保障、物资和器材保障、场地保障、安全保障、通信保障和其他保障等。

①人员保障。按照演练方案和有关要求,策划、执行、保障、评估、参演等人员参加演练活动,必要时考虑替补人员。

②经费保障。根据演练工作需要,明确演练工作经费及承担单位。

③物资和器材保障。根据演练工作需要,明确各参演单位所准备的演练物资和器材等。

④场地保障。根据演练方式和内容,选择合适的演练场地。演练场地应满足演练活动需要,避免影响企业和公众正常生产、生活。

⑤安全保障。根据演练工作需要,采取必要安全防护措施,确保参演、观摩等人员以及生产运行系统安全。

⑥通信保障。根据演练工作需要,采用多种公用或专用通信系统,保证演练通信信息通畅。

⑦其他保障。根据演练工作需要,提供其他保障措施。

4）应急演练情景设计

策划小组确定演练目标后,应着手进行演练情景设计。演练情景是指对假想事故按其发生过程进行叙述性说明。情境设计就是针对假想事故的发生过程,设计出一系列情景事件,目的是通过引入这些需要应急组织做出相应响应行动的事件,刺激演练不断进行,从而全面检验演练目标。

情境设计中必须说明何时、何地、发生何种事故、被影响区域和气候条件等事项,即必须说明事故情景。作用在于为演练活动提供初始条件并说明初始事件的有关情况。情境设计中还必须明确和规划事故各阶段的时间和内容,即必须说明何时应发生何种情景事件,以促进应急组织采取应急行动。情景事件一般通过控制消息通知演练人员。控制消息是一种刺激应急组织采取行动的方法,一般分两类,一类是演练前已准备好的消息,另一类是演练过程中自然产生的消息。控制消息的主要作用是诱使、引导演练人员作出正确回应,传递方式主要有电话、无线通信、传真或口头传达等。

演练策划小组在进行应急演练情景设计时,应考虑如下事项:

①应将演练参与人员及其他人员的安全放在第一位,避免演练参与人员及其他人员的安全健康受到危害。应考虑演练区域安保措施,防止非演练人员进入。

②情景设计人员必须熟悉演练地点和周围各种情况。建筑企业一般在施工现场进行应急救援演练,情景设计人员应和技术专家、组织指挥专家一起踏勘现场。

③参演人员不得参与演练方案制定和演练情景设计,保证演练方案和演练情景对演练人员的保密性。

④情境设计时,应尽可能结合建筑企业(项目)实际情况,具有一定的真实性。如可将企业历史上发生过的突发事件中的一些信息纳入演练情景,或采用一些道具或其他模拟材料等,情景事件的时间尺度可与真实事件的时间尺度相一致。

⑤情境设计时,应慎重考虑公众卷入的问题,采取必要的宣传措施,避免引发公众恐慌。

⑥情境设计时,应考虑通信故障问题,检测备用通信系统。

⑦情境设计时,应设定天气条件,当天气条件不适合进行演练时,应采取必要保障措施或改期。

⑧情境设计时,应对演练顺利进行所需的支持条件进行详细说明。

⑨情境设计时,不应包含任何影响系统和设备性能、影响真实紧急情况检测和评估结果,减损真实紧急情况响应能力的行动和情景。

5)制定演练现场规则

演练现场规则是指为确保应急演练安全而制定的对有关演练和演练控制、参与人员职责、实际突发事件、法规符合性、演练结束程序等事项的规定和要求。

建筑企业应急演练安全既包括参演人员安全,也包括公共和环境安全。演练策划组应制定演练规则,规则中应包括如下工作内容:

①演练过程中所有消息或沟通应有"演练"二字。

②应指定应急演练的现场区域,参与演练的所有人员不得采取降低保障人身安全条件的行动,不得进入禁止进入的区域,不得接触不必要的危险,也不得使他人遭受危险。

③演练过程中不得把假象事故、情景事件或模拟事件错当成真的,特别是在可能使用模拟方法来提高演练真实度的地方,如虚拟伤亡、灭火地段等,当计划这种模拟行动时,必须考虑可能影响设施安全运行的所有问题。

④演练不应要求极端的气候条件,不能因演练模拟场景需要而污染环境。

⑤除演练方案或情景设计中列出的可模拟行动,以及控制人员的指令外,演练人员应将演练事件或信息当作真实事件或信息作出反应,应将模拟的危险条件当作真实情况采取应急行动。

⑥演练过程中不应妨碍发现真正的紧急情况,应同时制订发现真正紧急事件时可立即终止、取消演练的程序,迅速、明确地通知所有响应人员从演练到真正应急的转变。

⑦演练人员没有启动演练方案中的关键行动时,控制人员可发布控制信息,指导演练人员采取相应行动,帮助演练人员完成关键行动。

⑧演练人员应统一着装,正确穿戴劳动保护用品,佩戴演练袖标,根据应急预案的相关规定按章操作。

4.4.7　建筑企业应急演练的实施

1)熟悉演练任务和角色

建筑企业在演练前应进行演练动员,确保各参演单位和参演人员熟悉各自参演任务和角色,并按照演练方案要求组织开展相应的演练准备工作。必要时,可分别召开控制人员、演练人员、评价人员的情况介绍会。演练模拟人员和观摩人员一般参加控制人员的情况介绍会。

(1)控制人员

控制人员是指根据演练情景,控制应急演练进展的人员。控制人员的主要任务包括:

①确保应急演练目标得到充分演练。

②确保应急演练既有一定的工作量,又有一定的挑战性。

③确保应急演练的进度。

④解答演练人员的疑问,解决应急演练过程中出现的问题。

⑤确保应急演练过程的安全。

控制人员情况介绍会主要是根据演练方案,讲述下列事项:

①演练情景的所有内容,包括响应人员的语气行动。

②各控制人员(包括模拟人员)的工作岗位、任务及其详细要求。

③控制人员之间的通信联系。

④有关演练工作的行政与后勤管理措施。

⑤演练现场规则,以及有关演练的现场安全与保安工作的详细要求。

⑥有关情景中复杂和敏感部分的控制细节。

(2)演练人员

演练人员是指在应急组织中承担具体任务,并在演练过程中尽可能对演练情景或模拟事件做出其在真实情景下可能采取的响应行动的人员。演练人员的主要任务包括:

①救助伤员或被困人员。

②保护财产和公共健康。

③获取并管理各类应急资源。

④与其他应急响应人员协同应对重大事故和紧急事件。

演练人员情况介绍会不得讲解与演练情景相关的内容,而是根据演练方案讲解演练人在演练前应知道的信息,一般包括:

①演练现场规则及有关演练现场安全及保安工作的详细要求。

②演练目标和演练范围。

③演练过程中已批准的模拟行动。

④各类演练参与人员的识别方式。

⑤演练开始的初始条件。

⑥演练过程中有关行政事务、后勤或通信联系方式的特殊要求。

(3)评价人员

评价人员是指负责观察演练进展情况并予以记录的人。评价人员的主要任务包括:

①观察重点演练要素并收集资料。

②记录事件、时间、地点详细演练经过。

③观察行动人员的表现并记录。

④在不干扰参演人员的情况下,协助控制人员确保演练计划的顺利进行。

⑤根据观察,总结演练结果并出具演练报告。

评价人员情况介绍会主要根据演练方案,讲解下述事项:

①演练情景的所有内容,包括相应人员的预期行动。

②场外应急响应行动的指导思想和原则。

③演练目标、评价准则、演练范围及演练协议。

④演练现场规则及有关演练现场安全及保安工作的详细要求。

⑤评价组组成。

⑥每个评价人员的工作岗位、任务及详细要求。

⑦评价人员承担某项评价任务所要求的特殊约定。

⑧场外应急预案及执行程序的新规定或要求。

⑨评价方法、评价人员应提交的文字资料及提交时间。

⑩演练总结阶段评价人员应参加的会议。

(4)模拟人员

模拟人员是指演练过程中扮演、代替某些应急响应机构和服务部门,或模拟紧急事件,事态发展的人员。模拟人员的主要任务包括:

①扮演、替代正常情况或响应实际紧急事件时应与指挥中心、现场应急指挥所相互作用的机构或服务部门。

②模拟事故发生过程,如释放烟雾、模拟气象条件等。

(5)观摩人员

观摩人员是指有关领导、邀请的有关部门和外部机构的人员以及旁观演练过程的观众。

2）组织预演

在进行综合应急演练前,演练组织单位或策划人员可按照演练方案或脚本组织桌面演练或合成预演,熟悉演练实施过程的各个环节。

3）安全检查

确认演练所需的工具、设备、设施、技术资料以及参演人员到位。对应急演练安全保障方案以及设备、设施进行检查确认,确保安全保障方案可行,所有设备、设施完好。

4）应急演练

应急演练总指挥下达演练开始指令后,参演单位和人员按照设定的事故情景,实施相应的应急响应行动,直至完成全部演练工作。演练实施过程中出现特殊或意外情况,演练总指挥可决定中止演练。

5）演练记录

演练实施过程中,安排专门人员采用文字、照片和录像等手段记录演练过程。文字记录可由评估人员完成,主要包括演练实际开始和结束时间、演练过程控制情况、参演人员的表现、意外情况及其处置等内容,尤其要详细记录可能出现的人员"伤亡"及财产"损失"等情况。

照片和录像可安排宣传人员和专业人员在不同的场合和不同的角度拍摄,尽可能全方位反映演练实施过程。

6）评估准备

演练评估人员根据演练事故情景设计以及具体分工,在演练现场实施过程中展开演练评估工作,记录演练中发现的问题或不足,收集演练评估需要的各种信息和资料。

7）演练结束

演练完毕,由总策划发出结束信号,演练总指挥宣布演练结束,参演人员按预定方案集中进行现场讲评或者有序疏散。后勤保障人员对演练现场进行清理和恢复。

演练过程中出现下列情况,经演练领导小组决定,由演练总指挥按照事先规定的程序和指令终止演练:

①出现真实突发事件,需要参演人员参与应急处置时,要终止演练,使参演人员迅速回归其工作岗位,履行其应急处置职责。

②出现特殊或意外情况,短时间不能处理和解决时,可提前终止演练。

4.4.8 应急演练评估与总结

1）应急演练评估

演练评估是指观察和记录演练活动,比较演练人员的表现与演练目标要求、提出演练发现问题、形成演练评估报告的过程。演练评估的目的是确定演练是否已经达到演练目标的要求,检验各应急组织指挥人员及应急响应人员完成任务的能力。

应急演练评估方法是指演练评价过程中的程序和策略,包括评价组组成方式、评价目标和评价标准。评价人员较少时,可以成立一个评估小组并任命一名负责人。评估人员较多时,应按演练目标、演练地点和演练组织进行适当地分组,任命总负责人和小组负责人。评价目标是指在演练过程中要求演练人员实现的活动和功能。评价标准是指评估人员对演练人员各个主要行动及关键技巧的可测量性评判指标。评估目标与演练目标相一致,评估标准与演练目标评估准则相一致。

①现场点评。应急演练结束后,在演练现场,评估人员或评估组负责人对演练中发现的问题、不足及取得的成效进行口头点评。

②书面评估。评估人员针对演练中观察、记录以及收集的各种信息资料,依据评估标准对应急演练活动全过程进行科学分析和客观评价,并撰写书面评估报告。

评估报告的主要内容包括演练执行情况、预案的合理性和可操作性、指挥人员的指挥能力、参演人员的处置能力、演练设备与装备的先进性和适用性、应急物资、应急通信、安全保障是否充分,演练的成本效益等。

评估报告的重点是对演练活动的组织和实施、演练目标的实现、参演人员的表现以及演练中暴露的问题进行评估。对演练中发现的问题,一般按照对人员生命安全的影响程度分为3个等级,从高到低为不足项、整改项、改进项。

a. 不足项:指演练过程中观察或识别出的应急准备缺陷,可能导致在紧急事件发生时,不能确保应急组织或应急救援体系有能力采取合理应对措施,保护人员的安全与健康。不足项应在规定的时间内予以纠正。演练过程中发现的问题确定为不足项时,策划小组负责人应对该不足项进行详细说明,并给出应采取的纠正措施和完成时限。

b. 整改项:指演练过程中观察或识别出的,单独不可能在应急救援中对公众的安全与健康造成不良影响的应急准备缺陷。整改项应在下次演练前予以纠正。在以下两种情况下,整改项可列为不足项:一是某个应急组织中存在两个以上整改项,共同作用可影响保护公众安全与健康能力的;二是某个应急组织在多次演练过程中,反复出现前次演练发现的整改项问题的。

c. 改进项:指应急准备过程中应予改善的问题。改进项不同于不足项和整改项,它不会对人员安全与健康产生严重的影响,视情况予以改进,不必一定要求予以纠正。

2)应急演练总结

演练结束后,由演练组织单位根据演练记录、演练评估报告、应急预案、现场总结等材料,对演练进行全面总结,并形成演练书面总结报告。报告可对应急演练准备、策划等工作进行简要总结分析。参与单位也可对本单位的演练情况进行总结。演练总结报告的内容主要包括:演练基本概要,演练发现的问题,取得的经验和教训,应急管理工作建议。

演练资料归档与备案:应急演练活动结束后,将应急演练工作方案以及应急演练评估、总结报告等文字资料,以及记录演练实施过程的相关图片、视频、音频等资料归档保存。对主管部门要求备案的应急演练资料,演练组织部门(单位)应将相关资料报主管部门备案。

4.4.9　持续改进

应急演练结束后,建筑企业应急管理部门应根据对应急演练评估报告中对应急预案的改进建议,由应急预案编制部门按程序对预案进行修订完善。

应急演练结束后,建筑企业组织应急演练的部门(单位)应根据应急演练评估报告、总结报告提出的问题和建议对应急管理工作(包括应急演练工作)进行持续改进。组织应急演练的部门(单位)应督促相关部门和人员,制订整改计划,明确整改目标,制订整改措施,落实整改资金,并应跟踪督查整改情况。

4.5　典型案例分析

2018年11月21日9时33分20秒,位于嘉定区外冈镇沪宜公路6133号的上海某公司内,发生一起高处坠落事故,造成1人死亡,直接经济损失65万元。

1)事故发生经过

2018年11月21日早6时许,荀某、廉某、魏某及孔某开始在某公司1号宿舍楼北面进行施工材料的吊运作业。廉某、魏某在地面用劳动车将黄沙、水泥运送到1号宿舍楼北面,再把黄沙、水泥绑好挂在吊运机的挂钩上,荀某在5楼窗口根据地面上廉某、魏某的指示操作吊运机将材料吊至4楼窗口处,孔某在4楼窗口徒手接吊运机吊上来的黄沙、水泥。至早上9时30分许,黄沙、水泥吊运完毕,开始吊运地砖。9时31分37秒,吊钩放下,廉某、魏某将第一次吊运的三包地砖绑好一起挂到吊钩上;9时32分02秒,廉某、魏某作出起吊的指示;9时32分12秒,地砖吊起,廉某、魏某推着劳动车离开;荀某在5楼窗口操作吊运机吊运地砖至四楼窗口处,孔某在四楼窗口伸手把地砖往里面拉,并对在5楼操作吊运机的荀某喊"降",荀某就操作吊运机往下降了一点,然后就看到地砖及孔某掉了下去;9时33分20秒,地砖及孔某先后从四楼窗口坠落至地面。

2)事故原因

(1)直接原因

孔某安全意识缺乏,是导致事故发生的直接原因。他对吊钩上3包地砖的质量未足够重视,未意识到存在的风险,站在四楼窗口处的黄沙上面伸手取吊上来的地砖时操作不当,导致被重达84 kg的地砖带落。

(2)间接原因

①安全生产教育和培训缺失。施工作业人员缺乏有针对性的安全教育培训和安全交底,安全意识淡薄,安全知识缺乏,是导致事故发生的间接原因之一。

②施工现场安全管理缺失。施工作业安全生产责任制未建立并落实,未对吊运作业制定相应的安全生产管理制度和操作规程,吊运现场未明确安全监护人员,现场安全生产管理缺失,是导致事故发生的间接原因之二。

③施工现场安全防护设施不到位。存在高处坠落危险的施工场所未设置相应的安全防护设施,作业现场无明显的警告、警示、禁止标志,存在安全隐患,是导致事故发生的间接原因之三。

④隐患排查治理工作不到位。未认真履行生产安全事故隐患排查治理责任,生产安全事故隐患排查治理工作开展不到位,未能及时发现和消除施工过程中存在的安全事故隐患,是导致事故发生的间接原因之四。

高处坠落事故案例 1　　　　　高处坠落事故案例 2

第5章　建筑施工安全检查管理

5.1　安全检查管理概述

5.1.1　安全检查的目的

（1）及时发现和纠正不安全行为

安全检查就是要通过监察、监督、调查、了解、查证，及早发现不安全行为，并通过提醒、说服、劝告、批评、警告，直至处分、调离等，消除不安全行为，提高工艺操作的可靠性。

（2）及时发现不安全状态，改善劳动条件，提高安全程度

设备的腐蚀、老化、磨损、龟裂等原因，易发生故障；作业环境温度、湿度、整洁程度等也因时而异；建筑物、设施的损坏、渗漏、倾斜，物料变化，能量流动等也会产生各种各样的问题。安全检查就是要及时发现并排除隐患，或采取临时辅助措施。对于危险和毒害严重的劳动条件提出改造计划，督促实现。

（3）及时发现和弥补管理缺陷

计划管理、生产管理、技术管理和安全管理等的缺陷都可能影响安全生产。安全检查就是要直接查找或通过具体问题发现管理缺陷，并及时纠正、弥补。

（4）发现潜在危险，预设防范措施

按照事故发生的逻辑关系，观察、研究、分析能否发生重大事故，发生重大事故的条件，可能波及的范围及遭受的损失和伤亡，制订相应的防范措施和应急对策。这是从系统全局出发的安全检查，具有宏观指导意义。

（5）及时发现并推广安全先进经验

安全检查既是为了检查问题，又可以通过实地调查研究，比较分析，发现安全生产先进典型，推广先进经验，以点带面，开创安全工作新局面。

（6）结合实际,宣传贯彻安全生产方针政策和法规制度

安全检查的过程就是宣传、讲解、运用安全生产方针、政策、法规、制度的过程,结合实际进行安全生产的宣传、教育,容易深入人心,收到实效。

5.1.2　安全检查的要求

（1）检查标准

上级已制订有标准的,执行上级标准;还没有制订统一行业标准的,应根据有关规范规定,制订本单位的"企业标准",做到检查考核和安全评价有衡量准则,有科学依据。

（2）检查手段

尽量采用检测工具进行实测实量,用数据说话。有些机器、设备的安全保险装置还应进行动作试验,检查其灵敏度与可靠性。检查中发现有危及人身安全的即发性事故隐患,应立即指令停止作业,迅速采取措施排除险情。

（3）检查记录

每次安全检查都应认真、详细地做好记录,特别是检测数字,这是安全评价的依据。同时,还应将每次对各单项设施、机械设备的检查结果分别记入单项安全台账,目的是根据每次记录情况对其进行安全动态分析,强化安全管理。

（4）安全评价

检查人员要根据检查记录认真、全面地进行系统分析,定性、定量地进行安全评价。要明确哪些项目已达标,哪些项目需要完善,存在哪些隐患等,要及时提出整改要求,下达隐患整改通知书。

（5）隐患整改

隐患整改是安全检查工作的重要环节。隐患整改工作包括隐患登记、整改、复查、销案。隐患应逐条登记,写明隐患的部位、严重程度和可能造成的后果及查出隐患的日期。有关单位、部门必须及时按"三定"（即定措施、定人、定时间）要求,落实整改。负责整改的单位、人员完成整改工作后,要及时向安全部门汇报;安全部门及有关部门应派人进行复查,符合安全要求后销案。

5.1.3　安全检查的内容

安全大检查和企业自身的定期安全检查着重检查以下几方面情况:

（1）查思想

查思想主要检查建筑企业的各级领导和职工对安全生产工作的认识。检查企业的安全时,要首先检查企业领导是否真正重视劳动保护和安全生产,即检查企业领导对劳动保护是否有正确的认识,是否真正关心职工的安全与健康,是否认真贯彻了国家劳动保护方针、政策、法规、制度。在检查的同时,要注意宣传这些法规的精神,批判各种忽视工人安全与健康、违章指挥的错误思想与行为。

（2）查制度

查制度就是监督检查各级领导、各个部门、每个职工的安全生产责任制是否健全并严格

执行;各项安全制度是否健全并认真执行;安全教育制度是否认真执行,是否做到新工人入厂"三级"教育、特种作业人员定期训练;安全组织机构是否健全,安全员网络是否真正发挥作用;对发生的事故是否认真查明事故原因、教育职工、严肃处理、制订防范措施,做到"四不放过"等。

(3)查管理

查管理就是检查工程的安全生产管理是否有效;企业安全机构的设置是否符合要求;目标管理、全员管理、专管成线、群管成网是否落实;安全管理工作是否做到了制度化、规范化、标准化和经常化。

(4)查纪律

查纪律就是监督检查生产过程中的劳动纪律、工作纪律、操作纪律、工艺纪律和施工纪律。生产岗位上有无迟到早退、脱岗、串岗、打盹睡觉;有无在工作时间干私活,做与生产、工作无关的事;有无在施工中违反规定和禁令的情况,如不办动火票就动火,不经批准乱动土、乱动设备管道,车辆随便进入危险区,施工占用消防通道,乱动消火栓和乱接电源等。

(5)查隐患

查隐患指检查人员深入施工现场,检查作业现场是否符合安全生产、文明生产的要求。如安全通道是否畅通;建筑材料、半成品的存放是否合理;各种安全防护设施是否齐全;要特别注意对一些要害部位和设备的检查,如脚手架、深基坑、塔机、施工电梯井架等。

(6)查整改

主要检查对过去提出问题的整改情况。如整改是否彻底,安全隐患消除情况,避免再次出现安全隐患的措施,整改项目是否落实到人等。

5.1.4 安全检查的方法

建筑工程安全检查在正确使用安全检查表的基础上,可以采用"听""问""看""量""测""运转试验"等方法进行。

(1)"听"

"听"主要是听取基层管理人员或施工现场安全员汇报安全生产情况,介绍现场安全工作经验、存在的问题以及发展方向。

(2)"问"

"问"主要是指通过询问、提问,对以项目经理为首的现场管理人员和操作工人进行的应知应会抽查,以便了解现场管理人员和操作工人的安全知识和安全素质。

(3)"看"

"看"主要是指查看施工现场安全管理资料和对施工现场进行巡视。例如:查看项目负责人、专职安全管理人员、特种作业人员等的持证上岗情况;现场安全标志设置情况;劳动防护用品使用情况;现场安全防护情况;现场安全设施及机械设备安全装置配置情况等。

(4)"量"

"量"主要是指使用测量工具对施工现场的一些设施、装置进行实测实量。例如:对脚手架各种杆件间距的测量;对现场安全防护栏杆高度的测量;对电气开关箱安装高度的测量;

对在建工程与外电边线安全距离的测量等。

（5）"测"

"测"主要是指使用专用仪器、仪表等监测器具对特定对象关键特性技术参数的测试。例如：使用漏电保护器测试仅对漏电保护器漏电动作电流、漏电动作时间的测试；使用地阻仪对现场各种接地装置接地电阻的测试；使用兆欧表对电机绝缘电阻的测试；使用经纬仪对起重机、外用电梯安装垂直度的测试等。

（6）"运转试验"

"运转试验"主要是指由具有专业资格的人员对机械设备进行实际操作、试验，检验其运转的可靠性或安全限位装置的灵敏性。例如：对起重机力矩限制器、变幅限位器、起重限位器等安全装置的试验；对施工电梯制动器、限速器、上下极限限位器、门连锁装置等安全装置的试验；对龙门架超高限位器、断绳保护器等安全装置的试验等。

5.2　安全生产责任制度

5.2.1　目的依据

建立健全企业安全责任制体系，进一步明确企业各级负责人、各相关职能部门及员工在安全生产方面应履行的职能和应承担的责任，是有效增强其对企业安全工作的责任感，充分调动其在安全生产方面的积极性和主观能动性，确保安全生产的重要手段。

5.2.2　适用范围

安全生产责任制度适用于公司、直管部（分公司）和项目经理部各组织机构和管理人员。

5.2.3　工作职责

公司应依据国家安全生产法律、法规，坚持"安全第一，预防为主，综合治理"的方针和"一岗双责、党政同责""管生产必须管安全""管业务必须管安全"的要求，根据企业实际，按照"纵向到底、横向到边"的原则，以企业主要负责人为企业安全生产第一责任人，从上到下，逐级制订和建立企业各级负责人员、职能部门、项目经理部、施工班组、各工种岗位的安全生产责任制，对企业各级负责人、职能部门及全体员工在生产过程中应负的安全生产责任作出明确规定，明确企业各级负责人、职能部门及全体员工的安全生产职责，以形成涵盖全员、全过程、全方位的安全责任体系。

5.2.4　管理要求

公司、直管部(分公司)及所属项目经理部应明确主要负责人、分管领导及全体员工的安全职责,主要负责人应与各级负责人、各职能部门及关键岗位员工依次签订安全责任书(状),确定量化的年度安全工作目标,做好相关单位和各个环节安全管理责任的衔接,相互支持、相互保障,做到责任无盲区、管理无死角。

5.2.5　安全生产责任制

安全生产责任制

5.3　安全生产检查制度

安全检查是一项具有方针政策性、专业技术性和广泛群众性的工作,是一项综合性的安全生产管理措施,是建立良好的安全生产环境、做好安全生产工作的重要手段之一,是企业防止事故、减少职业病的有效方法,是监督、指导、及时发现事故隐患、消除不安全因素的有力措施,是交流安全生产经验,推动安全工作的行之有效安全生产管理制度。

通过安全检查,可以发现施工生产中人的不安全行为和物的不安全状态,从而采取对策,消除不安全因素,保障安全生产。

利用安全检查,宣传、贯彻、落实党和国家的安全生产方针、政策和企业的各项安全生产规章制度、规范、标准。

通过安全检查,深入开展群众性的安全教育,不断增强领导和全体员工的安全意识,纠正违章指挥、违章作业,不断提高安全生产的自觉性和责任感。

通过安全检查,可以相互学习、取长补短、交流经验、吸取教训,促进安全生产工作。

通过安全检查,深入了解和掌握安全生产动态,为分析安全生产形势,研究对策,强化安全管理提供信息和依据。

《安全生产事故隐患排查治理暂行规定》(国家安监总局第 16 号令)完善了安全生产隐患排查治理机制,强化了企业安全生产的主体责任,明确了安全监管监察部门的安全生产监管职责,为建立起防范和遏制重特大事故的长效机制提供了有力保障。

施工企业安全生产检查制度由企业安全管理部门及会同其他相关职能部门编制,经企业分管生产的副总经理、技术负责人(总工程师或技术总监)审核,由企业法定代表人批准发布。

5.3.1　安全检查制度的建立

①安全检查是发现并消除施工过程中存在的不安全因素、宣传落实安全法律法规与规

章制度、纠正违章指挥和违章作业,提高各级负责人与从业人员安全生产自觉性与责任感,掌握安全生产状态和寻求改进需求的重要手段,建筑施工企业必须建立健全完善的安全检查制度。

②企业安全检查制度应对检查形式、检查方法、检查频次、检查内容、检查组织的管理要求、职责权限以及对检查中发现的隐患整改、处置和复查的工作程序及要求作出具体规定。

5.3.2 安全检查制度的具体规定

安全检查应本着突出重点的原则,根据施工生产季节、气候、环境的特点,制订检查项目内容、标准。对于危险性大、易发事故、事故危害大的项目部位、装置、设备等应加强检查。

(1)安全检查的形式

安全检查形式包括公司对下级管理层的抽查和对施工现场的检查;各管理层次(项目经理部)的自查;生产班组的自查。

(2)安全检查的类型

①日常安全检查。如班组的班前(后)岗位安全检查;现场专职安全员巡回检查;各级管理人员在检查生产的同时检查安全。

②定期安全检查。如企业每季度组织 1 次安全检查(对施工工期在 3 个月以内的,必须保证进行 1 次安全检查);分支机构每月组织 1 次检查;施工项目部每周组织 1 次检查;生产班组每天进行检查。

③专业性安全检查。如"对施工机械、临时用电、脚手架、安全防护设施、消防等专业安全问题检查及安全教育培训、技术措施等的检查"。

④季节性及节假日前安全检查。如针对风季、雨季等气候特点和元旦、春节、劳动节、国庆节等节假日前(后)安全检查。

(3)安全检查的内容

企业、企业的分支机构对施工现场的检查应根据现行标准《建筑施工安全检查标准》(JGJ 59—2011)进行全面评分检查;专业性安全检查应根据现行标准《建筑施工安全检查标准》(JGJ 59—2011)进行单项评分表检查;其他检查可由企业根据情况自行设计检查表格确定检查内容。

(4)安全检查的方法及要求

①各种安全检查都应根据检查要求配备力量,特别是大范围、全面性检查,要明确检查负责人,抽调专业人员参加检查,并进行分工,明确检查内容、标准及要求。

②每种安全检查都应有明确的检查目的和检查项目、内容及标准。保证项目要重点检查。对大面积或数量多的相同内容的项目可采取系统的观感和一定数量的测点杆结合的检查方法。检查时尽量采用测检工具,用数据说话。对现场管理人员的操作工人不仅要检查是否违章指挥和违章作业行为,还应进行应知应会知识的抽查,以便了解管理人员及操作工人的安全素质。

③检查记录是安全评价的依据,因此要认真、详细。特别是对隐患的记录必须具体,如隐患的部位、危险程度及处理意见等。采用安全检查评分表的,应记录每项扣分的原因。

④安全检查需要认真地、全面地进行系统分析,用定性定量进行安全评价。哪些项目已达标,哪些项目虽已达标,但是具体还有哪些方面需要进行完善,哪些项目没有达标,存在哪些问题需要整改。受检单位(即使本单位自检也需要安全评价)根据安全评价可以研究对策,进行整改加强管理。

⑤整改是安全检查工作重要的组成部分,是检查结果的归宿。整改工作包括隐患登记、整改、复查和销案。

(5)安全检查确定的项目

安全检查应根据施工生产的特点、法律法规、标准规范和企业规章制度的要求及安全检查的目的确定,包括安全意识、安全制度、机械设备、安全设施、安全教育培训、操作行为、劳防用品的使用、安全事故处理等项目。

(6)安全检查的工作分工

安全检查的工作分工应根据检查形式和内容明确检查工作的牵头部门(人员)和参与检查的部门及人员并进行分工,按现行标准《建筑施工安全检查标准》(JGJ59—2011)中相关检查表的规定逐项对照检查评分,并作好具体的记录,特别是不安全的因素和原因。

5.3.3　安全检查记录和事故隐患的整改、处置和复查

①对检查中发现的违章指挥、违章作业行为应立即制止,并报告有关人员予以纠正。

②对检查中发现的生产安全事故隐患应签发隐患整改通知单,并规定整改责任人、规定整改期限和规定整改措施(即"三定"原则),必要时应责令停工、立即整改。

③对生产安全事故隐患进行登记,对纠正和整改措施实施情况和有效性进行跟踪复查,复查合格后销案并做好记录。

5.4　安全监督检查制度

建筑安全生产监督管理是指各级人民政府、建设行政主管部门及其授权的建筑安全生产监督机构,对于建筑安全生产所实施的行业监督管理。凡从事房屋建筑、土木工程、设备安装、管线敷设等施工和构配件生产活动的单位及个人,都必须接受建设行政主管部门及其授权的建筑安全生产监督机构的行业监督管理,并依法接受国家安全监察。

建筑安全生产监督管理根据"管生产必须管安全"的原则,贯彻"预防为主"的方针,依靠科学管理和技术进步,推动建筑安全生产工作的开展,控制人身伤亡事故的发生。

5.4.1 《建设工程安全生产管理条例》(国务院令 393 号)的相关内容《建设工程安全生产管理条例》第五章规定

1) 政府安全监督检查的管理体制

① 国务院负责安全生产监督管理的部门依照《中华人民共和国安全生产法》的规定,对全国建设工程安全生产工作实施综合监督管理。

② 县级以上地方人民政府负责安全生产监督管理的部门依照《中华人民共和国安全生产法》的规定,对本行政区域内建设工程安全生产工作实施综合监督管理。

③ 国务院建设行政主管部门对全国的建设工程安全生产实施监督管理。国务院、铁路、交通、水利等有关部门按照国务院规定的职责分工,负责有关专业建设工程安全生产的监督管理。

④ 县级以上地方人民政府建设行政主管部门对本行政区域内的建设工程安全生产实施监督管理。县级以上地方人民政府交通、水利等有关部门在各自的职责范围内,负责本行政区域内的专业建设工程安全生产的监督管理。

2) 政府安全监督检查的职责与权限

① 建设行政主管部门和其他有关部门应当将依法批准开工报告的建设工程和拆除工程的有关备案资料主要内容,抄送同级负责安全生产监督管理的部门。

② 建设行政主管部门在审核发放施工许可证时,应当对建设工程是否有安全施工措施进行审查,对没有安全施工措施的,不得颁发施工许可证。

③ 建设行政主管部门或者其他有关部门对建设工程是否有安全施工措施进行审查时,不得收取费用。

④ 县级以上人民政府负有建设工程安全生产监督管理职责的部门在各自的职责范围内履行安全监督检查职责时,有权采取下列措施:

a. 要求被检查单位提供有关建设工程安全生产的文件和资料。

b. 进入被检查单位施工现场进行检查。

c. 纠正施工中违反安全生产要求的行为。

d. 对检查中发现的安全事故隐患,责令立即排除;重大安全事故隐患排除前或者排除过程中无法确保安全的,责令从危险区域内撤出作业人员或者暂时停止施工。

⑤ 建设行政主管部门或其他有关部门可以将施工现场的监督检查委托给建设工程安全监督机构具体实施。

⑥ 国家对严重危及施工安全的工艺、设备、材料实行淘汰制度。具体目录由国务院建设行政主管部门会同国务院其他有关部门制定并公布。

⑦ 县级以上人民政府建设行政主管部门和其他有关部门应当及时受理对建设工程生产安全事故及安全事故隐患的检举、控告和投诉。

县级以上人民政府负有建设工程安全生产监督管理职责的部门在各自的职责范围内履行安全监督检查职责时,有权纠正施工中违反安全生产要求的行为,责令立即排除检查中出现的安全事故隐患,对重大隐患可以责令暂停施工。建设行政主管部门或者其他有关部门可以将施工现场的安全监督检查委托给建设工程安全监督机构具体实施。

5.4.2 《房屋建筑和市政基础设施工程施工安全监督规定》(建质〔2014〕153号)的相关内容

为了加强房屋建筑和市政基础设施工程施工安全监督,保护人民群众生命财产安全,规范住房城乡建设主管部门安全监督行为,根据《中华人民共和国建筑法》《中华人民共和国安全生产法》《建设工程安全生产管理条例》等有关法律、行政法规,住房和城乡建设部制定了《房屋建筑和市政基础设施工程施工安全监督规定》,以建质〔2014〕153号文发布,自2014年10月24日起执行。其主要内容为:

①所称施工安全监督,是指住房城乡建设主管部门依据有关法律法规,对房屋建筑和市政基础设施工程的建设、勘察、设计、施工、监理等单位及人员(以下简称"工程建设责任主体")履行安全生产职责,执行法律、法规、规章、制度及工程建设强制性标准等情况实施抽查并对违法违规行为进行处理的行政执法活动。

②国务院住房城乡建设主管部门负责指导全国房屋建筑和市政基础设施工程施工安全监督工作;县级以上地方人民政府住房城乡建设主管部门负责本行政区域内房屋建筑和市政基础设施工程施工安全监督工作。

③住房城乡建设主管部门应当加强施工安全监督机构建设,建立施工安全监督工作考核制度。县级以上地方人民政府住房城乡建设主管部门可以将施工安全监督工作委托所属的施工安全监督机构具体实施。

④县级以上地方人民政府住房城乡建设主管部门或者其所属的施工安全监督机构(以下简称"监督机构")应当对本行政区域内已办理施工安全监督手续并取得施工许可证的工程项目实施施工安全监督,施工安全监督主要包括以下内容:

a.抽查工程建设责任主体履行安全生产职责情况。

b.抽查工程建设责任主体执行法律、法规、规章、制度及工程建设强制性标准情况。

c.抽查建筑施工安全生产标准化开展情况。

d.组织或参与工程项目施工安全事故的调查处理。

e.依法对工程建设责任主体违法违规行为实施行政处罚。

f.依法处理与工程项目施工安全相关的投诉、举报。

⑤监督机构实施工程项目的施工安全监督,有权采取下列措施:

a.要求工程建设责任主体提供有关工程项目安全管理的文件和资料。

b.进入工程项目施工现场进行安全监督抽查。

c.发现安全隐患,责令整改或暂时停止施工。

d.发现违法违规行为,按权限实施行政处罚或移交有关部门处理。

e.向社会公布工程建设责任主体安全生产不良信息。

工程项目因故中止施工的,监督机构对工程项目中止施工安全监督。

⑥有下列情形之一的,监督机构和施工安全监督人员不承担责任:

a. 工程项目中止施工安全监督期间或者施工安全监督终止后,发生安全事故的。

b. 对发现的施工安全违法行为和安全隐患已经依法查处,工程建设责任主体拒不执行安全监管指令发生安全事故的。

c. 现行法规标准尚无规定或工程建设责任主体弄虚作假,致使无法作出正确执法行为的。

d. 因自然灾害等不可抗力导致安全事故的。

e. 按照工程项目监督工作计划已经履行监督职责的。

5.5 安全生产检查标准

①《建筑施工安全检查标准》(JGJ 59—2011)是强制性行业标准。制定该标准的目的是科学地评价建筑施工安全生产情况,提高安全生产工作和文明施工的管理水平,预防伤亡事故的发生,确保职工的安全和健康,实现检查评价工作的标准化和规范化。

②《建筑施工安全检查标准》经历了 3 个版本,即 JGJ 59—88、JGJ 59—99、JGJ 59—2011,必须执行现行的版本。

③《建筑施工安全检查标准》(JGJ 59—2011)采用了安全系统工程原理,结合建筑施工中伤亡事故规律,依据国家有关法律法规、标准和规程而编制,适用于建筑施工企业及其主管部门对建筑施工安全工作的检查和评价。

④《建筑施工安全检查标准》(JGJ 59—2011)分为 10 个分项:

a. 安全管理(保证项目包括:安全生产责任制、施工组织设计及专项施工方案、安全技术交底、安全检查、安全教育、应急救援;一般项目包括:分包单位安全管理、持证上岗、生产安全事故处理、安全标志)。

b. 文明施工(保证项目包括:现场围挡、封闭管理、施工场地、材料管理、现场办公与住宿、现场防火;一般项目包括:综合治理、公示标牌、生活设施、社区服务)。

c. 脚手架(包括扣件式钢管脚手架、门式钢管脚手架、碗扣式钢管脚手架、承插型盘扣式钢管脚手架、满堂脚手架、悬挑式脚手架、附着式升降脚手架和高处作业吊篮,并均包括了保证项目和一般项目,如扣件式钢管脚手架检查评定的保证项目包括:施工方案、立杆基础、架体与建筑物结构拉结、杆件间距与剪刀撑、脚手板与防护栏杆、交底与验收;一般项目包括:横向水平杆设置、杆件连接、层间防护、构配件材质、通道)。

d. 基坑工程(保证项目包括:施工方案、基坑支护、降排水、基坑开挖、坑边荷载、安全防护。一般项目包括:基坑监测、支撑拆除、作业环境、应急预案)。

e. 模板支架(保证项目包括:施工方案、支架基础、支架构造、支架稳定、施工荷载、交底与验收。一般项目包括:杆件连接、底座与托撑、构配件材质、支架拆除)。

f. 高处作业(评定项目不分保证项目与一般项目,包括:安全帽、安全网、安全带、临边防护、洞口防护、通道口防护、攀登作业、悬空作业、移动式操作平台、悬挑式物料钢平台)。

　　g. 施工用电(保证项目包括:外电防护、接地与接零保护系统、配电线路、配电箱与开关箱。一般项目包括:配电室与配电装置、现场照明、用电档案)。

　　h. 物料提升机与施工升降机(包括物料提升机与施工升降机,其中物料提升机保证项目包括:安全装置、防护设施、附墙架与缆风绳、钢丝绳、安拆、验收与使用;一般项目包括:基础与导轨架、动力与传动、通信装置、卷扬机操作棚、避雷装置)。

　　施工升降机(保证项目包括:安全装置、限位装置、防护设施、附墙架、钢丝绳、滑轮与对重、安拆、验收与使用。一般项目包括:导轨架、基础、电气安全、通信装置)。

　　i. 塔式起重机与起重吊装(包括塔式起重机与起重吊装,其中保证项目包括:载荷限制装置、行程限位装置、保护装置、吊钩、滑轮、卷筒与钢丝绳、多塔作业、安拆、验收与使用;一般项目包括:附着、基础与轨道、结构设施、电气安全。起重吊装保证项目包括:施工方案、起重机械、钢丝绳与地锚、索具、作业环境、作业人员;一般项目包括:起重吊装、高处作业、构件码放、警戒监护)。

　　j. 施工机具(评定项目不分保证项目与一般项目,包括:平刨、圆盘锯、手持电动工具、钢筋机械、电焊机、搅拌机、气瓶、翻斗车、潜水泵、振捣器、桩工机械)。

　　⑤《建筑施工安全检查标准》(JGJ 59—2011)的每个分项的评分均采用百分制。满分为100 分。凡是有保证项目的分项,其保证项目满分为 60 分;一般项目满分为 40 分。

　　为保证施工安全,当保证项目中有一个子项不得分或保证项目小计不足 40 分者,此分项评分表不得分。

　　⑥《建筑施工安全检查标准》(JGJ 59—2011)汇总表也采用百分制,但各个分项在汇总表中所占的满分值不同。

　　⑦建筑施工安全检查的总评分为优良、合格和不合格 3 个等级:

　　a. "优良":分项检查评分表无零分,汇总表分值应在 80 分及以上。

　　b. "合格":分项检查评分表无零分,汇总表分值应在 80 分以下、70 分及以上。

　　c. "不合格":当汇总表得分值不足 70 分时或当有一分项检查评分表得零分时。

　　⑧《建筑施工安全检查标准》(JGJ 59—2011)规定了 2 条强制性条文:

　　a. 保证项目必须全部检查。

　　b. 当评定的等级为不合格时,必须限期整改达到合格。

　　⑨《建筑施工安全检查标准》(JGJ 59—2011)规定了检查时遇到缺项时的计分规定。

5.6　典型案例分析

　　2008 年 10 月 10 日,山东省淄博市某居民楼工程发生一起起重机倒塌事故。由于施工地点临近某幼儿园,造成 5 名儿童死亡、2 名儿童重伤,直接经济损失约 300 万元。该工程建筑面积 4 441 m²,合同造价 355.21 万元。施工单位与某私人劳务队签订承包合同,将该工程进行了整体发包。

事发当日,起重机司机(无塔式起重机操作资格证)操作 QTZ-401 型塔式起重机向作业面吊运混凝土。当装有混凝土的料斗(重约 700 kg)吊离地面时,发现吊绳绕住了料斗上部的一个边角,于是将料斗下放。在料斗下放过程中塔身前后晃动,随即起重机倾倒,起重机起重臂砸到了相邻的幼儿园内,造成惨剧。

根据事故调查和责任认定,对有关责任方做出以下处理:施工队负责人、施工现场负责人、现场监理等 5 名责任人移交司法机关依法追究刑事责任;建设单位负责人、起重机安装负责人、施工单位负责人等 14 名责任人受到行政或党纪处分;施工、政府有关部门等责任单位分别受到罚款、通报批评等行政处罚。

事故原因分析:

(1)直接原因

塔式起重机塔身第 3 标准节的主弦杆其中 1 根由于长期疲劳已断裂;同侧另一根主弦杆存在旧有疲劳裂纹。该起重机存在重大安全隐患,安装人员未尽安全检查责任。

(2)间接原因

①使用无起重机安装资质的单位和人员从事起重机安装作业。安装前未进行零部件检查;安装后未进行验收。

②起重机安装和使用中,安装单位和使用单位没有对钢结构的关键部位进行检查和验收。未及时发现非常明显的重大安全隐患也未采取有效防范措施。

③起重机的回转半径范围覆盖毗邻的幼儿园达 10 m,未采取安全防范措施。

④起重机操作人员未经专业培训,无证上岗。

⑤建设、城管、教育等主管部门贯彻执行国家安全生产法律法规不到位,没有认真履行安全监管责任,对辖区存在的非法建设项目取缔不力、安全隐患排查治理不力。

机械伤害事故案例 1

机械伤害事故案例 2

第6章 建筑施工危险源辨识与管理

6.1 危险源概述

6.1.1 危险源的定义

危险源即产生危险的根源,它是导致安全事故发生的根本原因。一般情况下危险源指的是在系统中存在的潜在能量和物质释放的危险,最终可能会导致人员的伤亡,在特殊的因素作用下可能会转化为事故发生的部位、区域、场所、空间、岗位、设备等。危险源存在的实质问题就是潜在危险的源点或部位,是造成事故发生的源头。危险源的定义可以概括为导致伤亡、职业病、财产损失、工作环境破坏或各种危害组合的根源。

在建筑施工中危险源主要是指在建筑施工过程中,可能会导致人员伤亡、财产损失以及环境破坏的事故以及潜在的不安全因素。在建筑施工过程中,危险源的存在是事故发生的根本原因。

6.1.2 国内外重大危险源控制研究与发展概况

20世纪70年代以来,预防重大工业事故引起国际社会的广泛重视,并产生了"重大危害(major hazards)""重大危害设施(国内通常称为重大危险源,major hazard installa tions)"等概念。英国是最早系统地研究重大危险源控制技术的国家。英国卫生与安全员会设立了重大危险咨询委员会(ACMH),并在1976年向英国卫生与安全监察局提交了第一份重大危险源控制技术研究报告。英国政府于1982年颁布了《关于报告处理危害物质设施的报告规程》,1984年颁布了《重大工业事故控制规程》。国际劳工组织(ILO)认为,"各国应根据具体的工业生产情况制定适合国情的重大危险源辨识标准;任何标准一览表都必须是明确的和毫不含糊的,以便使雇主能迅速地鉴别出他控制下的哪些设施是在这个标准定义范围内"。1993 年第 80 届国际劳工大会通过的《预防重大工业事故公约》中,将重大危险源定义为:不论长期地或临时地加工、生产、处理、搬运、使用或储存数量超过临界量的一种或多种危险物质,或多类危险物质的设施(不包括核设施、军事设施以及设施现场之外的非管道的运输)。

20 世纪 80 年代初,我国开始对重大危险源的评价和控制进行系统研究,"重大危险源评价和宏观控制技术研究"列入国家"八五"科技攻关项目,该课题提出了重大危险源的控制思想和评价方法,为我国开展重大危险源的普查、评价、分级监控和管理提供了良好的技术依托。1997 年,我国选择北京、上海、天津、青岛、深圳和成都六城市开展了重大危险源普查试点工作,取得了良好的成效。之后,其他省、市、地方政府、工矿企业等相继开展重大危险源普查和监控管理工作。2000 年,我国颁布了国家标准《重大危险源辨识》(GB 18218—2000);2004 年,国家安全生产监督管理局下发《关于开展重大危险源监督管理工作的指导意见》;2009 年,颁布了国家标准《危险化学品重大危险源辨识》(GB 18218—2009),替代了《重大危险源辨识》(GB 18218—2000);2018 年,更新了国家标准《危险化学品重大危险源辨识》(GB 18218—2018)。与欧洲以及美国、日本等工业发达国家相比,我国在重大危险源评价与控制方面的研究起步较晚,尚未形成完整的评价和控制系统,差距较大。

6.1.3 建筑施工领域危险源

建筑施工领域危险源广泛存在于施工过程各阶段并且多种多样,具有复杂性、突发性、时效性、长期性等特点。与化工、机械制造等行业相比,在建筑施工过程中,施工作业随着工程进展不断改变,多工种交叉作业,机械化作业程度低,劳动者素质参差不齐,手工劳动繁杂等,这些因素都决定了建筑施工过程中的危险源是动态的,随工程的进展而不断变化的。因此,建筑施工领域危险源,通常使用危险性较大的分部分项工程来划定并进行管理。

1)危险性较大的分部分项工程范围和内容

中华人民共和国城乡建设部于 2009 年 5 月 13 日颁布的《危险性较大的分部分项工程安全管理办法》(建质〔2009〕87 号)中,对危险性较大的分部分项工程范围和内容作出以下规定。

(1)基坑支护、降水工程

开挖深度超过 3 m(含 3 m)或虽未超过 3 m 但地质条件和周边环境复杂的基坑(槽)支护降水工程。

(2)土方开挖工程

开挖深度超过 3 m(含 3 m)的基坑(槽)的土方开挖工程。

(3)模板工程及支撑体系

①各类工具式模板工程,包括大模板、滑模、爬模、飞模等工程。

②混凝土模板支撑工程,搭设高度 5 m 及以上;搭设跨度 10 m 及以上;施工总荷载 10 kN/m² 及以上;集中线荷载 15 kN/m 及以上;高度大于支撑水平投影宽度且相对独立无

联系构件的混凝土模板支撑工程。

③承重支撑体系,用于钢结构安装等满堂支撑体系。

(4)起重吊装及安装拆卸工程

①采用非常规起重设备、方法,且单件起吊重量在 10 kN 及以上的起重吊装工程。

②采用起重机械进行安装的工程。

③起重机械设备自身的安装、拆卸。

(5)脚手架工程

①搭设高度 24 m 及以上的落地式钢管脚手架工程。

②附着式整体和分片提升脚手架工程。

③悬挑式脚手架工程。

④吊篮脚手架工程。

⑤自制卸料平台、移动操作平台工程。

⑥新型及异型脚手架工程。

(6)拆除、爆破工程

①建筑物、构筑物拆除工程。

②采用爆破拆除的工程。

(7)其他

①建筑幕墙安装工程。

②钢结构、网架和索膜结构安装工程。

③人工挖扩孔桩工程。

④地下暗挖、顶管及水下作业工程。

⑤预应力工程。

⑥采用新技术、新工艺、新材料、新设备及尚无相关技术标准的危险性较大的分部分项工程。

2)超过一定规模的危险性较大的分部分项工程范围和内容

(1)深基坑工程

①开挖深度超过 5 m(含 5 m)的基坑(槽)的土方开挖、支护、降水工程。

②开挖深度虽未超过 5 m,但地质条件、周围环境和地下管线复杂,或影响毗邻建筑(构筑)物安全的基坑(槽)的土方开挖、支护、降水工程。

(2)模板工程及支撑体系

①工具式模板工程,包括滑模、爬模、飞模工程。

②混凝土模板支撑工程,搭设高度 8 m 及以上;搭设跨度 18 m 及以上;施工总荷载 15 kN/m² 及以上;集中线荷载 20 kN/m² 及以上。

③承重支撑体系,用于钢结构安装等满堂支撑体系,承受单点集中荷载 700 kg 以上。

（3）起重吊装及安装拆卸工程

①采用非常规起重设备、方法，且单件起吊重量在 100 kN 及以上的起重吊装工程。

②起重量 300 kN 及以上的起重设备安装工程；高度 200 m 及以上内爬起重设备的拆除工程。

（4）脚手架工程

①搭设高度 50 m 及以上落地式钢管脚手架工程。

②提升高度 150 m 及以上附着式整体和分片提升脚手架工程。

③架体高度 20 m 及以上悬挑式脚手架工程。

（5）拆除、爆破工程

①采用爆破拆除的工程。

②码头、桥梁、高架、烟囱、水塔或拆除中容易引起有毒有害气（液）体或粉尘扩散、易燃易爆事故发生的特殊建、构筑物的拆除工程。

③可能影响行人、交通、电力设施、通信设施或其他建、构筑物安全的拆除工程。

④文物保护建筑、优秀历史建筑或历史文化风貌区控制范围的拆除工程。

（6）其他

①施工高度 50 m 及以上的建筑幕墙安装工程。

②跨度大于 36 m 及以上的钢结构安装工程；跨度大于 60 m 及以上的网架和索膜结构安装工程。

③开挖深度超过 16 m 的人工挖孔桩工程。

④地下暗挖工程、顶管工程、水下作业工程。

⑤采用新技术、新工艺、新材料、新设备及尚无相关技术标准的危险性较大的分部分项工程。

6.2 危险源类型、分级

6.2.1 建筑施工危险源类型

建筑施工危险源识别、分类、分级管理，是加强施工安全管理，预防事故发生的基础性工作。危险源一般划为三类，施工现场作业区域危险源、临建设施危险源、施工现场周围地段危险源。

（1）施工现场作业区域危险源

①与人的行为有关的危险源："三违"，即违章指挥、违章作业、违反劳动纪律，不进行入场安全生产教育不作安全技术交底等。事故原因统计分析表明，70% 以上的事故是由"三

违"造成的。

②存在于分部分项工艺过程、施工机械运行和物料运输过程中的危险源：

a. 脚手架搭设、模板支撑工程、起重设备安装和运行（塔吊、施工电梯、物料提升机等）、人工挖孔桩、深基坑及基坑支护等局部结构工程失稳，造成机械设备倾覆、结构坍塌。

b. 高层施工或高度大于 2 m 的作业面（包括高空"四口、五临边"作业），因为安全防护不到位或安全网内积存建筑垃圾、施工人员未配系安全带等原因，造成人员踏空、滑倒等高处坠落摔伤或坠落物体打击下方人员等事故。

c. 现场临时用电不符合《施工现场临时用电安全技术规范》标准（JGJ 46—2005），各种电气设备的安全保护（如漏电、绝缘、接地保护、一机一闸）不符合要求，造成人员触电、火灾等事故。

d. 工程材料、构件及设备的堆放与频繁吊运、搬运过程中，因各种原因发生堆放散落、高空坠落、撞击人员等事故。

e. 防水施工作业、焊接、切割、烘烤、加热等动火作业应配备灭火器材，设置动火监护人员进行现场监护。可燃材料及易燃易爆危险品应按计划限量进场，分类专库储存，库房内应通风良好，设置严禁明火标志。

③存在于施工自然环境中的危险源：

a. 挖掘机作业时，损坏地下燃气管道或供电管线，造成爆炸和触电、停电事故。坑道内施工作业、室内装修作业因通风排气不畅，造成人员窒息或中毒事故。

b. 五级（含五级）以上大风天气，高空作业、起重吊装、室外动火作业等，造成施工人员高坠或高空坠物和火灾事故。

（2）临建设施危险源

①由于受自然气象条件如台风、汛、雷电、风暴潮等侵袭易发生临时建筑倒塌造成群死群伤意外。

②临时简易帐篷搭设不符合消防安全间距要求，如果发生火灾意外，火势会迅速点燃其他帐篷。

③生活用电电线私拉乱接，直接与金属结构或钢管接触，易发生触电及火灾等意外。

④临建设施撤除时房屋发生整体坍塌，作业人员踏空、踩虚造成伤亡意外等。

⑤厨房与临建宿舍安全间距不符合要求，易燃易爆危险化学品临时存放或使用不符合要求、防护不到位，造成火灾或人员窒息中毒意外。

⑥工地饮食因卫生不符合卫生标准，造成集体中毒或疾病意外。

（3）施工现场周围地段危险源

①深基坑工程、隧道、地铁、竖井、大型管沟的施工，紧邻居民聚集居住区或临街道路，因为支护、支撑、大型机械设备等设施失稳、坍塌，不但造成施工场所破坏，往往引起地面、周边建筑和城市道路等重要设施的坍塌、坍陷、爆炸与火灾等意外。

②基坑开挖、人工挖孔桩等施工降水，有可能造成周围建筑物因地基不均匀沉降而倾斜、开裂，倒塌等意外。

③高层施工临街一侧安全防护不到位,可能发生高空落物情况对过往行人造成物体打击伤害。

④占道施工或码放材料未作安全防护或没有警示标志。

⑤施工现场围墙因为基础失稳造成墙体倒塌,对临街一侧行人造成伤害或对物品造成损坏。

以上建筑施工所涉及的危险源范围,应在国家现行法律法规框架内,建立施工企业安全管理防范体系,完善各专业门类齐全的施工作业实施细则,依法管理安全生产。保证进场施工设备完好,保障周围地段设施、道路安全。落实安全生产措施经费,不断淘汰落后技术、工艺,适度提高施工生产安全设防标准,最终达到建设施工安全生产标准化,降低因建设施工给城市带来的安全风险。

6.2.2　建筑施工危险源分级

在建筑施工过程中,结合工程施工特点和所处环境对危险源实施等级划分,可以更清楚地明确各级管理人员分级管理的安全责任,提高施工作业人员生产安全防范意识,是预防事故发生、加强建筑施工安全管理的基础工作。依据危险源等级的危险性大小对危险源进行分级管理,可以突出施工现场安全管理的重点,确定预防措施,将人力、财力、物力合理分配,协同解决施工现场存在的各类生产安全问题。

《建筑施工安全技术统一规范》(GB 50810—2013)基本规定中要求,根据发生生产安全事故可能产生的后果,应将建筑施工危险源等级划分为Ⅰ、Ⅱ、Ⅲ级;建筑施工安全技术量化分析中,建筑施工危险等级系数的取值应符合表6-1的规定。

表6-1　建筑施工危险等级系数表

危险等级	事故后果	危险等级系数
Ⅰ	很严重	1.10
Ⅱ	严重	1.05
Ⅲ	不严重	1.00

建筑施工危险等级的划分与危险等级系数,是对建筑施工安全技术措施的重要性认识及计算参数的定量选择。危险等级的划分是一个难度很大的问题,很难定量说明,因此,采用了类似结构安全等级划分的基本方法。危险等级系数的选用与现行国家标准《建筑结构可靠性设计统一标准》(GB 50068—2018)重要性系数相协调。

目前,可按照住房和城乡建设部颁发的《危险性较大的分部分项工程安全管理办法》(建质〔2009〕87号)的要求,根据发生安全事故可能产生的后果(危及人的生命造成经济损失、产生不良社会影响),采用分部分项的概念。超过一定规模的、危险性较大的分部分项工程可对应于Ⅰ级危险等级的要求,危险性较大的分部分项工程可对应于Ⅱ级危险等级的要求,这样做可以较好地与现行管理制度衔接。危险等级划分内容见表6-2。

表 6-2 建筑工程分部分项工程危险等级划分内容

危险等级	分部分项工程	工程内容
Ⅰ级	一、人挖桩、深基坑及其他地下工程	(1)开挖深度超过 5 m(含 5 m)的基坑(槽)的土方开挖、支护、降水工程。 (2)开挖深度虽未超过 5 m,但地质条件、周边环境和地下管线复杂,或影响毗邻建筑物、构筑物安全的基坑(槽)的土方开挖、支护、降水工程。 (3)开挖深度超过 16 m 的人工挖孔桩工程。 (4)地下暗挖工程、顶管工程、水下作业工程。
	二、模板工程	(1)工具式模板工程,包括滑模、爬模、飞模工程。 (2)混凝土模板支撑工程,搭设高度 8 m 及以上;搭设跨度 18 m 及以上;施工总荷载 15 kN/m 及以上;集中线荷载 20 kN/m 及以上。 (3)承重支撑体系,用于钢结构安装等满堂支撑体系,承受单点集中荷载 700 kg 以上。
	三、起重吊装及安装拆卸工程	(1)采用非常规起重设备、方法,且单件起吊重量在 100 kN 及以上的起重吊装工程。 (2)起重量 300 kN 及以上的起重设备安装工程;高度 200 m 及以上内爬起重设备的拆除工程。
	四、脚手架工程	(1)搭设高度 50 m 及以上落地式钢管脚手架工程。 (2)提升高度 150 m 及以上附着式整体和分片提升脚手架工程。 (3)架体高度 20 m 及以上悬挑式脚手架工程。
	五、拆除爆破工程	(1)采用爆破拆除的工程。 (2)码头、桥梁、高架、烟囱、水塔或拆除中容易引起有毒有害气(液)体或粉尘扩散、易燃易爆事故发生的特殊建、构筑物的拆除工程。 (3)可能影响行人、交通、电力设施、通信设施或其他建、构筑物安全的拆除工程。 (4)文物保护建筑、优秀历史建筑或历史文化风貌区控制范围的拆除工程。
	六、其他	(1)应划入危险等级Ⅰ级的采用新技术、新工艺、新材料、新设备及尚无相关技术标准的危险性较大的分部分项工程。 (2)其他在建筑工程施工过程中存在的,应划入危险等级Ⅰ级的可能导致作业人员群死群伤或造成重大不良社会影响的分部分项工程。
Ⅱ级	一、基坑支护、降水工程	开挖深度超过 3 m(含 3 m)或虽未超过 3 m,但地质条件和周边环境复杂的基坑(槽)支护、降水工程。
	二、土方开挖、人挖桩、地下及水下作业工程	(1)开挖深度超过 3 m(含 3 m)的基坑(槽)的土方开挖工程。 (2)人工挖孔桩工程。 (3)地下暗挖、顶管及水下作业工程。

续表

危险等级	分部分项工程	工程内容
Ⅱ级	三、模板工程及支撑体系	(1)各类工具式模板工程,包括大模板、滑模、爬模、飞模等工程。 (2)混模板支撑工程,搭设高度 5 m 及以上;搭设跨度 10 m 及以上;施工总荷载 10 kN/m² 及以上;集中线荷载 15 kN/m 及以上;高度大于支撑水平投影宽度且相对独立无联系构件的混凝土模板支撑工程。 (3)承重支撑体系,用于钢结构安装等满堂支撑体系。
	四、起重吊装及安装拆卸工程	(1)采用非常规起重设备、方法,且单件起吊质量在 10 kN 及以上的起重吊装工程。 (2)采用起重机械进行安装的工程。 (3)起重机械设备自身的安装、拆卸。 (4)建筑幕墙安装工程。 (5)钢结构、网架和索膜结构安装工程。 (6)预应力工程。
	五、脚手架工程	(1)搭设高度 24 m 及以上的落地式钢管脚手架工程。 (2)附着式整体和分片提升脚手架工程。 (3)悬挑式脚手架工程。 (4)吊篮脚手架工程。 (5)自制卸料平台、移动操作平台工程。 (6)新型及异型脚手架工程。
	六、拆除、爆破工程	(1)建筑物、构筑物拆除工程。 (2)采用爆破拆除的工程。
	七、其他	(1)应划入危险等级Ⅱ级的采用新技术、新工艺、新材料、新设备及尚无相关技术标准的危险性较大的分部分项工程。 (2)其他在建筑工程施工过程中存在的、应划入危险等级Ⅱ级的可能导致作业人员群死群伤或造成重大不良社会影响的分部分项工程。
Ⅲ级	—	除Ⅰ级、Ⅱ级以外的其他工程施工内容。

以上条款统一规定了不同危险等级的施工活动进行安全技术分析时的宏观差别,体现高危险、高安全度要求的基本原则,同时对量化差别提出指导性意见。考虑到问题的复杂性,量化指标可由各类具体建筑施工安全技术规定确定。安全技术的选择所考虑的因素应包括工程的施工特点,结构形式,周边环境,施工工艺,毗邻建筑物和构筑物,地上、地下各类管线以及工程所处地的天气、水文等。应采取诸多方面的综合安全技术,从防止事故发生和减少事故损失两方面考虑,其中防止事故发生的安全技术有:辨识和消除危险源、限制能量或危险物质、隔离、故障安全设计、减少故障和失误等;减少事故损失的安全技术有:隔离、个体防护、避难与救援等。

6.3　危险源辨识与评估

6.3.1　建筑施工危险源辨识

危险源应由3个要素构成:潜在危险性、存在条件和触发因素。危险源的潜在危险性是指一旦触发事故,可能带来的危害程度或损失大小,或者说危险源可能释放的能量强度或危险物质量的大小。危险源的存在条件是指危险源所处的物理、化学状态和约束条件状态。触发因素是危险源转化为事故的外因,每一类型的危险源都有相应的敏感触发因素。事故的发生往往是两类危险源共同作用的结果:第一类危险源是事故发生的能量主体,决定事故后果的严重程度;第二类危险源是第一类危险源造成事故的必要条件,决定事故发生的可能性。两类危险源相互关联、相互依存,第一类危险源的存在是第二类危险源出现的前提,第二类危险源的出现是第一类危险源导致事故的必要条件。危险源辨识的首要任务是辨识第一类危险源,在此基础上再辨识第二类危险源。

建筑施工危险源就是施工过程中各类容易发生事故的不安全因素,主要从以下两个方面进行辨识:

①项目开工前,根据工程项目各方面的资料、施工现场的状态及外部环境、管理制度、分部分项施工作业内容、施工工艺等各种因素进行分析、预测,以便在施工过程中对关键的部位、关键的环节进行重点控制,起到安全防范作用。

②施工过程中,主要是对基础工程、主体结构工程、关键工序、所使用的机械设备及安全装置、具有易燃易爆特性的施工作业、危险设施、经常接触有毒有害物质的施工作业(粉尘、毒物、噪声、震动、高低温)、具有职业性健康伤害损害的施工作业、曾经发生或行业内经常发生事故的施工作业、特种作业人员、生活设施和应急、外出工作人员和外来工作人员、装饰、装修工程及危险品的控制等进行辨识。

建筑施工企业安全管理体系中危险源的辨识、风险控制是施工现场安全管理工作的重要因素。追溯生产安全事故发生的根源,危险源的存在及触发是重要因素,对危险源进行有效辨识与控制是建筑施工安全生产管理十分重要的环节。

6.3.2　建筑施工危险源产生原因

导致建筑施工工程安全事故的因素很多,分类方法也多种多样。依据《生产过程危险和有害因素分类与代码》(GB/T 13861—2009),将生产过程危险和有害因素分为四大类。

1)人的因素

在生产活动中,来自人员自身或人为性质的危险和有害因素主要包括:

①心理生理因素:负荷超限、健康状况异常、心理异常、辨识功能缺陷、其他心理生理危险和危害因素。

②行为因素:指挥错误、操作失误、监护失误、其他错误、其他行为性危险和危害因素。

③工艺技术因素:指作业人员采用的技术和方法是否正确,技术组织措施有无不当等。例如对易燃易爆材料的加工或遇有高温挥发性有毒气体产生的作业是否与电焊在同一工作面或紧邻工作面同时作业等(各种有毒有害化学品的挥发泄漏所造成的人员伤害火灾)。

2)物的因素

机械、设备、材料等方面存在的危险和有害因素主要包括:

①物理性危险和危害因素:设备、设施、工具、附件缺陷,如强度不够、刚性不够、稳定性差、应力集中、操纵器缺陷、制动器缺陷、控制器缺陷、防护缺陷、无防护装置缺陷、防护不当、支撑不当、防护距离不够、其他防护缺陷、电伤害、信号缺失、其他物理性危险和危害因素。

②化学性危险和危害因素:易燃易爆品、压缩气体和液化气、有毒品、放射性物质、腐蚀品、其他化学性危险和危害因素。

3)环境因素

生产作业环境中危险和有害因素主要包括:

①气象变化的危险危害因素:5级以上大风天气、高温、冰冻、地下施工、其他生物性危险和有害因素。

②工程地质、地形地貌、水文、功能分区、防火间距、动力设施、道路、贮运设施等。

③不适宜的作业方式、作息时间、作业环境等引起的人体过度疲劳危害。如夜间施工照明不足,或夜间照明产生眩光、重影,有挥发性毒气产生的材料加工场地通风换气不足,在狭窄空间内(如地下、深坑内)作业导致通风换气不足,水位下作业面的防排水设施能力不足或无备用品(件),工作面与周边无安全隔离区(带)等。

4)管理因素

管理因素是指管理和管理责任缺失所导致的危险有害因素,主要从安全职业健康的组织机构、责任制、管理规章制度、投入、职业健康管理等方面考虑。包括职业健康组织机构不健全,职业健康责任制未落实,职业健康管理规章制度不完善,职业健康投入不足,职业健康管理不完善,其他管理因素缺陷。

综合分析4种因素,人为的因素占主要部分。例如,人的不安全行为表现在违章指挥、违章作业、违反劳动纪律,事故原因统计分析表明,70%以上事故是由"三违"造成的。

6.3.3 建筑施工危险源辨识方法

建筑施工危险源辨识方法有许多种,主要包括基本分析法、直接经验法、建筑施工安全检查标准等。建筑施工危险源辨识一般采用作业条件危险性评估方法 $D = LEC$(格雷厄姆法)方法,对识别出的危险源进行评估和量化。只有充分辨识危险源的存在,确定危险源的等级,找出其存在的原因,可能引发事故导致不良后果的系统、材料、设备及生产过程的不安全特征。制订分级控制方案,才能有效监控事故(危害)的发生。危险源辨识有两个方面:第一是辨识可能发生事故的后果;第二是识别可能引发事故的设备、材料、能量、物质、生产过程等。事故后果可分为对人的伤害、对环境的破坏及财产损失三大类,在此基础上可细分成各种具体的伤害或破坏类型。在可能发生事故的后果确定后,可进一步分析、辨识事故发生的原因,即安全生产系统结构链锁:根本原因、间接原因、直接原因、能量异动。

采用直接经验法,是通过对照有关标准规范、检查表,依靠辨识评价人员的经验和观察分析能力或采用类比的方法,进行危险源辨识。比如施工现场安全管理人员在安全检查时,根据《建筑施工安全检查标准》(JGJ 59—2011)对照评分检查表,扣分的项目往往是施工现场存在着危险源的地方,这就是一种直接经验法。经验法是辨识中常用的方法其优点是简便、易行;其缺点是受辨识人员知识、经验和现有资料的限制,可能出现遗漏。为弥补个人判断的不足,常采取专家会议的方式进行讨论、相互启发、交换意见、集思广益,使危险、危害因素的辨识更加细致、具体。危险源辨识应坚持"横向到边、纵向到底、主次分明、不留死角"的原则。

采用作业条件危险性评价法(LEC 定性评价),工程在开工前组织项目管理人员、监理单位技术人员及相关人员,对项目施工过程中的重大危险源进行辨识、评估、论证。同时,建立完善施工现场重大危险源安全生产管理体系。对施工区域、生活区、周围地段中每个步骤存在的人的不安全行为、物的不安全状态,以及施工作业活动环境、范围和管理方面的缺陷进行危险源辨识。确定出重大危险源的类别及等级,经施工单位技术负责人审核、监理单位总监审批后,报上级管理部门进行综合评估论证,重大危险源管理需纳入实施性施工组织设计文件中。施工单位依据重大危险源评估结果,建立危险源管理台账,编制专项施工方案(包括相关的安全管理制度、标准、规程、风险管理机构及职责划分,人员安排、培训、现场警示,设备器具及材料准备,现场设施布置,作业指导书清单,监控、监测及预警方案,应急预案及演练安排,过程及追溯性记录和要求等)。对编制的危险源专项方案组织相关人员进行评审,依据评审结果组织现场管理人员进行学习、了解实施。参照《建筑施工安全技术统一规范》(GB 50870—2013)确定建筑施工危险等级安全系数:

危险等级为 I 级:危险等级系数 1.10,表示很严重或极其危险,不能继续作业。

危险等级为 II 级:危险等级系数 1.05,表示严重或高度危险,要立即整改。

危险等级为 III 级:危险等级系数 1.00,表示不严重或稍有危险可以接受。

6.3.4　建筑施工危险源评估

危险源评估也称危险评价或安全评价,是确定危险源可能产生的生产安全事故的严重性及其影响,确定危险等级。同时,对系统中存在的危险源进行定性或定量分析,得出系统发生危险的可能性及其后果严重程度,确定风险是否可以接受。通过安全评价对既定指数、等级或概率作出定性、定量的表示,寻求最低事故率最少的损失和最优的安全投入。定性安全评价方法主要是根据经验和直观判断能力对生产系统的工艺、设备、设施、环境、人员和管理等方面的状况进行定性的分析,安全评价的结果反映出定性的指标是否达到了某项安全指标、事故类别和导致事故发生的因素等。典型的定性安全评价方法包括安全检查标准对照法、直接经验法、作业条件危险性评价法(LEC)、故障类型和影响分析、危险可操作性研究等。

1)安全检查标准对照法

安全检查标准对照法是将一系列建筑施工安全检查项目列出检查评分表,以确定系统的状态,定性地对系统进行综合评定划分。该方法在安全检查、验收、评价和现状综合安全评价中较常用,是建筑施工企业在安全管理和监督检查中常用的方法。

2)直接经验法

凡属下列情况之一的,直接判断为危险源:不符合法律法规及其他要求的施工作业;曾经发生过较大安全事故或一般伤亡事故仍未采取有效控制措施;相关方合理建议或要求;直接可以观察到可能导致事故的危险且无控制措施。针对施工过程中因施工工艺产生的危险源,应邀请各专业的技术专家对其危险源产生的原因调查研究、收集资料、现场测试、分析比较,运用类推原理预测评价,确保施工作业人员安全防护、机械设备运行状况不发生问题。

3)作业条件危险性评价法

作业条件危险性评价法是一种定量评价方法,用公式表示为 $D=LEC$,其中,D 表示事故或危险事件发生的危险程度,L 表示发生事故的可能性,E 表示人体暴露于危险环境的频繁程度,C 表示发生事故可能产生的后果,各参数取值参考见表6-3。

表6-3　L,E,C 取值参考

分数值	事故发生的可能性(L)	分数值	人体暴露于危险环境的频繁程度(E)	分数值	发生事故可能产生的后果(C)
10	完全可能预料	10	连续暴露	100	10人以上死亡
6	相当可能	6	每天工作时间内暴露	40	3~9人死亡
3	可能,但不经常	3	每周一次或偶然暴露	15	1~2人死亡
1	可能性小,可以设想	2	每月一次暴露	7	严重
0.5	很不可能,可以设想	1	每年几次暴露	3	重大,伤残
0.2	极不可能	0.5	罕见暴露	1	引人注意
0.1	实际不可能	—			

根据 $D=LEC$ 计算 D 值,进行危险性评估,见表6-4。

表 6-4　危险性评估

D 值	危险程度	风险等级	D 值	危险程度	风险等级
>320	极其危险,不能作业,需降低风险	5	20～70	一般危险,需要注意	2
160～320	高度危险,要立即整改	4	<20	稍有危险,可以接受	1
70～160	显著危险,需要整改	3			

　　危险源评价的基本任务是危险性的定性定量分析过程,在进行定性评价时应尽量使其体现量的概念。

6.4　危险源管理及应急救援制度

6.4.1　危险源管理原则

　　施工企业的决策机构或项目主要负责人应当保证重大危险源安全管理与监控所需资金的投入,施工项目必须对从业人员进行入场安全教育和安全技术交底,使其全面了解掌握本岗位的安全操作技能和在紧急情况下应当采取的应急措施。建筑施工重大危险源管理不仅是预防建筑工地重大事故的发生,并且要做到一旦发生事故,能将事故危害限制到最低程度。

6.4.2　危险源的控制管理

　　在法律框架内建立健全施工现场安全生产责任制度,通过责任制度对施工过程中的人员、物料、设备、环境进行约束管理,使现场的各种危险因素始终处于受控制状态并逐步消除,进而趋近本质型、永久型安全目标,从根源上减少或消除危险。依据建筑施工企业的各种施工标准、操作规范逐步实施现场管理标准化。通过规范作业提高施工人员安全生产意识,使现场环境、机械设备、材料摆放等保持良好的状态,将施工现场的风险减小到最低限度甚至忽略不计的安全水平,以求达到"安全生产零事故"的目标,实现施工过程对人、环境或财产没有危害。目前,由于多种因素导致管理人员、施工人员的安全意识淡薄,施工项目的效益与安全、质量与安全、工期与安全、环境与安全等矛盾的存在,施工现场不可避免地存在安全隐患和安全风险,要彻底消除,是很难办到的。但我们采取主动措施,加大投入,加强管理,从而减少或减免事故的发生是可以办到的,着力在作业人员入场安全培训教育、安全隐患及时整改、现场监督检查、风险管理上下功夫,施工现场逐渐趋近本质安全不是没有可能的。

危险源的控制管理是建立在危险源辨识和风险评价的基础上,编制科学的危险源管理方案和指导文件可以控制施工中各个环节可能出现的风险。实施过程中应进行检查、分析和评价,使人员、机械、材料、方法、环境等因素均处于受控状态,达到实施风险控制的目的。可以从 3 个方面进行,即技术控制、人行为控制和管理控制。

1)技术控制

技术控制即采用安全技术措施对固有危险源进行控制,主要技术有消除、控制、防护、隔离、监控、保留和转移等。安全技术措施应符合以下要求:

①根据危险等级、安全规划制定安全技术控制措施。

②安全技术控制措施符合安全技术分析的要求。

③安全技术控制措施按施工工艺、工序实施,提高其有效性。

④安全技术控制措施实施程序的更改应处于控制中。

⑤安全技术控制措施实施的过程控制应以数据分析、信息分析以及过程监测反馈为基础。

建筑施工安全技术措施应按危险等级分级控制,并应符合以下要求:

Ⅰ级:编制施工方案和应急救援预案,组织技术论证,履行审核、审批手续,对安全技术方案内容进行技术交底、组织验收,采取监测预警技术进行全过程监控。

Ⅱ级:编制专项施工方案和应急救援预案,履行审核、审批手续,进行技术交底、组织验收,采取监测预警技术进行局部或分段过程监控。

Ⅲ级:制订安全技术措施并履行审核、审批手续,进行技术交底。

建筑施工安全技术措施应在实施前进行预控,实施中进行过程控制,并应符合以下要求:

①安全技术措施预控范围应包括材料质量及检验复验、设备设施检验、作业人员应具备的资格及技术能力、作业人员的安全教育、安全技术交底。

②安全技术措施过程控制范围应包括施工工艺和工序、安全操作规程、设备和设施、施工荷载、阶段验收、监测预警。

2)人行为控制

人行为控制即控制人为失误,减少人不正确的施工作业行为对危险源的触发作用。

3)管理控制

从管理控制方面,可采取以下措施对危险源进行控制:

①建立施工现场重大危险源的辨识、登记、公示、控制管理体系,明确具体责任并组织实施。

②对存在重大危险源的分部分项工程,在施工前必须编制安全技术专项施工方案,应满足4个原则性要求:

a. 符合建筑施工危险等级的分级规定。

b. 按照消除、隔离、减弱、控制危险源的顺序选择安全技术措施。

c. 采用可靠依据的方法分析确定安全技术方案的可靠性和有效性。

d. 根据施工特点制订安全技术方案实施过程中的控制原则,并明确正点控制与监测部位及要求。

除应有切实可行的安全技术方案、措施外,还应当包括监控推施、应急预案以及紧急救护措施等内容。

③安全技术方案应由施工项目专业技术人员及施工项目安全管理人员共同编制完成,由施工企业技术负责人、监理单位总监理工程师审批签字。凡属建设部《危险性较大工程安全专项施工方案编制及专家论证审查办法》中规定的危险性较大工程,建筑施工企业应当组织专家对专项施工方案进行审核论证。

④对存在重大危险部位的施工必须严格按照专项施工方案进行施工作业,由工程技术人员进行技术交底,并有书面记录和签字,确保作业人员清楚掌握施工方案的技术要领。凡涉及验收项目,方案编制人员应参加验收,并及时形成验收记录。

⑤施工企业应对从事重大危险部位施工作业的施工队伍、特种作业人员进行登记造册,了解掌握作业队伍的特点,以便采取有效措施对施工作业活动中的人员进行管理、控制,及时分析现场存在的不安全行为,找出解决办法。

⑥施工单位应根据工程特点和施工范围,对施工过程进行安全分析,对分部分项各道工序、各个环节可能产生的危险因素和不安全状态进行辨识、登记,汇总重大危险源明细,制订有效的控制措施,对施工现场重大危险源部位进行环节控制,并公示控制的项目、部位、环节及内容等,以及可能发生事故的类别。对危险源采取的防护设施及防护设施的状态要责任落实到人。

⑦施工企业项目部应将重大危险源公示表作为每天施工前对施工人员安全交底内容之一,时刻提醒作业人员保持安全防范意识,规范安全作业行为。

⑧建筑施工现场的布置应保障疏散通道、安全出口、消防通道畅通,防火防烟分区、防火间距应符合有关消防技术标准。

⑨施工现场存放易燃易爆危险品的场所不得与居住场所设施在同一建筑物内,并与居住场所保持安全距离。

⑩监理单位应对重大危险源专项施工方案进行审核,对施工现场重大危险源的辨识、登记、公示、控制情况进行监督管理,对重大危险部位作业进行旁站监理。对旁站过程中发现的安全隐患及时开具监理通知单,问题严重的有权停止施工。对整改不力或拒绝整改的,应及时将有关情况报当地建设行政主管部门或建设工程安全监督管理机构。

⑪建设单位要保证用于重大危险源防护措施所需的费用及时划拨,施工单位要将施工现场重大危险源的安全防护、文明施工措施费单独列支,保证专款专用。

⑫施工单位应对施工项目建立重大危险源施工档案,每周组织有关人员对施工现场的重大危险源进行安全检查,并做好施工安全检查记录。

6.4.3 危险源管理方法和步骤

通过对危险源辨识和安全技术分析、施工安全风险评估、施工安全技术方案分析,建立施工现场重大危险源申报、分级制度。其中安全技术分析涉及各种各样施工过程,应尽可能采用具体的定量分析方法,同时根据建筑施工安全标准和工作经验进行定性分析并制定有效的管理方案,明确危险源的管理责任和管理要求。使危险源管理规范化、制度化,逐步实现工程项目危险源全面控制机制是危险源管理的目的。

1)危险源点分析

根据工程特点对可能影响生产安全的危险因素进行分析。在分析危险因素时,应覆盖与建筑施工相关的所有场所、环境、材料、设备、设施、方法、施工过程中的危险源。对分析范围加以限定,以便在合理的、有限的范围内进行分析。列出所有可能影响生产安全的危险因素,找出危险点,提出控制措施。

2)危险源评估

①根据过去的经验教训,进行施工安全风险评估,分析可能出现的危险因素。确定危险源可能产生的严重性及其影响,确定危险等级。

②根据工程特点查清危险源,明确给出危险源存在的部位、根源、状态和特性。即危险因素存在于施工现场哪个子系统中。

③识别转化条件,找出危险因素变为危险状态的触发条件和危险状态变为事故的必要条件。

④依据施工安全技术方案划分危险等级,排出先后顺序和重点。对重点危险因素首先采取预控或消除、隔离措施。根据危险等级分析安全技术的可靠性,制订出安全技术方案实施过程中的控制指标和控制要求。

⑤制订控制事故的预防措施。

⑥指定落实控制措施的分包单位和人员,并且必须监督到位。

3)危险源预控的一般步骤

危险源预控的一般步骤如下所述。

①全面了解即将开始施工作业的场内场外情况,认真分析工程特点以及本项目安全工作重点。同时,将过去完成的同类施工作业中所积累的安全生产经验教训,作为预测工程危险源点和制订安全防范措施的参照。

②对大型危险专业项目,应事先召开专题会议对其进行分析预测,寻找存在的危险点,明确作业中应重点加以防范的危险点,并提出控制办法。

③围绕确定的危险源点,制订切实可行的安全防范措施,并向所有参加作业的人员进行交底。

④工作结束后对作业危险源点预控工作进行检查回顾,认真总结经验教训。在下一次同类作业前要把遗漏的危险点都寻找出来,并结合以前的预测结果,制订出更完善的预控危险点方案。

4)危险源点预控工作

①执行建筑施工企业安全生产三级教育制度,认真编制标准化、规范化的危险性因素控制表。首先,从班组开始,以自下而上、上下结合,施工队、项目管理人员共同把关的原则,组织所有参建分包单位管理人员做好危险性因素分析和预防工作。结合本专业本岗位的各种作业(操作)形式,找出危险源点,对照《安全操作规程》《安全检查标准》及有关制度措施,初步提出作业项目危险因素控制措施,形成危险性因素控制表。经施工队专业技术人员、安全员审查、补充、完善后报项目部安监部门审查、备案。

②三级安全生产教育编制的主要内容,应以施工队、班组为单位,按不同专业列出经常从事的作业项目。由各专业针对作业内容、工作环境、作业方法、使用的工具、设备状况和劳动保护的特点以及以往事故经验教训,分析并列出人身伤害的类型和危险因素。对每项危险因素都要制订相应的控制措施,每项措施均应符合《安全操作规程》的规定和标准化、规范化的要求。同时,要明确监督责任人。

③以危险因素控制表为准,按分部分项为单元进行安全技术交底工作。由安全生产负责人或班组长组织全体作业人员,分析查找该项目作业过程中可能出现的威胁人身、设备安全的危险因素。一般性施工作业项目的安全技术交底由班组长负责填写,交工长审核,经施工队指定的专业技术人员或安全员审批后执行。对于危害等级高的施工作业项目,应由施工队、专业分包、项目部、安监部及主管生产的负责人主持召开施工作业前的准备会议。针对该项目的各个环节,分析查找危险因素,并按专业制订安全技术措施方案。明确施工队和专业分包应控制的危险因素及落实安全技术措施的负责人。由各分包单位负责人组织本单位作业班组长了解熟悉安全技术措施方案,明确各自应控制的危险因素及落实安全技术措施的指定负责人。由指定负责人组织作业人员,根据安全技术措施方案内容学习了解和分析。危害等级高的作业项目安全技术交底,应由施工队和项目部技术人员、安监部负责审核,项目总工程师批准后执行。

5)危险因素控制措施的实施

①项目部应在施工作业项目开工前将制订、审核、批准的安全技术措施方案转交施工队和班组,在有项目管理人员参加的情况下组织施工作业人员学习和了解,同时进行安全技术交底并履行签字手续。

②班长应在班前会上,结合当天的施工作业点部位、具体工作内容、周围环境及施工人员身体健康状态等情况宣讲生产安全注意事项。在班后会上总结危险因素控制措施执行中存在的问题,提出改进意见。

③每日施工作业开工前,项目安全负责人在向全体作业人员宣讲安全注意事项的同时,应宣读本工程项目针对重大危险源管理必须遵守的原则事项。

④施工作业过程中,全体人员应严格遵守《安全操作规程》的规定,认真执行安全技术交底所规定的各项要求。安全负责人在进行安全检查时,随时监督检查每个作业人员执行安全措施的情况,及时纠正不安全行为。

⑤项目负责人和全体项目管理人员、各分包单位安全员,应经常深入施工现场监督检查人、机、物、料方面是否存在安全生产隐患。安全操作规程、安全标准是否得以正确执行,及时纠正违章现象。

⑥每次分部分项施工作业结束后,及时进行工作总结,不断改进完善安全技术交底内容,为下次进行同类施工作业提供安全可靠的经验。

6)危险因素控制措施的安全责任

①项目负责人要认真贯彻执行安全生产方针政策和法规,落实企业安全生产各项规章制度,结合项目工程的特点及施工全过程,组织制订本项目工程安全生产管理办法,并监督实施。作为项目工程安全生产的第一责任人,对本项目工程安全生产负全面管理责任。组织项目管理人员、施工队、班组长、专业分包单位召开工程项目危险因素分析会,做到危险因素分析工作全面、充分。同时制订正确完备的危险因素控制措施,在开工前宣讲危险因素控制措施,并且检查各项措施、方案、安全交底是否得到正确执行,监督、督促管理人员遵守各项安全管理制度,正确执行各项安全管理措施。

②工长、班长是所管辖区域内安全生产的第一责任人,对所管辖范围内的安全生产负直接责任。根据施工作业情况负责组织全体人员召开危险因素分析会,做到危险因素分析准确、全面。负责审查危险因素控制措施是否符合实际,是否正确完善,是否具有可操作性。宣讲危险因素产生和预防注意事项,对危险源点要强调只能做什么,绝对不能做什么。总结危险因素控制措施执行中存在的问题及改进要求。深入现场检查各作业点危险因素控制措施是否正确执行和落实。

③现场施工作业人员是安全生产的第一责任人,认真执行安全生产规章制度及《安全操作规程》,积极参加危险因素分析会,对防范措施提出意见或建议。严格遵守《安全操作规程》,认真执行安全技术交底各项内容,不许可做的绝对不做,保证做到"三不伤害"。工作中,在保证自身安全的同时,要及时纠正作业班其他人员的违章行为。

④项目部技术人员、安全负责人、施工队负责人等,组织相关人员制订危害等级较高的危险因素控制措施,做到正确完备。开工前召开专题会议,布置危险因素控制措施并且检查各项措施得到正确执行。对所制订、审批的安全、组织、技术措施方案和危险因素控制措施是否正确、完备负责。深入作业现场监督检查安全技术措施和危险因素控制措施是否得到正确执行,及时纠正违章现象,对违章责任者提出处罚意见。

7)危险因素控制措施的要求

①项目管理人员应熟悉掌握和确认施工现场分部分项危险源点,认真履行安全生产技

术交底程序。做到危险源点分析准确,措施严密,职责明确,不断提高自身生产安全管理水平,使施工现场作业达到标准化、规范化水准。

②制订的危险因素控制措施,必须符合《建筑施工安全检查标准》、《安全生产操作规程》、专业技术工艺规程及有关规定并符合现场实际,要有针对性和可操作性。

③为使作业危险因素控制措施能认真贯彻执行,防止走过场,项目负责人、分包单位负责人、项目安全负责人、工长、班长必须认真履行各自的生产安全职责,做到责任到位,确保作业全过程的安全。

④特殊工种作业人员应持证上岗,岗位证书经项目安全员验证登记备案后才能上岗作业。实习人员和短期施工人员必须进行入场安全生产培训教育,经考试合格后方可上岗作业。现场管理人员应对实习人员和短期施工人员的现场作业加强监护和指导。

⑤所有参加作业的人员在工作中应严格遵守《安全操作规程》和安全管理制度,认真执行安全生产检查标准,规范作业行为,做到标准化作业,确保人身、设备安全。

⑥作为三大事故多发行业的建筑业应通过科学、有效、长期手段对施工现场的危险源采取全过程的监控,将安全生产工作真正转移到预防为主的轨道上来,并最终降低事故率。

6.4.4　危险源档案管理

《中华人民共和国安全生产法》规定:生产经营单位对重大危险源应当登记建档,进行定期检测、评估、监控,并制定应急预案,告知从业人员和相关人员在紧急情况下应当采取的应急措施。生产经营单位应当按照国家有关规定将本单位重大危险源及有关安全措施、应急措施报有关地方人民政府安全生产监督管理部门和有关部门备案。

重大危险源档案应包括以下内容。

1)重大危险源安全管理制度

①年度重大危险源控制目标。
②重大危险源安全管理责任制。
③重大危险源关键部位、责任部门、责任人。

2)施工现场重大危险源的基本情况

①重大危险源周边环境基本情况(重大危险区域位置、平面图)。
②施工现场重大危险源基本特征表。

3)重大危险源辨识

①危险性较大的分部分项工程清单。
②重大危险源辨识类别表。
③重大危险源及风险辨识表。

4）重大危险源安全评价

①重大危险源安全评价的主要依据。
②施工现场及周边环境安全评估表。
③重大危险源评价报告。

5）重大危险源监控实施方案

①危险性较大的分部分项工程安全专项施工方案编审。
②专家审查论证登记计划表。

6）重大危险源监控检查表

①重大危险源点监控设施清单。
②重大危险源监控系统、监测、检验结果。
③重大危险源各项检查记录。

7）重大危险源应急救援预案

①重大危险源场所安全警示标志的设置情况。
②重大危险源事故应急预案、评审意见。
③重大危险源点应急预案演练计划和评估报告。

建立健全重大危险源档案工作是贯彻实施《中华人民共和国安全生产法》《建设工程安全生产管理条例》的必然要求。建筑施工企业对施工过程中产生的重大危险源负有监控责任和管理责任，一旦发生安全事故必然承担主体责任，因此，重大危险源档案是建筑施工企业安全管理减责免责的重要依据。

6.4.5 重大危险源应急预案

对可能出现的高处坠落、物体打击、坍塌、触电、中毒以及其他群体伤害事故的重大危险源，应制订应急预案。应急预案的编制根据对危险源与不利环境因素的识别结果，确定可能发生的事故或紧急情况的控制措施失效时所采取的补充措施和抢救行动，以及针对可能随之引发的伤害和其他影响所采取的措施。

①应急预案的内容包括：有针对性的安全技术措施；监控措施；检测方法；应急人员的组织、应急材料、器具、设备的配备等。

应急预案应有较强的针对性和可操纵性，力求细致全面、操作简单易行。
②分别建立企业、企业分支机构（如果有）、施工项目部 3 级应急领导小组。
③对所制订的应急预案分别进行演练。

6.4.6 施工现场应急救援预案的管理

①施工企业应当制定本单位生产安全事故应急救援预案，建立应急救援组织，配备必要

的应急救援器材、设备并定期组织演练。实行施工总承包的,由总承包单位统一组织编制建设工程生产安全事故应急救援预案。

②工程项目部应针对可能发生的事故制订相应的应急救援预案。

③应急预案的编制应与安保计划同步编写。应根据对危险源与不利环境因素的识别结果,确定可能发生的事故或紧急情况的控制措施失效时所采取的补充措施和抢救行动,以及针对可能随之引发的伤害和其他影响所采取的措施。

④现场应急救援预案的内容可以包括(但不局限于)下列内容:

a. 目的。

b. 适用范围。

c. 引用的相关文件。

d. 应急准备[领导小组组长、副组长姓名及联系电话,组员姓名及联系电话、办公场所(指挥中心)及电话;项目部应急救援指挥流程图;急救设备、工具清单(列出急救的器材名称、数量及所在位置)]。

⑤应急救援预案的演练、评价、修改

项目部应规定平时定期演练的要求和具体项目,演练事故发生后对应急救援预案的实际效果进行评价和修改预案的要求。

应急预案的演练根据实际条件可采取桌面演练、功能演练、全面演练的方式进行。

a. 确定应急救援预案内容,并让所有的职工都知道。

b. 通过演练对应急救援预案定期检查,不断总结、完善。

c. 所有施工现场人员都应参加应急演习,以熟悉应急状态后的行动方案。

6.5　安全生产风险分类分级管控制度

6.5.1　目的与适用范围

为加强安全生产风险管理,规范生产经营过程中危险源和其他风险辨识、安全生产评估与管控工作,有效构建生产安全事故双重预防机制,防范生产安全事故的发生,依据《中华人民共和国安全生产法》《国务院安委会办公室关于实施遏制重特大事故工作指南构建双重预防机制的意见》《云南省安全生产委员会办公室关于遏制重特大事故构建双重预防机制的实施意见》以及交通运输部《公路水运行业安全生产风险管理暂行办法》《关于开展公路桥梁和隧道工程施工安全风险评估试行工作的通知》《关于发布高速公路路堑高边坡工程施工安全风险评估指南(试行)的通知》等有关法律法规及规范性要求,结合公司实际,制定本制度。

本制度适用于公司各职能部门,直管部、分公司,项目经理部,指挥部组织开展安全生产风险辨识、评估、管控及监督管理工作。

6.5.2　过程管理目标

①危险源辨识、风险评估覆盖率100%。

②可能导致生产安全事故的风险控制措施制订率100%。

③建立有效运行机制,确保生产经营过程中及时、动态辨识风险,并有效控制,避免因疏漏或控制不到位导致生产安全事故发生。

6.5.3　过程管理主要风险识别

①未结合实际生产经营活动、作业场所、环境特点等实际情况开展危险源辨识、风险评估,可能导致辨识、评估不全面。

②未考虑风险评估方法、时态,可能导致评估结果不准确,控制措施制订不完善或无针对性。

③风险控制措施制订不全面或无针对性,可能导致风险得不到有效控制而发展成为隐患甚至事故。

④随着生产经营活动的动态变化,未及时动态修订、更新风险辨识、评估、控制措施,可能导致控制措施无法适用于风险动态变化需要,进而发展成为不利后果。

6.5.4　风险防控及管理要求

1)职责和权限

(1)主管领导

公司分管安全生产副总经理是本管理制度的主管领导,负责组织、监督、检查、指导本制度的执行情况。

(2)直接领导

公司安全总监是本管理制度的直接领导,负责协助主管领导组织、监督、指导检查本制度的实施。

(3)主控部门

公司安全生产部是本制度的主控部门,负责对本制度的建立、实施、保持和改进的管理,负责组织开展本单位的安全生产风险辨识、评估与管控工作,落实重大风险登记和控制责任。负责定期汇总和分析同级各职能部门和下级安全生产管理部门报备的风险评价、评价结果及控制计划资料,并指导和督促同级职能部门和下级单位按规定对相关风险进行控制管理。

(4)协管部门

技术中心是本过程的协管部门,负责对辨识出的危险源、风险评价结果采取的技术控制措施进行审核。

（5）相关部门

其他职能部门负责定期组织开展本单位危险源和其他风险辨识、风险评价工作，对本单位存在及潜在的危险源加以控制，并按规定及时向公司安全生产部报备危险源辨识、风险评价结果及控制计划资料。

（6）直管部、分公司

公司各直管部、分公司负责对本单位所管辖区域及相关业务活动中的危险源和其他风险辨识、风险评价、控制措施策划，对本单位存在及潜在的危险源加以控制，并按规定及时向公司安全生产部报备危险源和其他风险辨识、风险评价结果及控制计划资料。

（7）项目经理部

项目经理部是本制度具体实施单位，各岗位管理人员负责对本岗位管理职责范围内的相关业务活动中的危险源和其他风险辨识、风险评价、控制措施策划，对管理职责范围内存在及潜在的危险源和其他风险加以控制，由项目负责人组织汇总，并按规定及时向上属直管部、分公司报备危险源和其他风险辨识、风险评价结果及控制计划资料。

（8）工作人员代表

各级工作人员代表参加危险源和其他风险源辨识、风险评价、控制措施策划。

2）管理流程

安全生产风险辨识、评估、控制、监测流程见附件流程图。

3）管控要求

（1）安全生产风险管理原则

安全生产风险是指生产经营过程中发生生产安全事故的可能性和后果的严重性。安全生产风险管理工作坚持"系统分析、科学研判、强化预控、动态管理"的原则。

（2）安全生产风险管理基本要求

①新开工的工程建设项目，项目部应于工程开工前组织开展一次危险源和其他风险全面辨识、风险评价工作，以后每年至少组织开展一次危险源和其他风险全面辨识、风险评价。对于危险性较大分部分项工程，项目部应在分部分项工程施工前组织开展一次专项安全生产风险辨识、风险评价。安全生产风险辨识、风险评价结束后应形成风险清单，制订相应管控措施，填入"危（风）险源辨识、评价、控制一览表"，及时报直管部、分公司安全生产管理部门备案，同时按规定向监理单位和建设单位报备。

②公司各职能部门，直管部、分公司应负责持续和主动地组织本部门所有岗位人员对本部门所管辖区域及相关业务系统活动中存在或潜在的危险源和其他风险进行逐一辨识、评价、分级、制定管控措施，及时登记和填写本部门"危（风）险源辨识、评价、控制一览表"并报同级安全管理部门备案。

③安全生产管理部门每年应对同级各职能部门和所属项目经理部报备的"危（风）险源辨识、评价、控制一览表"进行一次汇总和分析，编制直管部、分公司"危（风）险源辨识、评

价、控制一览表",并报公司安全生产部备案。

④公司安全生产部每年对公司各职能部门,直管部、分公司报备的《危(风)险源辨识、评价、控制一览表》进行汇总和分析,及时编制并下发公司"危(风)险源辨识、评价、控制一览表"。针对风险等级进行分级管控,公司各职能部门,直管部、分公司管控不可接受风险,项目部对除不可接受风险进行管控外还应对可接受风险的管控。

(3)安全生产风险辨识

①安全生产风险辨识应针对可能导致生产安全事故发生及影响其损失程度的致险因素进行。应充分考虑到所处区域空间内的常规和非常规活动,按照"过去、现在、将来"3种时态和"正常、异常、紧急"3种状态,围绕可能导致事故发生的机械、电器、辐射、物质、火灾、爆炸等致害物和物理、化学、生物、心理、生理、行为等危险因素,以及潜在的事故伤害方式和途径,全面进行分析、辨识。安全生产风险辨识分为全面辨识和专项辨识。全面辨识是为全面掌握本单位安全生产风险,全面、系统地对本单位生产经营活动开展的安全生产风险辨识;专项辨识是为及时掌握本单位重点业务、工作环节或重点部位、管理对象的安全生产风险,对本单位生产经营活动范围内部分领域开展的安全生产风险辨识。

②项目部的安全生产风险辨识应围绕产品实现的工艺流程为主线展开。在施工准备阶段:主要依据施工现场平面布置,对周边环境、现场相对固定施工作业区域、办公区、生活区、各类临时设施区域等进行全面分析辨识;在施工过程阶段:围绕产品实现的工艺流程为主线进行辨识,根据施工进度计划,明确对应工期节点内各分部分项工程施工工序工艺流程,逐一分析辨识危险源,同时对交叉施工工序存在及潜在的危险源进行分析辨识。

A.安全生产风险的辨识范围及对象。

a.公司各级的办公、生活场所及临时场所、施工场所内所有人员活动和设施。

b.公司办公、施工场所外可能对施工人员有影响的活动和设施。

B.安全生产风险辨识要求。安全生产风险辨识应由公司各层级职能部门负责人或项目负责人组织技术、安全、施工、机务等部门人员和有经验的工作人员代表参加,必要时还应邀请分包方代表等参加,确保对生产经营活动过程及存在的风险全面认识。并围绕风险因素,对照国家、行业有关标准规范及集团相关规定逐一进行辨识。该过程必须考虑(但不限于):

a.工作环境,包括施工场地的周边环境、工程地质、地形地貌、水文气象、道路交通、抢险救灾支持条件等;特别是特殊天气施工致险因素。

b.平面布局,包括功能区布置(如生产区、生活区、临时设施区、材料堆放区等),有害物质、易燃、易爆、化学危险品储存区布置,建筑物、构筑物布置,安全距离等。

c.交通路线,包括临时便道,各施工作业区到作业面、作业点的相连通道,与外界的交通道路等。

d.建筑结构,包括结构、防火、防爆、防雷击、运输(操作、运输、检修)、通道、闸门、卫生设施等。

e.作业工序,包括物资特性(毒性、腐蚀性、燃爆性)、压力、速度、作业及控制条件、事故及失控状态、塌方、高空坠落等。

f. 作业设备,包括机械类的运动零部件和工件、操作条件、检修作业、误运转或操作;电器设备的断电、触电、火灾、爆炸、误运转或操作、静电、雷电等;大型设备和高处作业设备(如吊车等);特殊装置(如锅炉、氧气瓶、乙炔瓶、油料库、危险品库等)。

g. 有害环节,包括粉尘、毒物、噪声、振动等作业区域。

h. 相关设施,包括办公设施、事故应急设施、生产辅助设施、生活卫生设施等。

i. 管理体系,包括制度建设、责任制建立,机构设置及人员配备。

j. 人员的活动,包括工作人员、承包方、访问者和不受直接控制人员进入工作场所的活动;工作场所附近可能受影响的人员。

k. 员工状态,包括从业人员心理和生理因素,遵章守纪情况,以及人机因素等。

C. 各种变更带来的危险因素。各种变更带来的危险因素,如在组织、运行、过程、活动和职业健康安全管理体系中的实际或拟定的变更,包括危险源的知识和相关信息的变更。

D. 安全生产风险辨识方法宜选择现场观察法或安全检查表法。

a. 现场观察法亦称经验判断法,是指风险辨识人通过对工作环境的现场观察,对其是否存在安全生产风险做出主观判断的方法。可通过与员工、相关方交谈,观察现场易燃易爆、有毒有害物品的运输、储存、使用,查看车辆、机械、设备使用,施工、办公、生活用电、用火等管理情况,调阅资料(包括以往的事故事件记载)等方式进行。

b. 安全检查表法亦称SCL法,是指运用已编制好的安全检查表,对某一工作环境内的作业活动进行安全检查,以判断其是否存在安全生产风险的方法。检查表内容可以结合行业检查标准(如JGJ 59—2011、平安工地考评表)、验收标准(如附着式升降脚手架验收记录表格)等逐条对照辨识。

(4)安全生产风险评估

①公司各层级应依据相关行业安全生产风险等级判定指南对安全生产风险清单中所列风险及危险源进行逐项评估,确定安全生产风险等级及主要致险因素和控制范围。公路项目桥梁隧道和路堑高边坡工程施工安全风险评估相应要求按照云南省建设投资控股集团有限公司关于印发《公路桥梁隧道和路堑高边坡工程施工安全风险评估管理制度》的通知(云建投集团政发〔2017〕687号)要求执行。安全生产风险评估工作费用应统一在安全生产费用中列支。

②如无行业相关风险等级判定参考依据,风险评价应采用复合评价法。该方法是专家直接判断法和风险量化打分法相结合,且先直接判断后打分。

按专家直接判断法判定准则,具有下列情况之一的均可判定为Ⅰ—Ⅱ级(即不可接受)风险危险源:

a. 不符合法律、法规,标准规范和其他适用要求的危险源。

b. 不符合公司的职业健康安全方针要求的危险源。

c. 被动绩效测量中,曾发生过目前又缺少有效控制措施的事件。

d. 现场直接观察到可能导致危险事件发生的危险源。

e. 相关方(如员工等)有合理抱怨或投诉而无有效控制措施的危险源。

f. 根据公司"风险分级清单"直接判断风险等级,凡是判断为I级、II级风险的危险源就不再量化打分,详见附注。凡未被直接判断为I级、II级风险的危险源,再采用"LSR 法"判定。

专家直接判断法判定准则详见附件《风险分级清单》1 和 2。

LSR 评价法又称风险定义危险性评价法:

依据风险是发生特定危害事件的可能性及后果组合的定义,该方法由 3 个评价因子组成,其中 L 代表风险发生的可能性;S 代表风险后果的严重程度;R 表示风险值的大小。三者关系是:

$$R = L \times S$$

式中 L——可能性;

　　　S——后果严重性;

　　　R——风险度/风险值: $R = L \times S$。

LSR 评价法矩阵见表6-5。

表 6-5　LSR 评价法矩阵

风险值(R)		后果严重性等级(S)				
		1	2	3	4	5
发生可能性等级(L)	1	1	2	3	4	5
	2	2	4	6	8	10
	3	3	6	9	12	15
	4	4	8	12	16	20
	5	5	10	15	20	25

A. 一般规定。风险分析应从识别出的某一特定风险所引发的事故(件)(如基坑坍塌)发生的可能性、后果严重性两个方面进行分析,从而为确定风险等级并决定风险是否需要应对和管控提供信息支撑。对于识别出的风险事故(件)具有潜在严重后果的,可直接判定为I—II级(即不可接受)风险,并立即实施风险管控。

当出现下列情形之一的,风险发生可能性(L)等级直接判定为 5 级:

a. 公司半年内发生 2 起同类一般生产安全事故的。

b. 公司一年内发生 3 起同类一般生产安全事故的。

c. 公司一年内发生 1 起同类较大及其以上生产安全事故的。

d. 超限高层建筑。

e. 采用新技术、新工艺、新设备、新材料,尚无国家、行业及地方技术标准,可能给施工安全带来较大安全风险的。

f. 工程项目施工工期压缩超过30%或者工期压缩未采取技术措施的。

g. 其他自然条件复杂、工艺复杂、结构复杂、技术难度大的分部分项工程。

B. 后果严重性分析。

a. 人员伤亡严重性等级 S1。

人员伤亡严重性等级分类及描述见表6-6。

表6-6 人员伤亡严重性等级分类及描述

分 类		人	
等 级	描 述	死亡人数	受重伤人数
5	很 大	≥3	10人以上
4	大	2	6人以上10人以下
3	一 般	1	3人以上6人以下
2	小	0	1人以上3人以下
1	很 小	0	0

注:①死亡或受重伤人数是指工程建设期内因安全风险控制措施失效引发的安全生产事故而遇难或受重伤的人数;
②不包含意外事件(如天气、环境剧烈变化、不可抗力等)、个人因素(突发疾病、抑郁症等)、应急抢险(衍生灾害)。

b.经济损失严重性等级 S2。

经济损失严重性等级分类及描述见表6-7。

表6-7 经济损失严重性等级分类及描述

等 级	描 述	直接经济损失
5	很 大	100万元以上
4	大	>50万元
3	一 般	>10万元
2	小	<10万元
1	很 小	无损夫

注:直接经济损失是指在工程建设期内因安全风险控制措施失效引发的事故造成的人身伤亡赔偿治疗费用及工程实体
损失费用等所构成的直接损失费用。

C.后果严重性直接判定情形。当出现下列情形之一的,后果严重性直接判定为5级:

a. S1、S2 指标中任一指标等级为5。

b.超过一定规模的危险性较大分部分项工程。

c.有限空间作业。

以上方法所确定的与系统风险率有关的3种因素指标值是基于主观经验的一种判断,各级风险评价人员在采用 LSR 评价法评价风险的过程中,可以根据实际情况加以研究修正,以充分考虑到当假定控制计划或现行控制措施一旦失败后所造成的后果,确保风险能得到合理有效的控制,保障从业人员人身安全不受伤害和企业财产不受损失。

(5)风险分级

①安全生产风险等级应按照可能导致生产安全事故的后果和概率,由高到低依次分为重大、较大、中等、低等和轻微5个等级,分别用紫红、红、橙、黄、绿5种颜色标识。风险评价人员应根据风险评价的结果和风险等级划分标准(表6-8)确定风险分级,并将确定的风险等

级在"危(风)险源评辨识、评价、控制一览表"中注明。

表6-8 风险等级划分标准

风险度	风险等级	危险程度	风险颜色标识
20~25	Ⅰ级(重大)	极其危险,不能继续作业	紫红
15~16	Ⅱ级(较大)	高度危险	红
9~12	Ⅲ级(中等)	显著危险,需整改	橙
4~8	Ⅳ级(低等)	一般危险,需注意	黄
<4	Ⅴ级(轻微)	稍有危险,可以接受	绿

②风险因素判定准则。

a.易导致较大生产安全事故及以上的风险直接确定为Ⅰ级风险。易导致一般生产安全事故的风险直接确定为Ⅱ级风险。易导致伤害但不会致人死亡的风险可确定为Ⅲ级风险。易导致伤害但不会致人重伤及死亡的风险可确定为Ⅳ级风险。不易导致伤害且不会致人重伤及死亡的风险可确定为Ⅴ级风险。

b.风险级别为Ⅱ级和Ⅱ级以上(风险度 R 值大于等于15分)时,应确定为不可接受风险。

c.当风险因素涉及危险化学品时,风险评价人员应依据《危险化学品重大危险源辨识》(GB 18218—2018)进行评价,风险评价项目达到该标准时,应列为重大危险源,及时填入《重大危险源控制清单》并按相关规定逐级上报有关部门。

d.安全生产风险致险因素发生变化超出控制范围的,应及时组织重新评估并重新确定风险等级。

③风险控制。

a.公司成立以职业健康安全委员会主任为组长的风险分级管控小组,直管部、分公司成立以经理为组长的风险分级管控小组,项目部成立以项目负责人为组长的风险分级管控小组。

b.公司、直管部、分公司和项目经理部应依据安全生产风险的等级、主要致险因素,科学制定管控措施,并填入"危(风)险源辨识、评价、控制一览表"中。当相关风险因素被判定为Ⅱ级和Ⅱ级以上风险,以及存在特殊天气施工阶段时,风险评价人员应及时向同级安全生产管理部门报送"重大危(风)险源辨识、评价及控制措施清单",并对安全风险进行动态管控。

c.公司相关职能部门,直管部、分公司,项目部分别建立相应等级的"安全风险分级管控台账",具体由公司建立Ⅰ、Ⅱ级"安全风险分级管控台账",并进行全过程监控;直管部、分公司建立Ⅰ、Ⅱ、Ⅲ"安全风险分级管控台账",并进行全过程监控,负责将Ⅰ、Ⅱ级安全风险上报公司安全生产部;项目部建立Ⅰ、Ⅱ、Ⅲ、Ⅳ、Ⅴ级"安全风险分级管控台账"并进行全过程监控,负责将Ⅰ、Ⅱ、Ⅲ级安全风险上报直管部、分公司。

④风险控制措施。

A.风险因素控制原则。原则上所有识别出的安全生产风险,制订的具体控制措施均应体现在施工组织设计、危险性较大的分部分项工程专项施工方案、安全生产标准化策划书、平安工地创建策划书等主要安全技术支撑文件中,贯穿到日常交底、检查、纠偏、改进等管理工作中。施工组织设计、危险性较大的分部分项工程专项施工方案相应管控要求按公司技术中心相应办法执行。安全生产标准化策划书、平安工地创建策划书等支撑文件管控要求按照公司相应编制指南执行。

风险因素的控制,应严格遵循表6-9所列原则。

表6-9　风险因素的控制原则

风险等级	危险程度	控制原则
Ⅰ级	极其危险,不能继续作业	只有当风险已降低时,才能开始或继续工作。为降低风险不限成本。即使以无限资源投入亦不能降低风险,必须禁止工作
Ⅱ级	高度危险	紧急行动降低风险
Ⅲ级	显著危险,需整改	努力降低风险
Ⅳ级	一般危险,需注意	不需另外的控制措施,需要监测来确保控制措施得以维持
Ⅴ级	稍有危险,可以接受	无需采取措施,保持记录

注:风险控制原则,是风险控制的主导思想。

B.风险控制措施选择的层级原则(优先序)。

a.消除:改变设计以消除危险源,如改变施工方案,由人工挖改为机械挖。

b.替代:用低危害代替高危害,如潮湿环境下使用低压电器照明。

c.工程控制(如安全技术)措施:如加装防护设施、机械防护、连锁装置、声罩等。

d.管理控制措施:如标志、警告和(或)采用安全警示标志、标识、危险区域标牌、准入控制措施、禁烟火标牌和工作许可证等。

e.个人防护装备:如配备和使用安全防护眼镜、听力保护器、面罩、安全带和安全绳索与防坠器、口罩、手套等。

f.制订管理目标和控制指标。

g.制订专项措施方案;针对Ⅰ、Ⅱ级(不可接受)风险等级危险源制定专项施工方案。

h.制订管理程序/或专项管理措施(如编制操作规程、编制作业指导书)。

i.做好安全技术交底与培训。

e.加强现场监督检查。

k.制订应急预案;针对潜在事故事件紧急情况。

l.保持相应的程序/或措施;针对可接受风险的危险源。

C.房建、机场、市政项目在上报安全生产标准化策划书时,属于开工前全面辨识记录的"危(风)险源辨识、评价、控制一览表",作为附件一同上报公司安全生产部审查备案。公路项目在上报平安工地创建策划书时,应将施工安全风险评估分为总体风险评估和专项风险评估,结果作为附件一同上报公司安全生产部审查备案。

D. 属于纳入公司重大风险监管范畴的危险性较大分部分项工程的,实施前专项辨识记录的"危(风)险源辨识、评价、控制一览表"应作为"危险性较大的分部分项工程备案登记表"流程附件内容一同上报。未纳入公司重大风险监管范畴的危险性较大分部分项工程的,项目部保存相应控制记录备查。风险识别、评估结果及相应控制措施,应依附相应方案、策划书等技术支撑文件一同纳入安全教育培训、方案交底或安全技术交底内容,确保相应区域、部位或工作范围的管理责任人及时落实安全生产保障措施和排查事故隐患。纳入公司重大风险监管范畴需要进行报备的分部分项工程包括:

a. 超过一定规模的危险性较大分部分项工程。

b. 按规定不属于超过一定规模范围的其他危险性较大分部分项工程,但按公司相关文件规定需要报备的,如大型机械设备安拆、各类型脚手架在同一个项目首次搭设、拆除(同一个项目存在不同类型脚手架时,应按实施时间分别报备)。

c. 已交付项目外墙、屋面维修。

d. 周边施工环境存在高压线、易燃易爆、易受泥石流等自然灾害影响等危险性较大的分部分项工程。

E. 超过一定规模及其他要求报备的危险性较大分部分项工程,项目部应至少提前一周进行部署和准备工作,计划实施 3 天前由项目部安全员在 OA 发起报备表单,并上传相应附件进行报备;主要是指实施前应将拟实施具体信息、安全生产条件进行报备,并在实施前开展应急处置演练;报备内容应根据实施对象类别要求上传,包括但不限于:

a. 专项方案编制、审批情况。

b. 专家论证审核意见。

c. 专项方案交底记录。

d. 安全技术交底记录、安全教育培训记录。

e. 主要构配件质量合格证明文件。

f. 监测方案(按照规定需要进行第三方监测时提供)。

g. 分包合同及分包单位资质证书(采用专业分包时提供)。

h. 相关作业人员操作资格证书。

i. 应急演练记录等。

j. 教育培训记录。

k. 相应"风险专项辨识、评价、控制一览表"。

以上报备附件中,对于不能提前开展或不必要的工作痕迹,应在报备时予以说明,经安全生产部风险协控人员根据相关法律法规要求,审核同意后方可实施,并及时在实施过程中补充相关管控痕迹资料。

F. 施工现场必须在显要位置挂设"重大危险源公示牌",及时对施工中不同部位、不同时段的重大安全生产风险进行公示,并在相应醒目位置悬挂警示标志。重大危险源公示牌应注明活动场所、危险因素、施工时段、可能导致的事故、控制措施以及责任部门和责任人等内容。

G. 在现场施工作业人员入场三级教育中,应按照不同分类的岗位危险书面告知书形式,告知施工作业人员危险岗位的操作规程并确保其熟悉和掌握有关内容和违章操作的危害。并在安全技术交底工作中将施工部位活动场所包含危险源的危险因素、安全制度和规程、事故防范措施、个人防护用具使用要求等内容以书面交底的形式告知作业人员。

H. 公司安全生产部应将公司范围内的安全生产风险监控情况,结合安全督导检查的实际情况定期通过公司信息化平台方式向全司公示,或者通报重大安全生产风险的跟踪检查、整改措施和治理情况。

I. 公司相关职能部门,直管部、分公司,项目部建立风险动态监控机制,并及时修订完善公司、直管部、分公司及项目部相关规章制度、岗位责任、操作规程、应急预案、施工组织设计、专项施工方案、隐患排查内容及标准,严格按要求对风险进行监测、评估、预警,及时掌握风险的状态和变化趋势。对于存在 I 级安全生产风险的区域或环节,项目部应指定专人做到一天一监测;对于存在 II 级风险的区域或环节,项目部应指定专人做到一周一监测;对于存在 III 级安全生产风险的区域或环节,项目部应指定专人做到每月一监测;对于存在 IV 级和 V 级安全生产风险的区域或环节,项目部应指定专人进行日常巡查,相应监测、巡查记录纳入安全施工日志。对于 II 级和 II 级以上级别的安全生产风险,监测结果出现预警或与风险控制计划偏差超过项目可控范围时,监测人员应立即向直管部、分公司安全总监报告,超出直管部、分公司可控范围时,应立即向公司安全生产部报告,安全生产部视情况与相关部门协调配合处置或向上级报告。III 级和 III 级以下级别安全生产风险监测情况在每月安全生产月报中填报。对于按公司规定属于重大风险报备范围的,由安全生产部每周定时通报未消除风险,督促直管部、分公司安全总监跟踪监控。

J. 公司安全生产部每年于 1 月 31 日以前,将本单位一般、较大和重大安全生产风险清单及管控措施分别汇总上报集团安全监督管理部备案。出现新的 II 级和 II 级以上级别安全生产风险时,项目部应及时将其清单和管控措施上报公司安全生产部,由安全生产部于 5 个工作日内汇总上报集团安全监督管理部备案。

K. 项目部应如实记录安全生产风险辨识、评估、监测、管控等工作,并规范管理档案。II 级和 II 级以上级别安全生产风险及重大危险源应分别单独建立清单和专项档案。

L. 公司相关职能部门,直管部、分公司,项目部应严格落实安全生产风险管控措施,保障必要的投入将风险控制在可接受范围内。应加大安全投入,积极开展安全生产风险辨识、评估、管控相关技术研究和应用,提升风险管控能力。同时,应针对安全生产风险可能导致的生产安全事故,制订或完善应急预案及措施。

M. 公司相关职能部门,直管部、分公司,项目部应对管理范围内安全生产风险辨识、评估、登记、管控、应急等情况进行定期或年度总结和分析,针对存在的问题提出改进措施。

N. 对于 II 级和 II 级以上级别风险的风险因素:

a. 项目部应制订重大安全生产风险动态监测计划,每月定期更新监测数据及状态,并单独建立档案。

b. 针对每一项重大安全生产风险,单独编制专项应急预案或现场应急处置方案。

c. 按要求报备,公司安全生产部应持续跟踪风险动态,发现问题及时纠偏,直至风险消除。

附件 1　开工前安全生产全面风险辨识、评估、控制流程

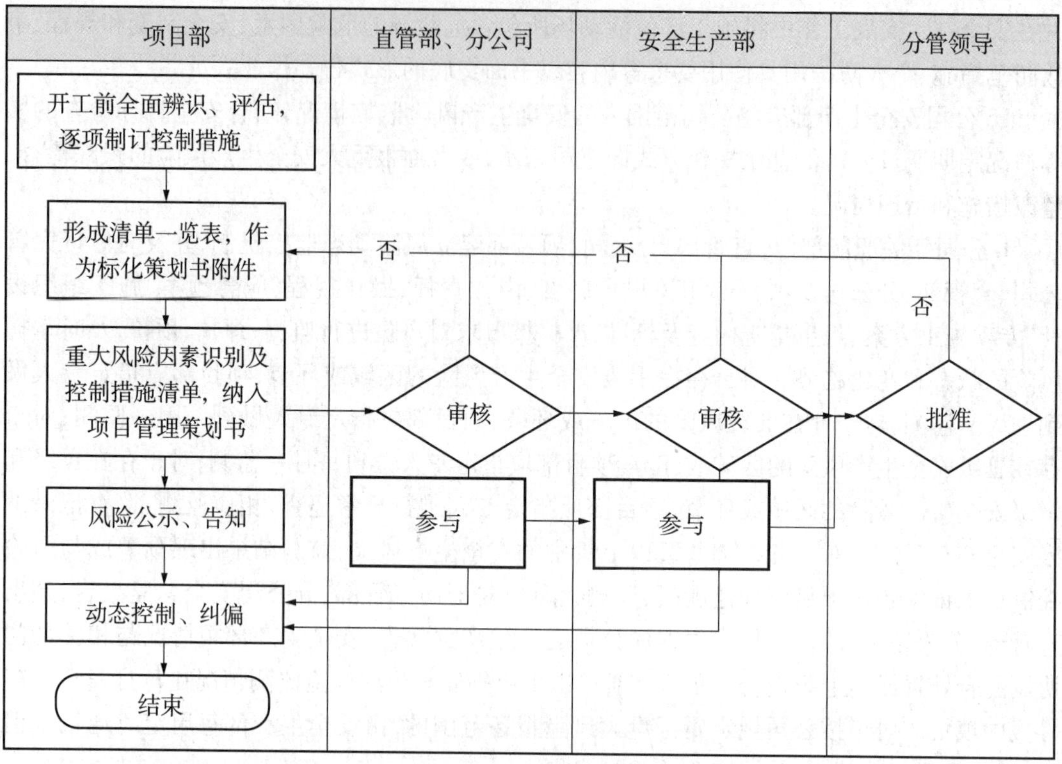

附件 2　专项安全生产风险辨识、评估、控制流程

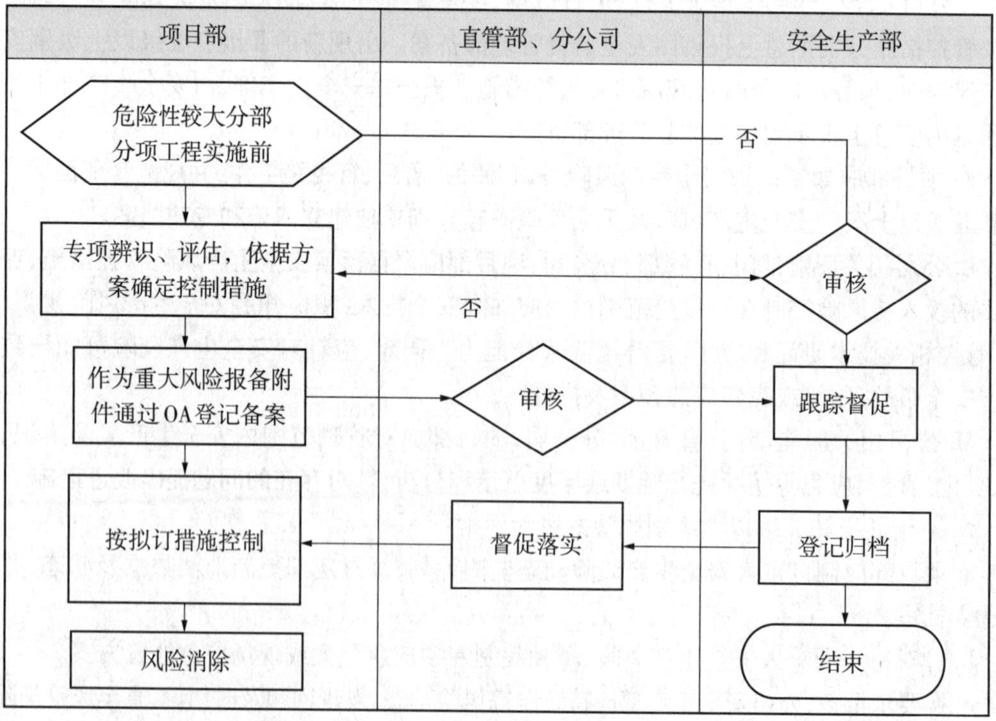

附件3 Ⅰ、Ⅱ级（不可接受）风险活动实施前报备流程

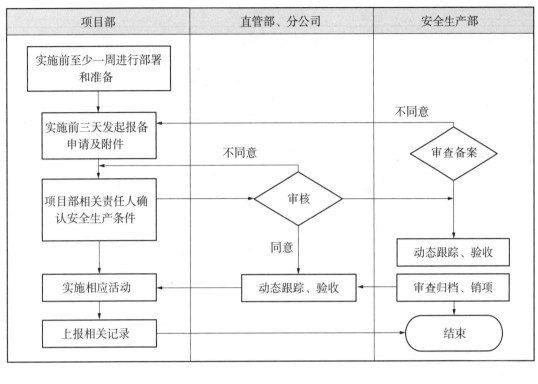

《风险分级清单》1

风险分级管控清单																								
项目名称																								
选择危(风)险源 辨识评价一览表																								
单位名称									上报时间															
辨识类型									危大工程名称															
专业类别									编号															

注意：下述危险源明细→选择策划书中的危险源清单时，设定规则为选择的范围为两个表单的单位名称一致的情况的危险源。

危险源明细																					
作业活动	危险源及其他风险	计划开始时间	计划结束时间	可能发生的事故类型	危险源时态	危险源状态	专家判断结果是否不可接受	L值	S值	R值	风险等级	危险程度	风险颜色标识	现有控制措施	补充控制措施	监测频次	管理责任人	监督责任人	管控层级	是否加入危险源清单库中	有关图片	备注

《风险分级清单》2

L 值只能填 1、2、3、4、5；S 值只能填 1、2、3、4、5。其中 L 代表风险发生的可能性，S 代表风险后果的严重程度；R 表示风险值的大小。

风险值（R）		后果严重性等级（S）				
		1	2	3	4	5
发生可能性等级（L）	1	1	2	3	4	5
	2	2	4	6	8	10
	3	3	6	9	12	15
	4	4	8	12	16	20
	5	5	10	15	20	25

备注	
图片	
附件	
上报人	
项目经理审核	
直管部/分公司安全总监审批	
抄送人	
创建人	
创建时间	
修改时间	

6.6 典型案例分析

2018 年 6 月 29 日 7 时 30 分许，天津市宝坻区御景家园二期项目发生一起触电事故，造成 3 名施工人员死亡、1 人受伤，直接经济损失（不含事故罚款）约为 355 万元。直接原因系：四名工人搬运的钢筋笼碰撞到无保护接零、重复接地及漏电保护器的配电箱导致钢筋笼带电发生触电事故。

1）直接原因

经询问目击者、现场勘验、技术鉴定及专家的技术分析，事故调查组认定：在进行配电箱防护作业过程中,4 名工人搬运的钢筋笼碰撞到无保护接零、重复接地及漏电保护器的配电箱导致钢筋笼带电是发生触电事故的直接原因。

　　2)间接原因

　　①违法发包,未依法履行建设工程基本建设程序,在未取得建筑工程施工许可证的情况下擅自开工建设。

　　②对施工现场缺乏检查巡查,未及时发现和消除发生事故配电箱存在的多项隐患问题。

　　③未建立健全管理体系,项目总监理工程师、驻场代表未到岗履职,现场监理人员仅总监代表一人且同时兼任建设单位的质量专业总监;未履行监理单位职责,在明知该工程未办理建筑工程施工许可证的情况下,没有制止施工单位的施工行为,未将这一情况上报给建设行政主管部门。

　　④未依法履行总承包单位对施工现场的安全生产责任。对分包单位的安全管理缺失;未及时发现和消除发生事故配电箱存在的多项隐患问题。

触电伤害事故案例

第7章　建筑施工安全生产事故预控管理

7.1　建筑施工安全事故的主要类型

7.1.1　施工现场安全事故的主要类型

1）生产安全事故的概念

所谓生产安全事故，是指在生产经营活动中发生的意外突发事件的总称，通常会造成人员伤亡或者财产的损失，使正常的生产经营活动中断。

2）生产安全事故的分类

生产安全事故可以从以下几个不同角度来进行分类。

（1）按伤害程度划分

轻伤，指损失工作日为1个工作日以上（含1个工作日），105个工作日以下的失能伤害。

重伤，指损失工作日为105个工作日以上（含105个工作日）的失能伤害，重伤的损失工作日最多不超过6 000日。

死亡，损失工作日定为6 000日，是根据我国职工的平均退休年龄和平均死亡年龄计算出来的。

此分类是按照伤亡事故造成损失工作日的多少来衡量的，损失工作日是指受伤害者丧失劳动力的工作日。各种伤害情况的损失工作日，可根据《企业职工伤亡事故分类》（GB 6441—1986）中的有关规定计算或选取。

（2）按事故严重程度划分

轻伤事故，只有轻伤的事故。

重伤事故，有重伤而无死亡的事故。

死亡事故，分重大伤亡事故和特大伤亡事故。

重大伤亡事故是指一次事故死亡 1～2 人的事故，特大伤亡事故是指一次事故死亡 3 人及以上的事故。

（3）按事故类别划分

《企业职工伤亡事故分类》（GB 6441—1986）中，将事故类别划分为 20 类，物体打击、车辆伤害、机械伤害、起重伤害、触电、淹溺、灼烫、火灾、高处坠落、坍塌、冒顶片帮、透水、放炮、火药爆炸、瓦斯爆炸、锅炉爆炸、容器爆炸、其他爆炸、中毒和窒息、其他伤害。

（4）按伤亡事故的等级划分

根据《生产安全事故报告和调查处理条例》（国务院第 493 号令）的规定，将生产安全事故按照造成的人员伤亡或者直接经济损失划分为 4 个等级。

特别重大事故，是指造成 30 人以上死亡，或者 100 人以上重伤（包括急性工业中毒，下同），或者 1 亿元以上直接经济损失的事故。

重大事故，是指造成 10 人以上 30 人以下死亡，或者 50 人以上 100 人以下重伤，或者 5 000 万元以上 1 亿元以下直接经济损失的事故。

较大事故，是指造成 3 人以上 10 人以下死亡，或者 10 人以上 50 人以下重伤，或者 1 000 万元以上 5 000 万元以下直接经济损失的事故。

一般事故，是指造成 3 人以下死亡，或者 10 人以下重伤，或者 1 000 万元以下直接经济损失的事故。

3）建筑施工现场生产安全事故的分类

建筑施工企业容易发生的事故主要有以下 10 种：

①高处坠落，指在高处作业中发生坠落造成的伤亡事故。

②触电，指电流流经人体而造成的生理伤害事故。

③物体打击，指失控物体的惯性力造成的人身伤害事故。

④机械伤害，指机械设备运动（静止）部件、工具、加工件直接与人体接触引起的夹击、碰撞、剪切、卷入、绞、碾、割、刺等伤害。

⑤起重伤害，指各种起重作用（包括起重机安装、检修、试验）中发生的挤压、坠落、（吊具、吊重）物体打击和触电的伤害事故。

⑥坍塌，指物体在外力或重力作用下，超过自身的强度极限或因结构稳定性破坏而造成的事故，如挖沟时的土石塌方、脚手架坍塌、堆置物倒塌等。

⑦车辆伤害，指机动车辆引起的机械伤害事故。

⑧火灾，指造成人员伤亡或财产损失的企业火灾事故。

⑨中毒和窒息，指人体接触有毒物质而引起的人体急性中毒事故，或在因地下管道、暗

井、涵洞、密闭容器等不通风或缺氧的空间工作引起突然晕倒甚至死亡的窒息事故。

⑩其他伤害，在《企业职工伤亡事故分类》(GB 6441—1986)列出的19种伤害以外的事故类型。

7.1.2 施工现场安全生产重大隐患及多发性事故

1)生产过程中的有害因素分类

《生产过程危险和有害因素分类与代码》(GB/T 13861—2009)中，按照可能导致生产过程中危险和有害因素的性质进行分类，将生产过程危险和有害因素共分为四大类，即"人的因素""物的因素""环境因素"和"管理因素"。下面我们就从这个角度来对建筑施工现场存在的安全生产隐患进行分析和识别。

(1)由于人的因素导致的重大危险源

人的不安全因素是指影响安全的人的因素，也就是能够使系统发生故障或者导致风险失控的人的原因。人的不安全因素分为个体固有的不安全因素和人的不安全行为两大类。

①个体固有的不安全因素是指人员的心理、生理、能力中所具有的不能适应工作岗位要求而影响安全的因素，包括心理上具有影响安全的性格、气质、情绪等；或是生理上存在的视觉、听觉等感官器官的缺陷、体能的缺陷等，导致不能适合工作岗位的安全需求；能力上，指知识技能、应变能力、资格资质等不能满足工作岗位对其的安全要求，例如，人员粗心大意、丢三落四的性格特点，节假日前后的情绪波动，听力衰退、色盲色弱等生理缺陷，高血压、心脏病等生理疾病，未经培训尚未掌握安全生产知识技能等客观的因素都属于个体固有的不安全因素。

②人的不安全行为是指能造成事故的人为错误，是人为地使系统发生故障或使风险不可控，是作业人员主观原因导致的违背安全设计、违反安全生产规章制度、不遵守安全操作规程等错误行为。

(2)物的不安全状态

物的不安全状态是指能导致事故发生的物质条件，包括机械设备等物质或环境所存在的不安全因素，又称为物的不安全条件或直接称其为不安全状态。

按照《企业职工伤亡事故分类》(GB 6441—1986)的规定，建筑施工现场物的不安全状态包括以下类型：

①防护、保险、信号等装置缺乏或有缺陷。

②设备、设施、工具、附件有缺陷。

③个人防护用品用具——防护服、手套、护目镜及面罩、呼吸器官护具、听力护具、安全带、安全帽、安全鞋等缺少或有缺陷。

(3)施工场地环境不良

施工场地环境不良包括照明光线不良，通风不良，作业场所狭窄，作业场地杂乱，交通线路的配置不安全,操作工序设计或配置不安全,地面滑,贮存方法不安全,环境温度、湿度不当。

(4)管理上的不安全因素

管理上的不安全因素,通常也可称为管理上的缺陷,它也是事故潜在的不安全因素,作为间接的原因,包括技术上的缺陷,教育上的缺陷,生理上的缺陷,心理上的缺陷,管理工作上的缺陷,学校教育和社会、历史上的原因造成的缺陷。

分析大量事故的原因可以得知,单纯由于不安全状态或是单纯由于不安全行为导致事故的情况并不多,事故几乎都是由多种原因交织而形成的,是由人的不安全因素和物的不安全状态结合而成的。

2)建筑施工现场常见的事故类型

从近年来建筑施工生产安全事故统计数据来看,建筑施工生产安全事故类型主要是高处坠落、物体打击、坍塌、起重伤害、触电这五种。我们称为建筑施工"五大伤害"。从每起事故严重程度来看,以一般事故占大多数;从事故发生的地域来看,以城市居多;从事故发生的频率来看,这五类事故重复发生。

因此,建筑施工现场应当重点防范的事故类型就是"五大伤害",也就是高处坠落、物体打击、坍塌、起重伤害、触电这五种事故。

7.2　建筑施工安全事故的主要防范措施及典型案例分析

针对建筑施工现场常见的"五大伤害"的特点,除了加强施工现场安全管理之外,还应分别采取相应的生产安全事故防范技术措施。

7.2.1　高处坠落

1)高处坠落事故的主要防范措施

①施工单位在编制施工组织设计时,应制订预防高处坠落事故的安全技术措施。项目经理部应结合施工组织设计,根据建筑工程特点编制预防高处坠落事故的专项施工方案,并组织实施。

②所有高处作业人员应接受高处作业安全知识的教育培训并经考核合格后方可上岗作业,就高处作业技术措施和安全专项施工方案进行技术交底并签字确认。高处作业人员应经过体检,合格后方可上岗。

③施工单位应为高处作业人员提供合格的安全帽、安全带等必备的安全防护用具,作业

人员应按规定正确佩戴和使用。

④高处作业安全设施的主要受力杆件的力学计算按一般结构力学公式,强度及挠度计算按现行有关规范进行。

⑤加强对临边和洞口的安全管理,采取有效的防护措施,按照技术规范的要求设置牢固的盖板、防护栏杆,张挂安全网等。

⑥电梯井口必须设防护栏杆或固定栅门;电梯井内应每隔两层,且最多隔 10 m 设一道安全网。

⑦井架与施工运输电梯、脚手架等与建筑物通道的两侧边,必须设防护栏杆。地面通道上方应装设安全防护棚。双笼井架通道中间,应予以分隔封闭。各种垂直运输接料平台,除两侧设防护栏杆外,平台口还应设置安全门或活动防护栏杆。

⑧施工现场通道附近的各类洞口与坑槽等处,除设置防护设施与安全标志外,夜间还应设红灯示警。

⑨攀登的用具,结构构造上必须牢固可靠。

⑩施工中对高处作业的安全技术设施,发现有缺陷和隐患时,必须及时解决;危及人身安全时,必须停止作业。

⑪因作业必需,临时拆除或变动安全防护设施时,必须经施工负责人同意,并采取相应的可靠措施,作业后应立即恢复。

⑫防护棚搭设与拆除时,应设警戒区,并应派专人监护。严禁上下同时拆除。

⑬雨天和雪天进行高处作业时,必须采取可靠的防滑、防寒和防冻措施。

2)典型案例分析

上海铁路分局某工程建筑面积 16 950 m^2,建筑总高度 61.5 m,由上海市某建筑公司总承包,上海另一建筑公司分包土建工程。

2001 年 8 月 1 日,由土建分包公司安排架工班组搭设电梯井内的脚手架。该工程共有 4 部电梯,其中有两单体电梯井和两联体电梯井,至 8 月 6 日完成两单体电梯井脚手架后,开始搭设两联体电梯井内的脚手架。

8 月 7 日,3 名作业人员已将电梯井内脚手架搭设到了 8 层的高度,此时脚手管已用完,于是 3 人便去拆除 10 层高度处的安全平网,打算使用其脚手管继续搭脚手架。由于拆除安全网之前未进行仔细检查,未发现安全网东侧的固定点已被破坏,当 3 人踏入平网后,安全网即发生倾斜脱落,于是 3 人便从已搭设的电梯井脚手架的空隙间坠落地面,造成 3 人死亡。

事故原因分析如下:

①搭设高层建筑电梯井脚手架属危险作业,应预先编制专项施工方案,此 3 名作业人员既没有配备安全带进行个人防护,同时脚手架已搭设 8 层高度也未及时设置安全网防护。因此,当发生意外时,无任何安全措施,以致发生重大事故,说明该搭设脚手架方案有严重失误。

②搭设脚手架之前,项目负责人未与架工班组一起对现场作业环境进行详细调查和进行作业前的交底。高处架设作业人员因其作业危险和常处于独立悬空作业情况,所以作业前应给每人配备安全带,并要求正确使用。而该3名作业人员全都没配备安全带,当工作中偶然发生失误时,便失去人身安全,完全依靠个人注意来保证作业安全,没有任何安全措施,也是技术措施的严重失误。

③总包单位疏于对分包单位的管理,61.5 m高的建筑物,4部电梯井内脚手架搭设方案,按《中华人民共和国建筑法》规定应该编制专项施工组织设计,并采取安全措施。总包未对分包的这一工作实行全过程监管,以致方案中出现重大失误。

④分包单位在作业之前未与班组一起对现场作业环境进行调查和进行交底,以致未发现井道10层处安全平网由于长期失于维修管理,拉结处被破坏,留下隐患,而作业时又未配给每人安全带个人防护用品,危险作业时没有起码的安全措施。

7.2.2　物体打击

1)物体打击事故的主要防范措施

①避免交叉作业。安排施工计划时,尽量避免和减少同一垂直线内的立体交叉作业。无法避免交叉作业时必须设置能阻挡上层坠落物体的隔离层。

②模板的安装和拆除应按照施工方案进行作业,2 m以上高处作业应有可靠的立足点,拆除作业时不准留有悬空的模板,防止掉下砸伤人。

③从事起重机械的安装拆卸,脚手架、模板的搭设或拆除,桩基作业,预应力钢筋张拉作业以及建筑物拆除作业等危险作业时必须设警戒区。

④脚手架两侧应设有0.5 ~ 0.6 m和1.0 ~ 1.2 m的双层防护栏杆和高度为18 ~ 20 cm的挡脚板。脚手架外侧挂密目式安全网,网间不应有空缺。

⑤上下传递物件禁止抛掷。

⑥深坑、槽的四周边沿在设计规定范围内,禁止堆放物料。

⑦做到工完场清。

⑧手动工具应放置在工具袋内,禁止随手乱放避免坠落伤人。

⑨拆除施工时除设置警戒区域外,拆下的材料要用物料提升机或施工电梯及时清理运走,散碎材料应用溜槽顺槽溜下。

⑩使用圆盘锯小型机械设备时,保证设备的安全装置完好,工人必须遵守操作规程,避免机械伤人。

⑪通道和施工现场出入口上方,均应搭设坚固、密封的防护棚。高层建筑应搭设双层防护棚

⑫进入施工现场必须正确佩戴安全帽,安全帽的质量必须符合国家标准。

⑬作业人员应在规定的安全通道内出入和上下,不得在非规定通道位置行走。

2）典型案例分析

周某系某建筑工程公司辅助工,2008年3月5日上午周某在某锅炉施工工地清理现场时,未听安全监护人员劝告,擅自进入红白带禁区内清理夹头。此时铜模板从10 m高平台的预留孔中滑下正好击中周某斜戴着安全帽的头部,经抢救无效周某于3月12日死亡。

事故主要原因分析如下:

①作业人员进入施工现场没有要求佩戴安全帽。

②没有在规定的安全通道内活动。

③脚手板不满铺,物料堆放在临边及洞口附近。

④平网、密目网防护不严,不能很好地去封住坠落物体。

7.2.3 坍塌

1）坍塌事故的防范措施

（1）土方坍塌的防范措施

①土方开挖前应了解水文地质及地下设施情况,制订施工方案,并严格执行。基础施工要有支护方案。

②按规定设边坡,在无法留有边坡时,应采取打桩、设置支撑等措施,确保边坡稳定。

③开挖沟槽、基坑等,应根据土质和挖掘深度等条件放足边坡坡度。挖出的土堆放在距坑、槽边的距离不得小于设计的规定。且堆放高度不超过1.5 m。开挖过程中,应经常检查边壁土稳固情况,发现有裂缝、疏松或支撑走动,要随时采取措施。

④需要在坑、槽边堆放材料和施工机械的,距坑、槽边的距离应满足安全的要求。

⑤挖土顺序应遵循由上而下逐层开挖的原则,禁止采用掏洞的操作方法。

⑥基坑内要采取排水措施,及时排除积水,降低地下水位,防止土方浸泡引起坍塌。

⑦施工作业人员必须严格遵守安全操作规程。上下要走专用的通道,不得直接从边坡上攀爬,不得拆移土壁支撑和其他支护设施。发现危险时,应采取必要的防护措施后逃离到安全区域,并及时报告。

⑧经常查看边坡和支护情况,发现异常,应及时采取措施。

⑨拆除支护设施通常采用自下而上,随填土进程,填一层拆一层,不得一次拆到顶。

（2）模板和脚手架等工作平台坍塌的防范措施

①模板工程、脚手架工程应有专项施工方案,附具安全验算结果,并经审查批准后,在专职安全生产管理人员的监督下实施。

②架子工等搭设拆除人员必须取得特种作业资格。

③搭设完毕使用前,需要经过验收合格方可使用。

④作业层上的施工荷载应符合设计要求,不得超载。不得将模板支架、缆风绳、泵送混凝土和砂浆的输送管等固定在架体上;严禁悬挂起重设备,严禁拆除或移动架体上的安全防

护设施。

⑤脚手架使用期间,严禁拆除主节点处的纵、横向水平杆,纵、横向扫地杆,连墙件等杆件。

⑥混凝土强度必须达到规范要求,才可以拆模板。

(3)拆除工程坍塌的防范措施

①拆除工程应由具备拆除施工资质的队伍承担。

②拆除施工前15日到当地建设行政主管部门备案。

③有拆除方案,内容包含拟拆除建筑物、构筑物及可能危及毗邻建筑的说明,拆除施工组织方案,堆放清理废弃物的措施等。

④拆除作业人员经过安全培训合格。

⑤人工拆除应当遵循自上而下的拆除顺序,禁止用推倒法。不得数层同时拆除。拆除过程中,要采取措施防止尚未拆除部分倒塌。

⑥机械拆除同样应当自上而下拆除,机械拆除现场禁止人员进入。

⑦爆破作业符合相关安全规定。

(4)起重机械坍塌的防范措施

①起重机械的安装拆卸应由具备相应的安装拆卸资质的专业承包单位承担。

②安装拆卸人员属于特种作业人员,应取得相应的资格。

③编制专项施工方案,有技术人员在旁指挥。

④安装完毕,需由使用单位、安装单位、租赁单位、总承包单位共同验收合格方可使用。

⑤加强对起重机械使用过程中的日常安全检查、维护和保养。

⑥属于国家淘汰或明令禁止使用的起重机械,不得使用。

2)典型案例

2011年1月28日11时左右,福苑酒店工地劳务分包人吴某某(事故中已死亡)组织本地民工27人浇筑大堂正负零楼板,当时楼面上作业人员从事混凝土浇筑16人,辅助人员9人,楼面下2名木工班组长观测支模系统,至21时20分左右混凝土浇筑约1/2时,发现模板有下沉现象,就立即局部停止了混凝土的浇筑工作,吴某某及2名木工班组长当即进入楼板下对模板下沉情况进行检查,约21时45分支模架发生坍塌,楼面下3人当即被掩埋,致楼面作业人员8人受伤,后经市、区公安机关联合侦察证实被掩埋3人均已死亡。事故造成坍塌面积为 36 m×27.2 m=979.2 m²。

(1)事故直接原因

①福苑酒店工地地下室大跨度模板支架支承方案不合理,支架承载力不满足规范要求及支架水平杆局部安装不到位。

②该项目部施工方在支模方案专家论证没有通过、建设主管部门及监理方已下达停工通知的情况下,违规违章施工。

(2)事故间接原因

①施工方安全管理制度执行不到位,措施不得力。项目部对施工班组管理不力,安全教

育培训不落实,管理失控,致使施工班组违规违章施工行为没有得到有效制止,执行建设方春节放假通知没有真正到位(建设方于 2011 年 1 月 26 日召开会议,决定 1 月 28 日春节正式放假,要求施工方做好放假前相关防火、防盗及清场工作)。

②建设方违反《中华人民共和国建筑法》第七条的规定,在尚未取得施工许可证的情况下于 2010 年 9 月开工(2010 年 12 月 23 日取得施工许可证);没有对施工现场进行有效管理,2011 年 1 月 26 日会议已宣布 28 日放假,未对施工现场进行清场;在监理单位已经告知支模方案没有通过专家论证的情况下,对施工单位违规违章施工行为制止不力。

③监理方在明知支模方案没有通过专家论证、施工单位仍在施工的情况下,虽采取了口头和书面通知停工、告知建设单位两条措施,但没有及时报告建设主管部门,以采取进一步措施进行有效制止。

④武陵源区建设主管部门在知晓建设单位没有取得施工许可证组织施工的情况下,任其无证组织施工达近 3 个月(2010 年 9 月开工,2010 年 12 月 23 日取得施工许可证);由区建设主管部门委派的建筑工程质量监督组在实施监督检查的过程中,发现了支模架存在上述问题,并因此下发了停工通知书,但跟踪监管不到位,没有采取进一步有效措施制止施工单位违规违章施工行为的继续发生。

7.2.4　起重伤害

1)起重伤害事故的防范措施

①起重吊装作业前,编制起重吊装施工方案。

②各种吊装作业前,应预先在吊装现场设置安全警戒标志并设专人监护,非施工人员禁止入内。

③司机、信号工为特种作业人员,应取得相应的资格。

④吊装作业前,应对起重吊装设备、钢丝绳、缆风绳、链条、吊钩等各种机具进行检查,必须保证安全可靠,不准带病使用。

⑤严禁利用管道、管架、电杆、机电设备等做吊装锚点。未经原设计单位核算,不得将建筑物、构筑物作为锚点。

⑥任何人不得随同吊装重物或吊装机械升降。

⑦吊装作业现场的吊绳索、缆风绳、拖拉绳等要避免同带电线路接触,并保持安全距离。起重机械要有防雷装置。

⑧吊装作业时,必须按规定负荷进行吊装,吊具、索具经计算选择使用,严禁超负荷运行。

⑨悬臂下方严禁站人、通行和工作。

⑩多台起重机同时作业时,要有防碰撞措施。

⑪吊装作业中,夜间应有足够的照明,室外作业遇到大雪、暴雨、大雾及六级以上大风时,应停止作业。

⑫在吊装作业中,有下列情况之一者不准起吊:指挥信号不明;超负荷或物体质量不明;

斜拉重物;光线不足,看不清重物;重物下站人;重物埋在地下;重物紧固不牢,绳打结、绳不齐;棱刃物体没有衬垫措施;安全装置失灵。

2)典型案例分析

某起重班指挥 30 吨塔吊,吊装 F 型炉管。因吊点选择在管段中心线以下,同时未采取防滑措施,造成起吊后钢丝绳滑动,管段急速下沉,在强大外力作用下,使钢丝绳在卡环处断裂,钢管坠落。将刚从裂解炉直爬梯下到地面准备换氩气的电焊工付某挤压致伤。

原因分析:

①起重工违反吊装规定,选择吊点在管段中心线以下时并未采取防滑措施,致使钢丝绳在卡环处断裂。

②吊装时未设置警戒区,监护不到位,非相关作业人员违章进入吊装坠落范围。

7.2.5 触电

1)触电事故的防范措施

①施工现场临时用电的架设和使用必须符合《施工现场临时用电安全技术规范(附条文说明)》(JGJ 46—2005)的规定。

②电工必须经过按国家现行标准考核合格后,持证上岗工作。安装、巡检、维修或拆除临时用电设备和线路,必须由电工完成,并应有人监护。电工等级应同工程的难易程度和技术复杂性相适应。

③各类用电人员应掌握安全用电基本知识和所用设备的性能。

④临时用电工程应定期检查。定期检查时,应复查接地电阻值和绝缘电阻值。

⑤操作人员必须按规定穿绝缘胶鞋、戴绝缘手套;必须使用电工专用绝缘工具。

⑥电缆线路应采用埋地或架空敷设,严禁沿地面明敷。

⑦施工机具、车辆及人员,应与线路保持安全距离。达不到规定的最小距离时,必须采用可靠的防护措施。

⑧建筑施工现场临时用电系统必须采用 TN-S 接零保护系统,必须实行"三级配电,两级保护"制度。

⑨开关箱应由分配电箱配电。一个开关只能控制一台用电设备,严禁一个开关控制两台及以上的用电设备(含插座)。

⑩各种电气设备和电力施工机械的金属外壳、金属支架和底座必须按规定采取可靠的接零或接地保护。

⑪配电箱及开关箱周围应有足够的工作空间,不得在配电箱旁堆放建筑材料和杂物,配电箱要有防雨措施。

⑫各种高大设施必须按规定装设避雷装置。

⑬手持电动工具的使用应符合国家标准的有关规定。其金属外壳和配件必须按规定采

取可靠的接零或接地保护。

⑭按规定在特殊场合使用安全电压照明。

⑮电焊机外壳应做接零或接地保护。不得借用金属管道、金属脚手架、轨道及结构钢筋做回路地线。焊把线无破损,绝缘良好。电焊机设置点应防潮、防雨、防砸。

2)典型案例分析

办公楼建筑工地拟举行开工仪式,连日下雨导致场地大量积水无法铺地毯。为此,建筑公司负责人决定在场地打孔安装潜水泵排水。民工张某等人便使用外借的电镐进行打孔作业,当打完孔将潜水泵放置孔中准备排水时,发现没电了。负责人余某安排电工王某去配电箱检查原因,张某跟着前去,将手中电镐交给一旁的民工裴某。裴某手扶电镐赤脚站立积水中。王某用电笔检查配电箱发现 B 相电源连接的空气开关输出端带电,便将电镐、潜水泵电源插座的相线由与 A 相电源相连的空气开关输出端更换到与 B 相电源相连的空气开关的输出端上,并合上与 B 相电源相连的空气开关送电。手扶电镐的裴某当即触电倒地,后经抢救无效死亡。

事故原因分析:

根据事故致因理论、导致事故发生的原因通常包括 3 个方面:人的不安全行为、物的不安全状态以及管理的缺失。其中,人的不安全行为和物的不安全状态是导致事故发生的直接原因,管理上的缺失是导致事故的深层次原因。通过调查分析,适成这次触电事故的原因主要有以下几个方面:

(1)直接原因

①作业人员违规、在潮湿环境中使用电镐。该电镐属于Ⅰ类手持电动工具,根据规定Ⅰ类手持电动工具不能在潮湿环境中使用。然而事发当天,该电镐用于排除连日降雨导致的地面积水,电镐暴露在雨中使用,且未设置遮雨设施。

②当事人裴某安全意识淡薄,在自身未穿绝缘靴、未戴绝缘手套的情况下,手持电镐赤脚站在水里。

③电镐存在安全隐患。在现场勘察时专家对事故使用的电镐进行了技术鉴定,检测发现电镐内相线与零线错位连接,接地线路短路,无漏电保护功能。通电后接错的零线与金属外壳导通,造成电镐金属外壳带电。

④配电设备存在缺陷。开关箱无漏电保护器,且线路未按规定连接。

(2)间接原因

①安全管理制度不健全。该公司的安全生产责任制未建立,未制订安全生产规章制度和安全操作规程。

②安全管理制度未落实。具体表现为作业人员的安全教育未落实,作业人员的个人劳动防护用品未配备,所提供配电设备的安全防护功能不具备,特种作业人员未持证上岗。

③现场安全管理不到位。施工现场未配备与本单位所从事的生产经营活动相适应的安全生产管理人员,施工安全技术交底未落实,指派未取得电工作业操作证的人员从事电工作业。

7.3　建筑施工安全事故的处理依据及程序

7.3.1　建筑施工生产安全事故处理依据

①施工单位的事故调查报告。调查报告中应就与施工事故有关的实际情况做详尽说明,其内容包括事故发生的时间、地点;事故状况的描述;事故发展变化情况(其范围是否继续扩大,程度是否已经稳定等);有关事故的观测记录、事故现场状态的照片或录像。

②有关的技术文件和档案。施工图和技术说明等设计文件;施工有关的技术文件与资料档案(施工组织设计或专项施工方案、施工计划,施工记录、施工日志,有关建筑材料、施工机具及设备等的质量证明资料,劳动保护用品与安全物资的质量证明资料,其他相关文件)。

③有关合同和合同文件。承包合同,设计委托合同,设备、器材与材料供应合同,设备租赁合同,分包合同,工程监理合同。

④建设工程相关的法律法规和标准规范。

7.3.2　建筑施工生产安全事故处理程序

施工现场安全管理人员应熟悉各级政府建设行政主管部门处理建设工程施工事故的基本程序,要特别明确如何在处理建设工程施工事故过程中履行自己的职责。生产安全等级事故应当按照《中华人民共和国安全生产法》《生产安全事故报告和调查处理条例》(国务院第439号令)的规定进行报告。事故发生后,事故现场有关人员应当立即向本单位负责人报告;单位负责人接到报告后,应当在1小时内向事故发生地县级以上人民政府安全生产监督管理部门和负有安全生产监督管理职责的有关部门报告。特别重大事故、重大事故逐级上报至国务院安全生产监督管理部门和负有安全生产监督管理职责的有关部门;较大事故逐级上报至省、自治区、直辖市人民政府安全生产监督管理部门和负有安全生产监督管理职责的有关部门;一般事故上报至设区的市级人民政府安全生产监督管理部门和负有安全生产监督管理职责的有关部门。自事故发生之日起30日内,事故造成的伤亡人数发生变化的,应当及时补报。

特别重大事故由国务院或者国务院授权有关部门组织事故调查组进行调查。重大事故、较大事故、一般事故分别由事故发生地省级人民政府、设区的市级人民政府、县级人民政府负责调查。省级人民政府、设区的市级人民政府、县级人民政府可以直接组织事故调查组进行调查,也可以授权或者委托有关部门组织事故调查组进行调查。未造成人员伤亡的一般事故,县级人民政府也可以委托事故发生单位组织事故调查组进行调查。

…

处理事故要坚持"四不放过"的原则,即施工事故原因未查清不放过;职工和事故责任人受不到教育不放过;事故隐患不整改不放过;事故责任人不处理不放过。

建设工程施工事故发生后,一般按以下程序进行处理,如图7-1所示。

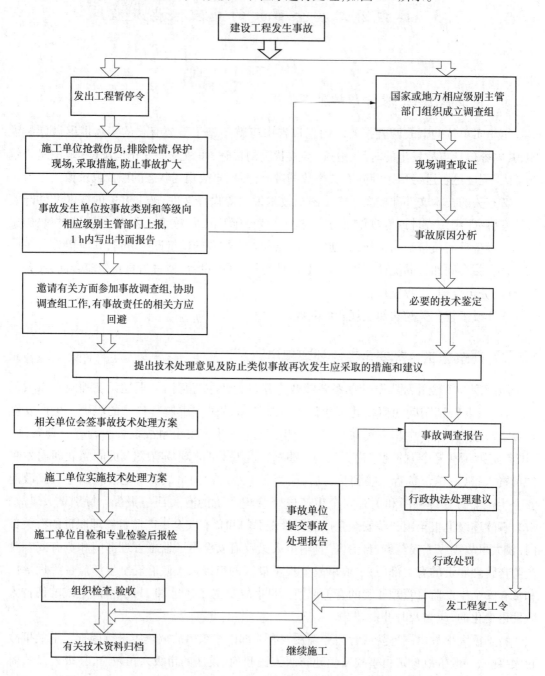

图 7-1　建筑工程施工事故处理程序流程图

7.3.3　建筑施工生产安全事故隐患的整改处理程序

　　在安全生产管理理念中,认为"隐患就是事故",要把安全隐患当成事故来对待。所以当发现安全隐患时,应按照生产安全事故处理的态度、方法和程序来处理隐患,其流程如图7-2所示。

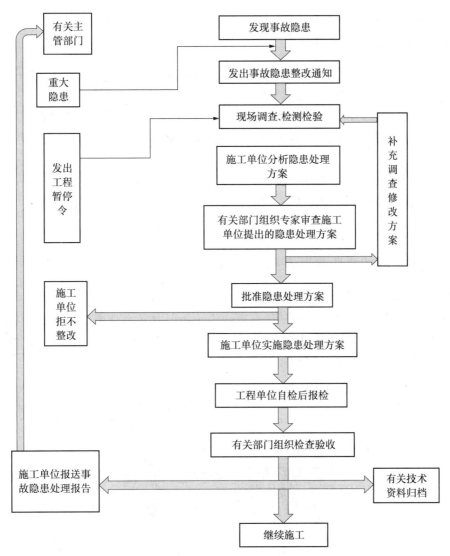

图 7-2　建筑施工安全隐患处理程序

7.4 建筑施工安全事故的主要救援方法

7.4.1 事故发生后的救援程序

①立即启动应急救援程序,相关救援人员、救援设备就位。

②保护现场,视情况将伤员安置到安全区域。

③针对伤员受到的不同伤害,由急救人员对伤员采取正确的紧急救援措施。

④拨打120或安排车辆等交通工具,及时送伤员到医院救治。安排专人到路口接应救护车。

⑤对事故现场状况进行判断,及时排除再次发生事故的隐患,不能立即处理的,应予以封闭,疏散人员,维持秩序,设警戒区,派专人监护。

⑥按规定报告事故。

7.4.2 安全事故的主要救援方法

(1)高处坠落、物体打击的救援方法

首先应观察伤员的神志是否清醒,查看伤员坠落时身体着地部位,查明伤员的受伤部位,弄清受伤类型,再采取相应的现场急救处理措施。止血、包扎、固定、搬运是外伤救护的四项基本技术。

①止血。

A.加压包扎止血法:一般小静脉和毛细血管出血,血流很慢,用消毒纱布干净毛巾或布块等盖在创口上,再用三角巾(可用头巾代替)或绷带扎紧,并将患处抬高(图7-3)。

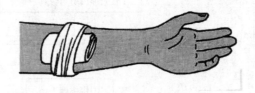

图7-3 加压包扎止血法

B.压迫止血法。

a.毛细血管出血。血液从创面或创口四周渗出,出血量少、色红,找不到明显的出血点,危险性小。这种出血常通常能自动停止,用碘酊和酒精消毒伤口周围皮肤后在伤口盖上消毒纱布或干净的手帕、布片,扎紧即可止血。

b.静脉出血。暗红色的血液,缓慢不断地从伤口流出,其后由于局部血管收缩,血流逐渐减慢,危险性较小。止血的方法和毛细血管出血基本相同。抬高患处可以减少出血,在出血部位放上几层消毒纱布或干净手帕等,加压包扎即可达到止血的目的。

c.骨髓出血。血液颜色暗红,可伴有骨折碎片,血中浮有脂肪油滴,可用敷料或干净多层手帕等填塞止血。

d.动脉出血。血液随心脏搏动而喷射涌出,来势较猛,颜色鲜红,出血量多,速度快,危险性大。动脉出血急救,一般用指压法止血,即在出血动脉的近端,用拇指和其余手指压在骨面上,予以止血。在动脉的走向中,最易压住的部位叫压迫点,止血时要熟悉主要动脉的压迫点。这种方法简单易行,但因手指容易疲劳,不能持久,所以只能是一种临时急救止血手段,必须尽快换用其他方法。

C.指压法:常用压迫部位。

a.头顶部出血,用拇指压迫颞浅动脉。方法是用拇指或食指在耳前对下颌关节处用力压迫(图7-4)。

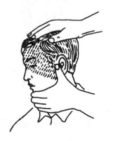

图7-4　头顶部颞浅动脉止血点

b.面部出血,压迫双侧面动脉(图7-5)。方法可用食指或拇指压迫同侧下颌骨下缘,下颌角前方约3 cm的凹陷处,此处可摸到明显搏动(面动脉)。

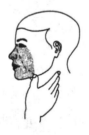

图7-5　面部面动脉止血点

c.头颈部出血,4个手指并拢对准颈部胸锁乳突肌中段内侧,将颈总动脉压向颈椎(图7-6)。注意不能同时压迫两侧颈总动脉,以免造成脑缺血坏死。压迫时间也不能太久,以免造成危险。

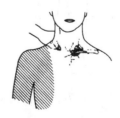

图7-6　头颈部颈总动脉止血点

d. 上臂出血,一手抬高患肢,另一手4个手指对准上臂中段内侧压迫肱动脉(图7-7)。

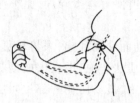

图7-7　上臂肱动脉止血点

e. 手掌出血,将患肢抬高,用双手拇指分别压迫手腕部的尺、桡动脉(图7-8)。

图7-8　手腕部尺、桡动脉止血点

f. 大腿出血,在腹股沟中稍下方,用双手拇指向后用力压股动脉(图7-9)。

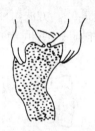

图7-9　大腿股动脉止血点

g. 小腿出血,压迫腘窝动脉(图7-10)。方法一手固定膝关节正面,另一手拇指摸到腘窝处跳动的腘动脉,用力向前压迫。

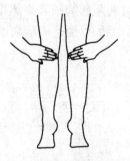

图7-10　小腿腘窝动脉止血点

h. 足部出血,用双手拇指分别压迫足背动脉和内踝与跟腱之间的颈后动脉(图 7-11)。

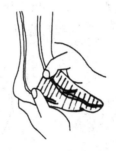

图 7-11 足部颈后动脉止血点

D. 加垫屈肢止血法(图 7-12)。此法适用于躯干无骨折情况下的四肢部位出血。如前臂出血,在肘窝处垫以棉卷或绷带卷,将肘关节尽力屈曲,用绷带或三角巾固定于屈肘姿势。其他如腹股沟、肘窝、腘窝也可使用加垫屈肢止血法。

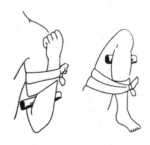

图 7-12 加垫屈肢止血法

E. 止血带止血法(图 7-13)。用于四肢大出血。一般使用橡皮条做止血带,也可用大三角巾、绷带手帕、布腰带等布止血带替代,但禁用电线和绳索。上止血带部位要在创口上方,尽量靠近伤口但又不能接触伤口面。上止血带部位必须先垫衬布块,或绑在衣服外面,以免损伤皮下神经。止血带绑得松紧适当,以摸不到远端脉搏和使出血停止为度。太紧会压迫神经而使肢体麻痹,太松则不能止血。如果动脉没有压住而仅压住静脉,出血反而更多,甚至引起肢体肿胀坏死。绑止血带时间要认真记载,用止血带时间不能太久,最好每隔半小时(冷天)或一小时放松一次。放松时用指压法暂时止血。每次放松 1 ~ 2 min。凡绑止血带伤员要尽快送往医院急救。

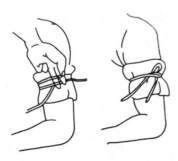

图 7-13 止血带止血法

②包扎。

a.三角巾包扎法,对较大创面、固定夹板、手臂悬吊等,需应用三角巾包扎法(图7-14)。普通头部包扎,操作要领为首先将三角巾底边折叠,把三角巾底边放于前额拉到脑后,相交后先打一半结,再绕至前额打结。

图7-14　普通头部包扎法

b.风帽式头部包扎,将三角巾顶角和底边中央各打一结成风帽状。顶角放于额前,底边结放在后脑勺下方,包住头部,两角往面部拉紧向外反折包绕下颌(图7-15)。

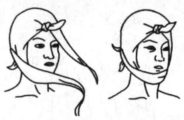

图7-15　风帽式头部包扎法

c.普通面部包扎,将三角巾顶角打一结,适当位置剪孔(眼、鼻处)。打结处放于头顶处,三角巾罩于面部,剪孔处正好露出眼、鼻。三角巾左右两角拉到颈后在前面打结(图7-16)。

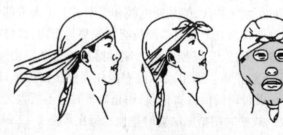

图7-16　普通面部包扎法

d.普通胸部包扎,将三角巾顶角向上,贴于局部,如系左胸受伤,顶角放在右肩上,底边扯到背后在后面打结;再将左角拉到肩部与顶角打结。背部包扎与胸部包扎相同,仅位置相反,结打于胸部(图7-17)。

图7-17　普通胸部包扎法

e. 三角巾的另一重要用途为悬吊手臂对已用夹板的手臂起固定作用;还可对无夹板的伤肢起到夹板固定作用(图7-18)。

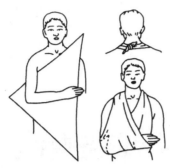

图 7-18　三角巾悬吊手臂

f. 绷带包扎法。包扎卷轴绷带前要先处理好患部,并放置敷料。包扎时,展开绷带的外侧头,背对患部,一边展开,一边缠绕(图7-19)。无论何种包扎形式,均应环形起,环形止,松紧适当,平整无褶。最后将绷带末端剪成两半,打方结固定。结应打在患部的对侧,不应压在患部之上。有的绷带无须打结固定,包扎后可自行固定。夹板绷带和石膏绷带为制动绷带,主要用于四肢骨折、重度关节扭伤、肌腱断裂等的急救与治疗。可用竹板、木板、树枝、厚纸板等作为夹板材料,根据患部的长短、粗细及形状制备好夹板。夹板的两端应稍向外弯曲,以免对局部造成压迫。

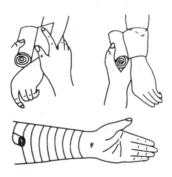

图 7-19　绷带包扎

③固定。骨折固定常用的有木制、铁制、塑料制临时夹板。施工现场无夹板可就地取材,采用木板、树枝、竹竿等作为临时固定材料。如无任何物品,也可固定于伤员躯干或健肢上。骨折固定的要领是先止血,后包扎,再固定;夹板长短与肢体长短相对称,骨突出部位要加垫;先扎骨折上、下两端,后固定两关节;四肢露指(趾)尖,胸前挂标志,迅速送医院。常见的骨折固定方法如图7-20所示。

④搬运:根据救护员人数的不同,搬运采取的方法也不同。

A. 一位救护员搬运方法包括以下几种。

a. 扶行法:适宜清醒伤病者,没有骨折,伤势不重,能自己行走的伤病者。方法:救护者站在身旁,将其一侧上肢绕过救护者颈部,用手抓住伤病者的手,另一只手绕到伤病者背后,搀扶行走。

(a)前臂骨折夹板固定法　　　(b)颈椎骨折固定法　　　(c)小脚骨折健体固定法

(d)肱骨骨折折夹板固定法　　(e)大腿骨折固定法　　　(f)小腿骨折夹板固定法

图 7-20

b.背负法:适用老幼、体轻、清醒的伤病者。方法:救护者朝向伤病者蹲下,让伤员将双臂从救护员肩上伸到胸前,两手紧握。救护员抓住伤病者的大腿,慢慢站起来。如有上、下肢,脊柱骨折不能用此法。

c.爬行法:适用清醒或昏迷伤者。在狭窄空间或浓烟的环境下。

d.抱持法:适于年幼伤病者,体轻者没有骨折,伤势不重,是短距离搬运的最佳方法。

方法:救护者蹲在伤病者的一侧,面向伤员,一只手放在伤病者的大腿下,另一只手绕到伤病者的背后,然后将其轻轻抱起。如有脊柱或大腿骨折禁用此法。

B.两位救护员搬运方法包括以下两种。

a.轿杠式:适用清醒伤病者。方法:两名救护者面对面各自用右手握住自己的左手腕再用左手握住对方右手腕,然后,蹲下让伤病者将两上肢分别放到两名救护者的颈后,再坐到相互握紧的手上。两名救护者同时站起,行走时同时迈出外侧的腿,保持步调一致。

b.双人拉车式:适于意识不清的伤病者。方法:将伤病者移上椅子、担架或在狭窄地方搬运伤者。两名救护者,一人站在伤病者的背后将两手从伤病者腋下插入,把伤病者两前臂交叉于胸前,再抓住伤病者的手腕,把伤病者抱在怀里,另一人反身站在伤病者两腿中间将伤病者两腿抬起,两名救护者一前一后地行走。

C.三人或四人搬运(三人或四人平托式适用于脊柱骨折的伤者)方法包括以下几种。

a.三人异侧运送:两名救护者站在伤病者的一侧,分别在肩、腰、臀、膝部之间,第三名救护者可站在面对伤病者的臀部,两臂伸向伤员臀下,握住对方救护员的手腕。三名救护员同时单膝跪地,分别抱住伤病者肩、后背、臀、膝部,然后同时站立抬起伤病者。

b.四人异侧运送:三名救护者站在伤病者的一侧,分别在头、腰、膝部,第四名救护者位于伤病者的另一侧肩部。四名救护员同时单膝跪地,分别抱住伤病者颈、肩、后背、臀、膝部,再同时站立抬起伤病者。

(2)触电事故的救援方法

①触电事故导致人员受伤害的类型。触电通常是指人体直接触及电源或高压电经过空气或其他导电介质传递电流通过人体时引起的组织损伤和功能障碍,重者发生心搏和呼吸

骤停的事故类型。触电造成的对人体的伤害类型主要是电击伤、电热灼伤和闪电损伤(雷击)。电击伤和闪电损伤对人造成后果是心搏和呼吸微弱甚至是停止。被电热灼伤的皮肤呈灰黄色焦皮,中心部位低陷,周围无肿、痛等炎症反应,但电流通路上软组织的灼伤常较为严重。

②触电事故的救援方法。伤员的呼吸和心搏骤停一旦发生,如得不到即刻及时地抢救复苏,4~6 min 后会造成其大脑和其他人体重要器官组织的不可逆的损害,此时的紧急救援必须在现场立即进行,为进一步抢救直至挽回伤员的生命而赢得最宝贵的时间。

呼吸和心搏骤停的现场急救方法有人工呼吸、胸外心脏按压和心肺复苏法。

a. 人工呼吸:给予人工呼吸前,正常吸气即可,无须深吸气;所有方式的人工呼吸(口对口、口对面罩等)均应该持续吹气 1 s 以上,保证有足够量的气体进入并使胸廓起伏;如第一次人工呼吸未能使胸廓起伏,可再次用仰头抬颏法开放气道,给予第二次通气,如图 7-21 所示。

图 7-21　人工呼吸法

b. 胸外心脏按压法:伤员仰卧于硬板床或地上,如为软床,身下应放一木板,以保证按压有效。抢救者应紧靠患者胸部一侧,为保证按压时力量垂直作用于胸骨,抢救者可跪在伤员一侧或骑跪在其腰部两侧。正确的按压部位是胸骨中下 1/3 处。具体定位方法是抢救者以左手食指和中指沿肋弓向中间滑移至两侧肋弓交点处,即胸骨下切迹,然后将食指和中指横放在胸骨下切迹的上方,食指上方的胸骨正中部即为按压区,将另一手的掌根紧挨食指放在患者胸骨上,再将定位之手取下,将掌根重叠放于另一手手背上,使手指翘起脱离脑壁,也可采用两手手指交叉抬起手指。抢救者双肘关节伸直,双肩在患者胸骨上方正中,肩手保持垂直用力向下按压,下压深度为 4~5 cm,按压频率为 80~100 次/min,按压与放松时间大致相等,如图 7-22、图 7-23 所示。

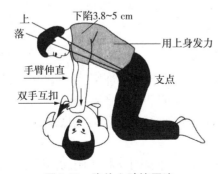

图 7-22　胸外心脏按压法

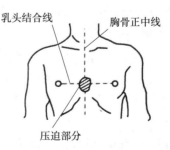

图 7-23　胸外心脏按压点

可同时采用口对口人工呼吸和胸外心脏按压的方法对伤员进行抢救,如现场仅一人抢救,可以两种方法交替使用,每吹气 2 ~ 3 次,再挤压 10 ~ 15 次。抢救要坚持不断,切不可轻易放弃。

③心肺复苏术法。心肺复苏术法步骤如下:

第一步:脉搏检查,只要发现无反应的伤员没有自主呼吸就应按心搏骤停处理。检查脉搏的时间一般不能超过 10 s,如 10 s 内仍不能确定有无脉搏,应立即实施胸外按压。

第二步:胸外按压,为了尽量减少因通气而中断胸外按压,对于未建立人工气道的成人,2010 年国际心肺复苏指南推荐的按压-通气比率为 30∶2,即每按压 30 次,人工呼吸 2 次。如双人或多人施救,应每 2 min 或 5 个周期(每个周期包括 30 次按压和 2 次人工呼吸)更换按压者,并在 5 s 内完成转换,因为研究表明,在按压开始 1 ~ 2 min 后,操作者按压的质量就开始下降。国际心肺复苏指南更强调持续有效脑外按压,快速有力,尽量不间断,因为过多地中断按压,会使冠脉和脑血流中断,复苏成功率明显降低。

第三步:开放气道,有两种方法可以开放气道提供人工呼吸,仰头抬颏法和推举下颌法。后者仅在怀疑头部或颈部损伤时使用,因为此法可以减少颈部和脊椎的移动。注意在开放气道同时应该用手指挖出病人口中异物或呕吐物,有假牙者应取出假牙。

第四步:人工呼吸。

第五点:AED(自动体外除颤器)除颤,室颤(心室颤动,即 VF)是成人心脏骤停的最初发生的较为常见而且是较容易治疗的心律。对于室颤患者,如果能在意识丧失的 3 ~ 5 min 内立即实施心肺复苏及除颤,存活率是最高的。当然由于施工现场的条件受限制,这一步骤在现场比较难以实现。

(3)中毒事故救援方法(硫化氢中毒的救援要点)

①现场及时抢救极为重要。空气中含极高硫化氢浓度时常在现场引起多人电击样死亡(类似电击后的心肺骤停症状),如能及时抢救可降低死亡率。应立即使患者脱离现场至空气新鲜处。有条件时立即给予吸氧。

②维持生命体征。对呼吸或心脏骤停者应立即施行心肺复苏术。对在事故现场发生呼吸骤停者如能及时施行人工呼吸,则可避免随之而发生心脏骤停。在施行口对口人工呼吸时施行者应防止吸入患者的呼出气或衣服内逸出的硫化氢,以免发生二次中毒。

③立即送医院进行高压氧治疗等对症处理。

(4)坍塌事故救援方法(挤压伤急救处理方法)

①尽快解除挤压的因素。

②手和足趾的挤伤,指(趾)甲下血肿呈黑色,可立即用冷水冷敷,减少出血和减轻疼痛。

③怀疑已有内脏损伤,应密切观察有无休克症状,并呼叫救护车急救。

④挤压综合征是肢体埋压后逐渐形成的,因此要密切观察,及时送医院,不要因为无伤口就忽视其严重性。

⑤在转运过程中,应减少肢体活动,不管有无骨折都要用夹板固定,并让肢体暴露在流通的空气中,切忌按摩和热敷。

⑥在采取急救措施后,要及时送专业医疗机构进行治疗。

（5）火灾事故救援方法

①火灾的分类。火灾初期的火焰,基本都是可以扑灭的。根据可燃物的类型和燃烧特性,火灾可分为 A、B、C、D、E、F 六大类。

A 类火灾:指固体物质火灾。这种物质通常具有有机物质性质,一般在燃烧时能产生灼热的余烬。如木材、干草、煤炭、棉、毛、麻、纸张等火灾。

B 类火灾:指液体或可熔化的固体物质火灾。如煤油、柴油、原油、甲醇、乙醇、沥青、石蜡、塑料等火灾。

C 类火灾:指气体火灾。如煤气、天然气、甲烷、乙烷、丙烷、氢气等火灾。

D 类火灾:指金属火灾。如钾、钠、镁、铝镁合金等火灾。

E 类火灾:指带电火灾。物体带电燃烧的火灾。

F 类火灾:指烹饪器具内的烹饪物(如动植物油脂)火灾。

②灭火器。不同的灾火类型,要使用不同的灭火器械。因此要根据火灾的类型来选择相应的灭火器来扑救。

泡沫灭火器,适用于扑救一般 B 类火灾,如油制品、油脂等火灾,也可适用于 A 类火灾。但不能扑救 B 类火灾中的水溶性可燃、易燃液体的火灾,如醇、酯、醚、酮等物质火灾;也不能扑救带电设备及 C 类和 D 类火灾。

酸碱灭火器,适用于扑救 A 类物质燃烧的初起火灾,如木、织物、纸张等燃烧的火灾。它不能用于扑救 B 类物质燃烧的火灾,也不能用于扑救 C 类可燃性气体或 D 类轻金属火灾。同时也不能用于带电物体火灾的扑救。

二氧化碳灭火器,适用于扑救易燃液体及气体的初起火灾,也可扑救带电设备的火灾。常应用于实验室、计算机房、变配电所,以及对精密电子仪器、贵重设备或物品维护要求较高的场所。

干粉灭火器,碳酸氢钠干粉灭火器适用于易燃、可燃液体、气体及带电设备的初起火灾;磷酸铵盐干粉灭火器除可用于上述几类火灾外,还可扑救固体类物质的初起火灾。但都不能扑救金属燃烧火灾。

③灭火器的正确使用方法。步骤一:取出灭火器。步骤二:拔去保险销。步骤三:手握灭火器橡胶喷嘴,对向火焰根部。步骤四:将灭火器上部手柄压下,灭火剂喷出。干粉灭火器的使用方法如图 7-24 所示。

建筑施工现场还应常备有消防桶、沙箱等消防设施,高层建筑还必须配有消火栓灭火系统。

④火灾事故的救援。发生火灾后的自救措施:发生火灾后,会产生浓烟,火灾中产生的浓烟由于热空气上升的作用,大量的浓烟将漂浮在上层,因此在火灾中离地面 30 cm 以下的地方还应该有空气,因此浓烟中尽量采取低姿势爬行,头部尽量贴近地面。

烧伤后,应采取有效措施扑灭身上的火焰,使伤员迅速脱离开致伤现场。当衣服着火时,应采用各种方法尽快地灭火,如水浸、水淋、就地卧倒翻滚等,千万不可直立奔跑或站立呼喊,以免助长燃烧,引起或加重呼吸道烧伤。灭火后伤员应立即将衣服脱去,如衣服和皮肤粘在一起,可在救护人员的帮助下把未粘连的部分剪去,并对创面进行包扎。

（a）取出灭火器　　　　　　　　（b）拔掉保险销

（c）一手握住压把一手握住喷管　　（d）对准火苗根部喷射（人站立在上风位）

图 7-24　干粉灭火器的正确使用方法

要正确报火警，牢记火警电话"119"；接通电话后要沉着冷静，向接警中心讲清失火单位的名称、地址、什么东西着火、火势大小以及着火的范围。同时还要注意听清对方提出的问题，以便正确回答；把自己的电话号码和姓名告诉对方，以便联系；打完电话后，要立即到交叉路口等候消防车的到来，以便引导消防车迅速赶到火灾现场；迅速组织人员疏通消防车道，清除障碍物，使消防车到火场后能立即进入最佳位置灭火救援；在没有电话或没有消防队的地方，如农村和偏远地区，可采用敲锣、吹哨、喊话等方式向四周报警，动员乡邻来灭火。

7.4.3　典型案例分析

2018 年 4 月 17 日 19：00 时许，重庆某市政工程有限公司万开棉花地至浦里段三标段稳定土拌和站作业现场，作业人员涂某某站在稳定土拌和设备（型号 WBZ300）进料口驱动滚筒上，用钢钎清理锅体内的残渣时，指挥铲车操作员启动操作室搅拌主机控制开关，搅拌机启动后涂某某不慎掉入运行中的搅拌机锅体内，当场死亡。直接经济损失 110 万余元。

1）直接原因

根据调查组对事故现场的勘验和调查取证分析认为：涂某某作为现场管理人员违章站在斜皮带输送机驱动滚筒上清理仓内物料，在未离开危险作业处时违章指挥非控制室操作人员启动搅拌机控制开关，导致其掉入运行中的搅拌机内死亡，是本次事故发生的直接原因。

2）间接原因

①公司安全生产责任落实不到位。
②公司安全教育培训制度不落实。
③公司安全管理措施不力，安全操作规程和安全技术交底不落实。
④公司未加强现场安全管理，相关安全管理人员不在位，安全事故隐患未得到及时排除。

第8章 建筑施工现场安全生产管理

8.1 土石方工程施工安全技术管理措施

8.1.1 土的工程分类

土的种类繁多,其工程性质会直接影响土方工程的施工方法、劳动力消耗、工程费用和保证安全的措施,应予以重视。我国将土按照坚硬程度和开挖方法及使用工具分为松软土、普通土、坚土、砂砾坚土、软石、次坚石、坚石、特坚石等八类(其中,一至四类为一般土,五至八类为岩石),见表8-1。

表8-1 土的工程分类

土的分类	土的级别	岩、土名称	重力密度 /(kN·m⁻³)	抗压强度 /MPa	坚固系数 f	开挖方法 及工具
一类土 (松软土)	I	略有黏性的砂土、粉土、腐殖土及疏松的种植土,泥炭(淤泥)	6~15	—	0.5~0.6	用锹,少许用脚蹬或用板锄挖掘
二类土 (普通土)	II	潮湿的黏性土和黄土,软的盐土和碱土,含有建筑材料碎屑、碎石、卵石的堆积土和种植土	11~16	—	0.6~0.8	用锹、条锄挖掘、需用脚蹬,少许用镐
三类土 (坚土)	III	中等密实的黏性土或黄土,含有碎石、卵石或建筑材料碎屑的潮湿的黏性土或黄土	18~19	—	0.8~1.0	主要用镐、条锄,少许用锹

续表

土的分类	土的级别	岩、土名称	重力密度 /(kN·m⁻³)	抗压强度 /MPa	坚固系数 f	开挖方法 及工具
四类土 (砂砾坚土)	Ⅳ	坚硬密实的黏性土或黄土,含有碎石、砾石(体积在10%～30%质量在25 kg以下石块)的中等密实黏性土或黄土;硬化的重盐土;软泥灰岩	19	—	1～1.5	全部用镐、条锄挖掘,少许用撬棍挖掘
五类土 (软石)	Ⅴ～Ⅵ	硬的石炭质黏土;胶结不紧的砾石;软石、节理多的石灰岩及页壳石灰岩;中等坚实的页岩、泥灰岩	12～27	20～40	1.5～4.0	用镐或撬棍、大锤挖掘,部分使用爆破方法
六类土 (次坚石)	Ⅷ～Ⅸ	坚硬的泥质页岩;坚实的泥灰岩;角砾状花岗岩;泥灰质石灰岩;黏土质砂岩;云母页岩及砂质页岩;风化的花岗岩、片麻岩及正常岩;滑石质的蛇纹岩;密实的石灰岩;硅质胶结的砾岩;砂岩;砂质石灰页岩	22～29	40～80	4～10	用爆破方法开挖,部分用风镐
七类土 (坚石)	Ⅹ～Ⅻ	白云岩;大理石;坚实的石灰岩、石灰质及石英质的砂岩;坚硬的砂质页岩;蛇纹岩;粗粒正长岩;有风化痕迹的安山岩及玄武岩;片麻岩;粗面岩;中粗花岗岩;坚实的片麻岩;粗面岩;辉绿岩;玢岩;中粗正长岩	25～31	80～160	10～18	用爆破方法开挖
八类土 (特坚石)	ⅩⅣ～ⅩⅥ	坚实的细花岗岩;花岗片麻岩;闪长岩;坚实的玢岩;角闪岩、辉跃岩、石英岩、安山岩、玄武岩、最坚实的辉绿岩、石灰岩及闪长岩;橄榄石质玄武岩;特别坚实的辉长岩、石英岩及玢岩	27～33	160～250	18～25以上	用爆破方法开挖

注:1. 土的级别为相当于一般16级土石分类级别。

    2. 坚固系数 f 为相当于普氏岩石强度系数。

8.1.2 土方开挖

1）土方开挖的原则

土方开挖的顺序、方法必须与设计工况相一致，并遵循"开槽支撑，先撑后挖，分层开挖，严禁超挖"的原则。

2）斜坡土挖方

①土坡坡度要根据工程地质和土坡高度，结合当地同类土体的稳定坡度值确定。

②土方开挖宜从上到下分层分段依次进行，并随时做成一定的坡势以利泄水，且不应在影响边坡稳定的范围内积水。

③在斜坡上方弃土时应保证挖方边坡的稳定。弃土堆应连续设置，其顶面应向外倾斜，以防山坡水流入挖方场地。但坡度陡于1/5或在软土地区，禁止在挖方上侧弃土。在挖方下侧弃土时，要将弃土堆表面整平，并向外倾斜，弃土表面要低于挖方场地的设计标高，或在弃土堆与挖方场地间设置排水沟，防止地面水流入挖方场地。

3）滑坡地段挖方

在滑坡地段挖方时应符合下列规定：

①施工前先了解工程地质勘察资料、地形、地貌及滑坡迹象等情况。

②不宜雨期施工，同时不应破坏挖方上坡的自然植被和排水系统。并要事先做好地面和地下排水设施。

③遵循先整治后开挖的施工顺序，在开挖时须遵循由上到下的开挖顺序，严禁先切除坡脚。严禁在滑坡的抗滑段通长大断面开挖。

④爆破施工时严防因爆破震动产生滑坡，应采取减振和监测措施防止爆破震动对边坡和滑坡体的影响。

⑤抗滑挡土墙要尽量在旱季施工，基槽开挖应分段进行并加设支撑。开挖一段就要做好这段的挡土墙。

⑥开挖过程中如发现滑坡迹象（如裂缝、滑动等）时应暂停施工，必要时所有人员和机械要撤至安全地点。

⑦严禁在滑坡体上部堆土、堆放材料、停放施工机械或搭设临时设施。

4）湿土地区挖方

湿土地区挖方时要符合下列规定：

①施工前需要做好地面排水和降低地下水位的工作，若为人工降水时要降至坑0.5～1.0 m方可开挖，采用明排水时可不受此限。

②相邻基坑和管沟开挖时要先深后浅，并要及时做好基础。

③挖出的土不要堆放在坡顶上，要立即转运至规定的距离以外。

5）膨胀土地区挖方

在膨胀土地区挖方时要符合下列规定：

①开挖前要做好排水工作，防止地表水、施工用水和生活废水浸入施工现场或冲刷边坡。

②开挖后的基土不宜受烈日暴晒或水浸泡。

③开挖、作垫层、基础施工和回填土等要连续进行。

④采用回填砂地基时要先将砂浇水至饱和后再铺填夯实，不能使用在基坑（槽）或管沟内浇水使砂沉落的方法施工。钢（木）支撑的拆除要按回填顺序依次进行。多层支撑应自下而上逐层拆除，随拆随填。

6）基坑（槽）和管沟挖方

基坑（槽）和管沟挖方时要符合下列规定：

①基坑（槽）、管沟的挖土应分层进行。在施工过程中基坑（槽）、管沟边堆置土方不应超过设计荷载，挖方时不应碰撞或损伤支护结构、降水设施。

②基坑（槽）、管沟土方施工中应对支护结构、周围环境进行观察和监测，如出现异常情况应及时处理，待恢复正常后方可继续施工。

③基坑（槽）、管沟开挖至设计标高后，应对坑底进行保护，经验槽合格后，方可进行垫层施工。对特大型基坑，宜分区分块挖至设计标高，分区分块及时浇筑垫层。必要时，可加强垫层。

④基坑（槽）、管沟土方工程验收必须确保以支护结构安全和周围环境安全为前提。

⑤施工中应防止地面水流入坑、沟内，以免边坡塌方。挖方边坡要随挖随撑并支撑牢固，且在施工过程中应经常检查，如有松动、变形等现象要及时加固或更换。

8.1.3　基坑土方工程

1）基坑土方工程施工组织设计

①基坑土方工程必须要有一个完整的、科学的施工组织设计来保证施工安全和监管。其主要内容包括：

a. 勘察测量、场地平整。

b. 降水设计。

c. 支护结构体系的选择和设计。

d. 土方开挖方案设计。

e. 基坑及周围建筑物、构筑物、道路、管道的安全监测和保护措施。

f. 环保要求和措施。

g. 现场施工平面布置、机械设备选择及临时水电的说明。

②基坑土方工程施工组织设计应收集下列资料：

a. 岩土工程的勘察报告。

b.临近建筑物、构筑物和地下设施分布情况(位置、标高类型)。

c.建筑总平面图、地下结构施工图、红线范围。

③进行基坑工程设计时应考虑:

a.土压力。

b.水压力除了基础施工期间的降水,还要考虑由于大量土方开挖,水压向上顶起基础的作用,有时应在上部结构施工到规定程度才能停止降水。

c.坑边地面荷载。包括施工荷载、汽车运输、吊车、堆放材料等。

d.影响范围内的建筑物、构筑物产生的荷载(一般)。

e.大量排水对临近建筑的沉降影响。

2)基坑土方工程施工工艺

基坑开挖、土方工程必须掌握正确的施工安全技术和进行严格的管理,才能保证安全。基坑开挖土方工程的施工工艺一般有两种:

①放坡开挖(无支护开挖)。

②有支护开挖,在支护体系保护下开挖。

放坡开挖既简单又经济,在空旷地区或周围环境能保证边坡稳定的条件下应优先采用。但是在城市施工往往不具备放坡开挖的条件,只能采取有支护开挖。对支护结构的要求,基坑支护应满足的功能要求:一是保证基坑周边建(构)筑物、地下管线、道路的安全和正常使用;二是保证地下结构的施工空间。在地下水位较高的基坑开挖施工中,为了保证开挖过程中以及开挖完毕后基础施工过程中坑壁的稳定性,降低地下水位又是一项必需的重要措施。同时还要监测周围建筑物、构筑物、管道工程等,保证其不受影响。

3)基坑开挖相关规定

①当支护结构构件强度达到开挖阶段的设计强度时,方可向下开挖;对采用预应力锚杆的支护结构,应在施加预应力后,方可开挖下层土方;对土钉墙,应在土钉、喷射混凝土面层的养护时间大于 2 d 后,方可开挖下层土方。

②应按支护结构设计规定的施工顺序和开挖深度分层开挖。

③开挖至锚杆、土钉施工作业面时,开挖面与锚杆、土钉的高差不宜大于 500 mm。

④开挖时,挖土机械不得碰撞或损害锚杆、腰梁、土钉墙墙面、内支撑及其连接件等构件,不得损害已施工的基础桩。

⑤当基坑采用降水时,地下水位以下的土方应在降水后开挖。

⑥当开挖揭露的实际土层性状或地下水情况与设计依据的勘察资料明显不符,或出现异常现象、不明物体时,应停止挖土,在采取相应处理措施后方可继续挖土。

⑦挖至坑底时,应避免扰动基底持力土层的原状结构。

⑧软土基坑开挖尚应符合下列规定:

a.应按分层、分段、对称、均衡、适时的原则开挖。

b.当主体结构采用桩基础且基础桩已施工完成时,应根据开挖面下软土的性状,限制每层开挖厚度。

c.对采用内支撑的支护结构,宜采用开槽方法浇筑混凝土支撑或安装钢支撑;开挖到支撑作业面后,应及时进行支撑的施工。

d.对重力式水泥土墙,沿水泥土墙方向应分区段开挖,每一开挖区段的长度不宜大于40 m。

e.当基坑开挖面上方的锚杆、土钉、支撑未达到设计要求时,严禁向下超挖土方。

f.采用锚杆或支撑的支护结构,在未达到设计规定的拆除条件时,严禁拆除锚杆或支撑。

g.基坑周边施工材料、设施或车辆荷载严禁超过设计要求的地面荷载限值。

4)基坑开挖的防护

①开挖深度超过2 m的基坑周边必须安装防护栏杆。防护栏杆应符合下列规定:

a.防护栏杆高度不应低于1.2 m。

b.防护栏杆应由横杆及立杆组成;横杆应设2~3道,下杆离地高度宜为0.3~0.6 m,上杆离地高度宜为1.2~1.5 m;立杆间距不宜大于2.0 m,立杆离坡边距离宜大于0.5 m。

c.防护栏杆应加挂密目安全网和挡脚板;安全网自上而下封闭设置;挡脚板高度不小于180 mm,挡脚板下沿离地高度不应大于10 mm。

d.防护栏杆应安装牢固,材料应有足够的强度。

②基坑内宜设置供施工人员上下的专用梯道。梯道应设扶手栏杆,梯道的宽度不应小于1 m。梯道的搭设应符合《建筑施工扣件式钢管脚手架安全技术规范》(JGJ 130—2011)斜道的相关安全要求。

③基坑支护结构及边坡顶面等有坠落的物件时,应先行拆除或加以固定。

④同一垂直作业面的上下层不宜同时作业。需同时作业时,上下层之间应采取隔离防护措施。

5)坑壁支撑

①采用钢板桩、钢筋混凝土预制桩做坑壁支撑时,应符合下列规定:

a.应尽量减少打桩对邻近建筑物和构筑物的影响。

b.当土质较差时宜采用啮合式板桩。

c.采用钢筋混凝土灌注桩时要在桩身混凝土达到设计强度后方可开挖。

d.在桩身附近挖土时不能伤及桩身。

②采用钢板桩、钢筋混凝土桩作坑壁支撑并设有锚杆时,应符合下列规定:

a.锚杆宜选用螺纹钢筋,使用前应清除油污和浮锈,以便增强黏结的握裹力和防止发生意外。

b.锚固段应设置在稳定性较好的土层或岩层中,长度应大于或等于设计规定。

c.钻孔时不应损坏已有管沟、电缆等地下埋设物。

d.施工前需测定锚杆的抗拉力,验证可靠后方可施工。

e.锚杆段要用水泥砂浆灌注密实,并需经常检查锚头紧固性和锚杆周围土质情况。

8.1.4　挖土的一般规定

①人工开挖时两个人操作间距离应保持 2~3 m,并应自上而下逐层挖掘,严禁采用掏洞的挖掘操作方法。

②挖土时要随时注意土壁变动的情况,如发现有裂纹或部分塌落现象要及时进行支撑或改缓放坡,并注意支撑的稳固和边坡的变化。

③基坑支护结构必须在达到设计要求的强度后,方可开挖下层土方,严禁提前开挖和超挖。施工过程中,严禁设备或重物碰撞支撑、腰梁、锚杆等基坑支护结构,也不得在支护结构上放置或悬挂重物。

④用挖土机施工时挖土机的工作范围内,不进行其他工作且应至少留 0.3 m 深,最后由工人修挖至设计标高。

⑤在坑边堆放弃土、材料和移动施工机械,应与坑边保持一定距离。

8.1.5　放坡开挖的一般规定

①临时性挖方的边坡值应符合表 8-2 的规定。

表 8-2　临时性挖方边坡值(GB 50202—2018)

土的类型		边坡值(高:宽)
砂土(不包括细砂、粉砂)		1:1.25~1:1.50
一般性黏土	硬	1:0.75~1:1.00
	硬、塑	1:1.00~1:1.2
	软	1:1.50 或缓
碎石类土	充填坚硬、硬塑黏性土	1:0.50~1:1.00
	充填砂土	1:1.00~1:1.50

注:1. 设计有要求时,应符合设计要求。

　　2. 如采用降水或其他加固措施,可不受本表限制,但应计算复核。

　　3. 开挖深度,对软土不应超过 4 m,对硬土不应超过 8 m。

②开挖深度较大的基坑,当采用放坡挖土时宜设置多级平台多层开挖,每级平台宽度不宜小于 1.5 m。

③边坡工程安全等级见表 8-3。

表 8-3　边坡工程安全等级

安全等级	岩土类型	边坡高度 H/m	破坏后果
一级	岩体类型为 Ⅰ 类或 Ⅱ 类	$20 \leqslant H \leqslant 40$	很严重
	岩体类型为 Ⅲ 类	$15 < H \leqslant 20$	
	岩体类型为 Ⅳ 类	$H \leqslant 15$	
	土质	$H \leqslant 12$	

续表

安全等级	岩土类型	边坡高度 H/m	破坏后果
二级	岩体类型为Ⅰ类或Ⅱ类	$15<H\leq30$	严重
	岩体类型为Ⅲ类或Ⅳ类	$H<15$	
	土质	$10<H\leq15$	
三级	岩体类型为Ⅰ类或Ⅱ类	$15<H\leq30$	不严重
	岩体类型为Ⅲ类或Ⅳ类	$H<15$	
	土质	$H<10$	

注:1.一个边坡的各段,可根据实际情况采用不同的安全等级。
   2.坡高超过本表规定的最高值时,安全等级应按高一级采用。

8.1.6 边坡稳定性验算

当有下列情况之一时,应另进行边坡稳定性验算:
①坡顶有堆积荷载。
②边坡高度超过相关规定。
③具有软弱的倾斜土层(滑动面)。
④边坡土层层面倾斜方向与边坡开挖面方向一致。

8.1.7 基坑支护的安全等级划分

根据现行《建筑基坑支护技术规程》(JGJ120—2012)的规定:基坑支护的安全等级分为三级(表8-4)。

表8-4 支护结构的安全等级

安全等级	破坏后果
一级	支护结构失效,土体过大变形对基坑周边环境或主体结构施工安全的影响很严重
二级	支护结构失效,土体过大变形对基坑周边环境或主体结构施工安全的影响严重
三级	支护结构失效,土体过大变形对基坑周边环境或主体结构施工安全的影响不严重

8.1.8 基坑支护结构的安全等级重要性控制值

按照《危险性较大的分部分项工程安全管理规定》建设部(建设部令37号文)以及《建筑施工安全技术统一规范》(GB 50870—2013)的规定,根据发生生产安全事故可能产生的后果,应将建筑施工危险等级划分为Ⅰ、Ⅱ、Ⅲ级;建筑施工安全技术量化分析中,建筑施工危险等级系数的取值及基坑工程危险等级划分表见表8-5。

表 8-5　基坑工程危险等级划分表

危险等级	工程内容	危险等级系数	控制要求
I 级	1. 开挖深度超过 5 m(含 5 m)的基坑(槽)的土方开挖、支护、降水工程。 2. 开挖深度虽未超过 5 m,但地质条件、周围环境和地下管线复杂,或影响毗邻建筑物、构筑物安全的基坑(槽)的土方开挖、支护、降水工程。 3. 开挖深度超过 16 m 的人工挖孔桩工程。 4. 地下暗挖工程、顶管工程、水下作业工程	1.10	编制专项施工方案和应急救援预案,组织技术论证,履行审核、审批手续,对安全技术方案内容进行技术交底、组织验收,采用监测预警技术进行全过程监测控制
II 级	1. 开挖深度超过 3 m(含 3 m)或虽未超过 3 m,但地质条件和周边环境复杂的基坑(槽)支护、降水工程。 2. 开挖深度超过 3 m(含 3 m)的基坑(槽)的土方开挖工程。 3. 人工挖扩孔桩工程。 4. 地下暗挖、顶管及水下作业工程	1.05	编制专项施工方案和应急救援措施,履行审核、审批手续,进行技术交底、组织验收,采用监测预警技术进行局部或分段过程监测控制
III 级	除 I 级、II 级以外的其他工程施工内容	1.00	制订安全技术措施并履行审核、审批手续,进行技术交底重点监控

8.1.9　基坑变形控制值

基坑(槽)、管沟土方工程验收必须以确保支护结构安全和周围环境安全为前提。

当设计有指标时,以设计要求为依据,如无设计指标时,应按规范《建筑地基基础工程施工质量验收标准》(GB 50202—2018)的规定执行基坑变形的控制值(表 8-6)。

表 8-6　基坑变形的监控值

基坑类别	围护结构墙顶位移监控值/cm	围护结构墙体最大位移监控值/cm	地面最大沉降监控值/cm
一级基坑	3	5	3
二级基坑	6	8	6
三级基坑	8	10	10

8.1.10　浅基坑(挖深 5 m 以内)的土壁支撑形式

对基坑深度在 5 m 以内的边坡支护形式种类繁多,这里仅列举 8 种方法,见表 8-7。

表8-7 浅基础支撑形式表

支撑名称	适用范围	支撑简图	支撑方法
间断式水平支撑	干土或天然湿度的黏土类土,深度在2 m以内		两侧挡土板水平放置,用撑木加木楔顶紧,挖一层土支顶一层
断续式水平支撑	挖掘湿度小的黏性土及挖土深度小于3 m时		挡土板水平放置,中间留出间隔,然后两侧同时对称立上竖木方,再用工具式横撑上下顶紧
连续式水平支撑	挖掘较潮湿的或散粒的土及挖土深度小于5 m时		挡土板水平放置,相互靠紧,不留间隔,然后两侧同时对称立上竖木方上下各顶一根撑木,端头加木楔顶紧
连续式垂直支撑	挖掘松散的或湿度很高的土(挖土深度不限)		挡土板垂直放置,然后每侧上下各水平放置木方一根用撑木顶紧,再用木楔顶紧
锚拉支撑	开挖较大基坑或使用较大型的机械挖土,而不能安装横撑时		挡土板水平顶在柱桩的内侧,柱桩一端打入土中,另一端用拉杆与远处锚桩拉紧,挡土板内侧回填土

续表

支撑名称	适用范围	支撑简图	支撑方法
斜柱支撑	开挖较大基坑或使用较大型的机械挖土,而不能采用锚拉支撑时		挡土板1水平钉外侧由斜撑支牢,斜在柱桩的内侧,柱桩撑的底端只顶在撑桩上,然后在挡土板内侧回填土
短柱横隔支撑	开挖宽度大的基坑,当部分地段下部放坡不足时		打入小短木桩,一半露出地面,一半打入地下,地上部分背面钉上横板,在背面填土
临时挡土墙支撑	开挖宽度大的基坑,当部分地段下部放坡不足时		坡角用砖、石叠砌或用草袋装土叠砌,使其保持稳定

表中图注:1—水平挡土板;2—垂直挡土板;3—竖木方;4—横木方;5—撑木;6—工具式横撑;7—木楔;8—柱桩;9—锚桩;10—拉杆;11—斜撑;12—撑桩;13—回填土;14—装土草袋

8.1.11　支撑及拉锚的施工与拆除

支撑(拉锚)常用形式有钢支撑,钢筋混凝土支撑及土层锚杆等,其施工应遵循下列基本原则:

①支撑(拉锚)的安装与拆除顺序应与基坑支护结构设计计算工况一致。

②支撑(拉锚)的安装必须按"先支撑后开挖"顺序施工,支撑(拉锚)的拆除,除最上一道支撑拆除后设计容许处于悬臂状态外,均应按"先换撑后拆除"的顺序施工。

③基坑竖向土方施工应分层开挖。土方在平面内分区开挖时,支护应随开挖进度分区安装,并使一个区段的支撑形成整体。

④支撑安装应采用开槽架设。当支撑顶面需运行挖土机械时,支撑顶面的安装标高宜低于坑内土面200～300 mm,支撑与坑挖土之间的空隙应用粗砂回填,并在挖土机及土方车辆的通道外架设路基箱。

⑤立柱穿过结构底板及主体结构地下室外墙的部位,必须采取可靠的止水措施。

⑥支撑与围檩交接处要用千斤顶预加应力,将千斤顶在支撑围檩之间加压,在缝隙处塞

钢楔锚固,然后撤去千斤顶。钢支撑预加应力施工应符合下列要求:

a. 千斤顶必须有计量装置,应定期校验。

b. 支撑安装完毕后要全面检查节点连接状况,确认符合要求后,在支撑两端同步对称加压。

c. 预应力应反复调整,加至设计值时,应逐个检查连接点的情况,待预定压力稳定后予以锁定。预压力控制在支撑设计值的40%~50%,不宜太大。

⑦钢筋混凝土支撑体系应在同一平面内整浇,支撑与支撑、支撑与围檩相交处宜采用加腋,使形成刚性节点,施工宜采用开槽浇筑方法,底模可用素混凝土也可用小钢模铺设还可用槽底作土模,侧模用小刚模或木模。支撑与立柱节点在顶层可采用钢板承托方式,顶层以下,立柱可直穿支撑。支撑与支护墙腰梁间应浇筑密实。

⑧土层锚杆。

近年来,国外大量将土层锚杆用于地下结构作护墙的支撑,它不仅用于基坑立壁的临时支护,而且在永久性建筑工程中也得到广泛应用。土层锚杆由锚头、拉杆、锚固体等组成[图8-1(a)],同时根据主动滑动面分为锚固段和非锚固段[图8-1(b)]。

土层锚杆目前还是根据经验数据进行设计的,然后通过现场试验进行检验,一般包括确定基坑支护承受的荷载及锚杆布置;锚杆承载能力计算,锚杆的稳定性计算;确定锚固体长度、锚和锚杆直径等。

一端锚固在土体中,将支护结构的荷载通过拉杆传递到周围稳定的土层中。土层锚杆可与钢筋混凝土钻孔灌注桩、钢板桩、地下连接墙等支护桩与墙联合使用,这已是非常成功的经验,已广泛应用。如北京宾馆采用地下连接墙架4层锚杆,基坑开挖14 m深;北京京城大厦采用H型钢加3层锚杆,开挖深度达到24 m。土层锚杆的锚固力较大,低黏性土中最大锚固力可达1 000 kN,非黏性土中可达2 500 kN,无内支撑,可大大改善基坑开挖施工条件,造价低,但它的使用也受到一定限制,在有机质土,液限大于50%的黏土及松散的土层中不宜采用,基坑周围有地管线或其他障碍也不能用。

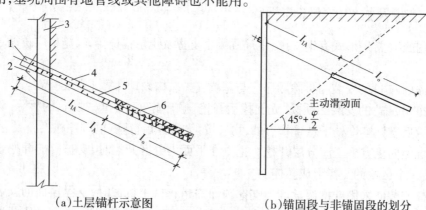

(a)土层锚杆示意图　　　　(b)锚固段与非锚固段的划分

图8-1　土层锚杆

1—锚头;2—锚头垫座;3—支护;4—钻孔;5—拉杆;6—锚固体;l_o—锚固段长度;

l_{IA}—非锚固段长度;l_A—锚杆长度

⑨锚杆的安全系数。

用作将结构物拉力传递至深部稳定地层的预应力锚杆,其筋体与锚固段灌浆体及地层与锚固段灌浆体间的粘结抗拔安全系数,应根据锚杆破坏后的危害程度和锚杆的服务年限按表8-8确定。

表8-8 岩土锚杆锚固体抗拔安全系数

安全等级	锚杆损坏后危害程度	最小安全系数		
		临时锚杆		永久锚杆
		< 6 个月	<2 年	≥2 年
I	危害大,会构成公共安全问题	1.6	2.0	2.2
II	危害较大,但不致出现公共安全问题	1.4	1.8	2.0
III	危害较轻,不构成公共安全问题	1.3	1.6	2.0

注:蠕变明显地层中永久锚杆锚固体的最小抗拔安全系数宜取3.0。

⑩土层锚杆施工工艺流程。

钻孔→安放拉杆→灌浆→养护→安装锚头→张拉锚固→下层土方开挖。

当锚杆穿过地层附近存在既有地下管线、地下构筑物时,应在调查或探明其位置、走向、类型、使用状况等情况后再进行锚杆施工,当成孔过程中遇到不明障碍物时,在查明其性质前不得钻进。

⑪预应力锚杆张拉锁定时应符合下列要求。

A. 当锚杆固结体的强度达到设计强度的 75% 且不小于 15 MPa 后,方可进行锚杆的张拉锁定。

B. 拉力型钢绞线锚杆宜采用钢绞线束整体张拉锁定的方法。

C 杆锁定前,应按表8-9的检测值进行锚杆预张拉;锚杆张拉应平缓加载,加载速率不宜大于 $0.1 N_k/min$,此处,N_k 为锚杆轴向拉力标准值;在张拉值下的锚杆位移和压力表压力应能保持稳定,当锚头位移不稳定时,应判定此锚杆不合格。

表8-9 锚杆的张拉值

支护结构的安全等级	锚杆张拉值与轴向拉力标准值 N_k 的比值
一级	1.4
二级	1.3
三级	1.2

D. 锁定时的锚杆拉力应考虑锁定过程的预应力损失量;预应力损失量宜通过对锁定前、后锚杆拉力的测试确定;缺少测试数据时,锁定时的锚杆拉力可取锁定值的 1.1~1.15 倍。

E. 锚杆锁定尚应考虑相邻锚杆张拉锁定引起的预应力损失,当锚杆预应力损失严重时,应进行再次锁定;锚杆出现锚头松弛、脱落、锚具失效等情况时,应及时进行修复并对其进行再次锁定。

F. 当锚杆需要再次张拉锁定时,锚具外杆体的长度和完好程度应满足张拉要求。

G. 预加应力的锚杆,要正确估算预应力损失。由于土层锚杆与一般预应力结构不同,导致预应力损失的因素主要有:

a. 张拉时由于摩擦造成的预应力损失;

b. 锚固时由于锚具滑移造成的预应力损失;

c. 钢材松弛产生的预应力损失;

d. 相邻锚杆施工引起土层压缩而造成的预应力损失;

e. 支护结构(板桩墙等)变形引起的预应力损失;

f. 土体蠕变引起的预应力损失;

g. 温度变化造成的预应力损失。

⑫锚杆的施工偏差应符合下列要求:

a. 钻孔深度宜大于设计深度 0.5 m;

b. 钻孔孔位的允许偏差应为 50 mm;

c. 钻孔倾角的允许偏差应为 3°;

d. 杆体长度应大于设计长度;

e. 自由段的套管长度允许偏差应为 ±50 mm。

8.1.12　深基坑支护结构体系的方案选择

1)基坑支护结构设计资料准备

由于基坑的支护结构既要挡土又要挡水,为基坑土方开挖和地下结构施工创造条件,同时还要保护周围环境。为了不使在施工期间,引起周围的建(构)筑物和地下设施产生过大的变形而影响正常使用;为了正确地进行支护结构设计和合理地组织施工,在进行支护结构设计之前,需要对影响基坑支护结构设计和施工的基础资料进行全面收集,并加以深入了解和分析,以便其能很好地为基坑支护结构的设计和施工服务。

资料包括:

①基坑支护相关标准规范资源。

②工程地质和水文地质资料。

③周围环境及地下管线状况调查。

2)基坑支护结构选型

支护结构选型时,应综合考虑下列因素:

①基坑深度。

②土的性状及地下水条件。

③基坑周边环境对基坑变形的承受能力及支护结构失效的后果。

④主体地下结构及其基础形式、基坑平面尺寸及形状。

⑤支护结构施工工艺的可行性。

⑥施工场地条件及施工季节。

⑦经济指标、环保性能和施工工期。

⑧支护结构应按表8-10选型。

表8-10　各类支护结构的适用条件

<table>
<tr><th rowspan="2">结构类型</th><th colspan="3">适用条件</th></tr>
<tr><th>安全等级</th><th colspan="2">基坑深度、环境条件、土类和地下水条件</th></tr>
<tr><td rowspan="6">支挡式结构</td><td>锚拉式结构</td><td rowspan="4">一级、二级、三级</td><td>适用于较深的基坑</td><td rowspan="4">1.排桩适用于可采用降水或截水帷幕的基坑
2.地下连续墙宜同时用作主体地下结构外墙,可同时用于截水
3.锚杆不宜用在软土层和高水位的碎石土、砂土层中
4.当邻近基坑有建筑物地下室、地下构筑物等,锚杆的有效锚固长度不足时,不应采用锚杆
5.当锚杆施工会造成基坑周边建(构)筑物的损害或违反城市地下空间规划等规定时,不应采用锚杆</td></tr>
<tr><td>支撑式结构</td><td>适用于较深的基坑</td></tr>
<tr><td>悬臂式结构</td><td>适用于较浅的基坑</td></tr>
<tr><td>双排桩</td><td>当锚拉式、支撑式和悬臂式结构不适用时,可考虑采用双排桩</td></tr>
<tr><td>支护结构与主体结构结合的逆做法</td><td></td><td>适用于基坑周边环境条件很复杂的深基坑</td><td></td></tr>
<tr><td colspan="4"></td></tr>
</table>

<table>
<tr><td rowspan="4">土钉墙</td><td>单-土钉墙</td><td rowspan="4">二级、三级</td><td>适用于地下水位以上或经降水的非软土基坑,且基坑深度不宜大于12 m</td><td rowspan="4">当基坑潜在滑动面内有建筑物、重要地下管线时,不宜采用土钉墙</td></tr>
<tr><td>预应力锚杆复合土钉墙</td><td>适用于地下水位以上或经降水的非软土基坑,且基坑深度不宜大于15 m</td></tr>
<tr><td>水泥土桩垂直复合土钉墙</td><td>用于非软土基坑时,基坑深度不宜大于12 m;用于淤泥质土基坑时,基坑深度不宜大于6 m;不宜用在高水位的碎石土、砂土、粉土层中</td></tr>
<tr><td>微型桩垂直复合土钉墙</td><td>适用于地下水位以上或经降水的基坑,用于非软土基坑时,基坑深度不宜大于12 m;用于淤泥质土基坑时,基坑深度不宜大于6 m</td></tr>
<tr><td colspan="2">重力式水泥土墙</td><td>二级、三级</td><td>适用于淤泥质土、淤泥基坑,且基坑深度不宜大于7 m</td><td></td></tr>
<tr><td colspan="2">放坡</td><td>三级</td><td>1.施工场地应满足放坡条件
2.可与上述支护结构形式结合</td><td></td></tr>
</table>

注:1.当基坑不同部位的周边环境条件、土层性状、基坑深度等不同时,可在不同部位分别采用不同的支护形式。

2.支护结构可采用上、下部及不同结构类型组合的形式。

3）注意事项

①不同支护形式的结合处，应考虑相邻支护结构的相互影响，其过渡段应有可靠的连接措施。

②支护结构上部采用土钉墙或放坡、下部采用支挡式结构时，上部土钉墙或放坡应符合本规程对其支护结构形式的规定，支挡式结构应按整体结构考虑。

③当坑底以下为软土时，可采用水泥土搅拌桩、高压喷射注浆等方法对坑底土体进行局部或整体加固。水泥土搅拌桩、高压喷射注浆加固体宜采用格栅或实体形式。

④基坑开挖采用放坡或支护结构上部采用放坡时，应对基坑开挖的各工况进行整体滑动稳定性验算（详见 JGJ 120—2012 第 5.1.1 条的规定），边坡的圆弧滑动稳定安全系数 K_s 不应小于 1.2。放坡坡面应设置防护层。

4）深基坑支护常遇问题及防治处理方法

深基坑支护常遇问题及防治处理方法见表 8-11。

表 8-11　深基坑支护常遇问题及防治处理方法

名称、现象	产生原因	防治处理方法
位移（支护结构向基坑内侧产生位移，从而导致桩后地面沉降和附近房屋裂缝，边坡出现滑移、失去稳定）	1. 挡土桩截面小，入土深度不够；设计漏算地面附加荷载（如桩顶堆土、行走挖土机、运输汽车、堆放材料等），造成支护结构强度、刚度和稳定性不够。 2. 灌注桩与阻水桩质量较差，止水幕未形成，桩间土在动水压力作用下，大量流入基坑，使桩外侧土体侧移，从而导致地面产生较大沉降。 3. 基坑开挖施工程序不当，如挡土桩顶圈梁未施工锚杆未设置，桩强度未达到设计要求，就将基坑一次开挖到设计深度，造成土应力突然释放，土压力增大，从而使龄期短、强度低，整体性差的支护系统产生较大的变形侧移。 4. 锚杆施工质量差，未深入可靠锚围层或深度不够，故造成较大变形和土体蠕变，引起支护较大变形。 5. 施工管理不善，未严格按支护设计、施工上部未进行卸土、削坡、随意改短挡土桩入土深度，在支护结构顶部随意堆放土方、工程用料、停放大型挖土机构、行驶载重汽车，使支护严重超载，土压力增大，导致大量变形。 6. 基坑未进行降水就大面积开挖，此时孔隙水压力很高，潜水将沿着渗透系数大的土层，水平方向向坑内流动，形成水平向应力使桩位移。 7. 开挖超出深度、超出分层设计或上层支护体系未产生作用时，进行下层土方开挖	支护结构挡土桩截面及入土深度应严格计算，防止漏算桩顶地面堆土、行驶机械、运输车辆、堆放材料等附加荷载；灌注桩与阻水旋喷桩间必须严密结合，使形成封闭止水幕，阻止桩后土在动水压力作用下大量流入基坑；基坑开挖前应将整个支护系统，包括土层锚杆、桩顶圈梁等施工完成，挡土桩应达到强度，以保证支护结构的强度和整体刚度，减少变形；锚杆施工必须保证质量，深入可靠锚固段内；施工时，应加强管理，避免在支护结构边大量堆载和停放挖土机械和运输汽车；基坑开挖前应进行降水，以减少桩侧土压力和水流渗入基坑，使桩产生位移。处理方法：应在位移较大部位卸荷和补桩，或在该部位进行水泥压浆加固土层。严格按分层设计开挖，不超挖，不过早开挖

续表

名称、现象	产生原因	防治处理方法
管涌及流砂（基坑开挖时，基坑底下面的土产生流动状态，随地下水流一起从坑底或四侧涌入基坑，引起周围地面沉陷、建筑物裂缝）	1. 设计支护时对场地地质条件和周围建筑物类型调查不够，设计桩长未穿过基坑底粉细砂层。 2. 挡土桩设计、施工未闭合，桩间存在空隙产生水流缺口，水从间隙口流入后，在桩间隙内形成通道，造成水土流失涌入基坑。 3. 桩嵌入基坑底深度过浅，当坑外流向坑内的动水压力等于或大于颗粒的浸水密度，使基坑内粉砂土产生管涌、流砂现象。 4. 支护设计不够合理，未将止水旋喷桩与挡土桩间紧密结合，存在一定距离，使止水桩阻水变形能力差，起不到帷幕墙的作用。 5. 施工未进行有效的降水或基坑附近给排水管道破裂，大量水流携带泥砂涌入基坑	加强地质勘察，探明土质情况，挡土桩宜穿透基坑底部粉细砂层；当挡土间存在间隙，应在背面设旋喷止水桩挡水，避免出现流水缺口，造成水土流失，涌入基坑；桩嵌入基坑底深度应经计算确定；使土的浸水密度大于桩侧土渗出动水压力；止水桩设计应与挡土桩相切，保持紧密结合，以提高支护刚度和起到帷幕墙的作用；施工中应先采用井点或深井对基坑进行有效降水。大型机械行驶及机械开挖应防止损坏给、排水管道，发现破裂应及时修复
塌方（基坑开挖中支护结构失效，边坡局部大面积失稳塌方）	1. 挡土桩强度不够或锚杆质量差，使支护结构破坏失去作用从而造成塌方。 2. 挡土桩入土深度不够或未深入坚实土层，造成整个支护系统失稳塌方。 3. 基坑开挖未进行有效的降水或降水井点系统失效，动水压力和土压力增大而导致滑溜。 4. 未按支护结构程序施工随意改变支护结构受力模型和尺寸，使支护结构强度、刚度和整体性下降或失去作用。 5. 支护结构未施工完成而在桩顶部随意增加大量附加荷载	挡土桩设计应有足够的强度、刚度，并用顶部圈梁连成整体；土层锚杆应深入坚实土层内，并灌浆密实；挡土桩应有足够入土深度，并嵌入坚实土层内，保证支护的整体稳定性；基坑开挖前应先采用有效降水方法，将地下水降低到开挖基底 0.5 m 以下；支护结构应一次施工完成，应防止随挖随支护，特别要按设计规定程序施工，不得随意改动支护结构的受力状态或在支护结构上随意增加支护设计未考虑的大量施工荷载

8.1.13　土钉墙支护

土钉墙支护为一种边坡稳定式支护结构，具有结构简单、可以阻水、施工方便、快速、节省材料、费用较低等优点。适用于淤泥、淤泥质土、黏土、粉质黏土、粉土等地基；地下水位较低，基坑开挖深度在 12 m 以内采用，北京某工程就采用这种支护，基坑深达 13.7 m，效果良好。

土钉墙支护，是在开挖边坡表面铺钢筋网喷射细石混凝土，并每隔一定距离埋设土钉，使与边坡土体形成复合体共同工作，从而有效提高边坡稳定的能力。

所谓土钉是指安设在土中的全长黏结或摩擦型锚杆。土钉墙支护是由随基坑开挖分层设置的、纵横向密布的土钉群、喷射混凝土面层及原位土体所组成的支护结构。

土钉墙可与预应力锚杆、微型桩、旋喷桩、搅拌桩中的一种或多种组成的复合型支护结构。

基坑土钉支护设计使用期限不应低于 1 年。

1）构造要求

土钉墙支护的构造做法如图 8-2 所示，墙面的坡度不宜大于 1∶0.2；土钉必须和面层有效连接，应设置承压板或加强钢筋与土钉螺栓连接或钢筋焊接连接；土钉钢筋宜采用 HRB 400、HRB 500 钢筋，钢筋直径宜为 16～32 mm，土钉间距宜为 1～2 m，呈矩形或梅花形布置，当基坑较深、土的抗剪强度较低时，土钉间距应取小值。

土钉倾角宜为 5°～20°，其夹角应根据土性和施工条件确定。土钉长度应按各层土钉受力均匀、各土钉拉力与相应土钉极限承载力的比值近于相等的原则确定。

土钉成孔直径宜为 70～120 mm；注浆材料宜采用水泥浆或水泥砂浆，其强度等级不宜低于 M10；喷射混凝土面层中应配置钢筋网和通长的加强钢筋，钢筋网宜采用 HRB 300 级钢筋，钢筋直径宜取 6～10 mm，钢筋网间距宜取 150～250 mm；钢筋网间的搭接长度应大于 300 mm；加强钢筋的直径宜取 14～20 mm；土钉与加强钢筋宜采用焊接连接，其连接应满足承受土钉拉力的要求；当在土钉拉力作用下喷射混凝土面层的局部受冲切承载力不足时，应采用设置承压钢板等加强措施。

喷射混凝土强度等级不宜低于 C20，喷射混凝土面层厚度宜取 80～100 mm；3 d 龄期的喷射混凝土强度应不小于 12 MPa。当面层厚度大于 120 mm 时，宜设两层钢筋网，坡面外露的土钉头之间应设直径 14～20 mm 的加强筋。

在土钉墙的墙顶部，应采用砂浆或混凝土护面。在坡顶和坡脚应设排水设施，坡面上可根据具体情况设置泄水孔。

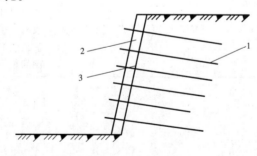

图 8-2　土钉墙支护

1—土钉；2—喷射混凝土面层；3—垫板

2）钢管土钉的构造应符合下列要求

①钢管的外径不宜小于 48.3 mm，壁厚不宜小于 3.6 mm；钢管的注浆孔应设置在钢管里端 $l/2～l/3$ 范围内，此处，l 为钢管土钉的总长度；每个注浆截面的注浆孔宜取 2 个，且应对称布置，注浆孔的孔径宜取 5～8 mm，注浆孔外应设置保护倒刺。

②钢管土钉的连接采用焊接时，接头强度不应低于钢管强度；钢管焊接可采用数量不少

于 3 根、直径不小于 16 mm 的钢筋沿截面均匀分布拼焊,双面焊接时钢筋长度不应小于钢管直径的 2 倍。

3)施工工艺要点

土钉墙的施工顺序为:按设计要求自上而下分段、分层开挖工作面,修整坡面(平整度允许偏差±20 mm)→埋设喷射混凝土厚度控制标志,喷射第一层混凝土→钻孔、安设土钉→注浆、安设连接件→绑扎钢筋网,焊接承压板→喷射第二层混凝土→设置坡顶、坡面和坡脚的排水系统。

土钉及复合型土钉支护施工应与挖土、降水等作业紧密协调、配合,并满足下列要求:

①基坑开挖应按设计要求分层分段开挖,挖土分层厚度与土钉竖向间距一致,每开挖一层施作一层土钉,禁止超挖。

②及时封闭临空面,应在 24 h 内完成土钉安设和喷射混凝土面层。淤泥质土地层中,则应在 12 h 内完成;每层土钉完成注浆后,应至少间隔 36 h,待注浆体强度达到设计强度的 70% 时,方可开挖下一层土方;施工期间坡顶应严格按照设计要求控制施工荷载。

③钻孔方法与土层锚杆基本相同,可用螺栓钻、冲击钻、地质钻机和工程钻机,当土质较好、孔深度不大也可用洛阳铲成孔。采用人工凿孔或机械钻孔,孔径和倾角满足设计要求,孔位误差小于 50 mm,孔径不得小于设计值,倾角误差小于±2°,孔深应不小于土钉设计长度 +300 mm,钢筋保护层厚度不小于 25 mm。

④喷射混凝土面层,喷射混凝土的强度等级不宜低于 C20,石子粒径不大于 15 mm,水泥与砂石的质量比宜为 1∶4 ~ 1∶4.5,砂率宜为 45% ~ 55%,水灰比为 0.40 ~ 0.45。喷射作业应分段进行,同一分段内喷射顺序应自下而上,一次喷射厚度不宜小于 40 mm;喷射混凝土时,喷头与受喷面应保持垂直,距离宜为 0.6 ~ 1.0 m。喷射表面应平整,呈湿润光泽,无干斑、流淌现象。喷射混凝土终凝 2 h 后,应喷水养护,养护时间宜为 3 ~ 7 d。

⑤喷射混凝土面层中的钢筋网应在喷射第一层混凝土后铺设,钢筋保护层厚度不宜小于 20 mm;采用双层钢筋网时,第二层钢筋网应在第一层钢筋网被混凝土覆盖后铺设。每层钢筋网之间搭接长度应不小于 300 mm。钢筋网用插入土中的钢筋固定,与土钉应连接牢固。

⑥土钉注浆材料宜选用水泥浆或水泥砂浆;水泥浆的水灰比宜为 0.5,水泥砂浆配合比宜为 1∶1 ~ 1∶2(质量比),水灰比宜为 0.38 ~ 0.45。水泥浆、水泥砂浆应拌和均匀,随拌随用,一次拌和的水泥浆、水泥砂浆应在初凝前用完。

⑦注浆作业前应将孔内残留或松动的杂土清除干净;注浆开始或中途停止超过 30 min 时,应用水或稀水泥浆润滑注浆泵及其管路;注浆时,注浆管应插至距孔底 250 ~ 500 mm 处,孔口部位宜设置止浆塞及排气管。土钉钢筋插入孔内应设定位支架,间距 2.5 m,以保证土钉位于孔的中央。

⑧击入钢管型土钉的施工应满足下列要求:

a. 钢管打入地层前,须按设计要求钻设注浆孔和焊接倒刺,并将钢管前端部加工成尖锥状并封闭。

b. 人工或机械击入地层时,土钉定位误差不大于 20 mm,打入深度误差小于 100 mm,打入角度误差小于±1.5°。

c. 从钢管空腔内向地层压注水泥浆液,浆液水灰比为 0.4~0.5,注浆压力大于 0.6 MPa,平均注浆量满足设计要求。注浆顺序宜从管底向外进行,最后封孔。

⑨钢筋网片施工应满足下列要求:

a. 钢筋宜绑扎或点焊成为网片。

b. 钢筋网片应固定在土钉头部,当有搅拌桩时,应与搅拌桩保持 30~50 mm 间隙。

c. 网片钢筋接长应满足相关规范要求,网片应平整,凹凸误差不宜大于±20 mm,网片与加强联系筋交接部位应绑扎或焊接牢固。

⑩土钉墙的质量检测的规定

a. 应对土钉的抗拔承载力进行检测,抗拔试验可采用逐级加荷法;土钉的检测数量不宜少于土钉总数的 1%,且同一土层中的土钉检测数量不应少于 3 根;对安全等级为二级、三级的土钉墙,抗拔承载力检测值分别不应小于土钉轴向拉力标准值的 1.3 倍、1.2 倍;检测土钉应按随机抽样的方法选取,并应在土钉固结体强度达到 10 MPa 或设计强度的 70% 后进行试验;试验方法应符合 JGJ120 附录 D 的规定。

b. 应进行土钉墙面层的喷射混凝土现场试块强度试验,每 500 m² 喷射混凝土面积的检测数量不应少于一组,每组试块不应少于 3 个。

c. 应对土钉墙的喷射混凝土面层厚度进行检测,每 500 m² 喷射混凝土面积检测数量不应少于一组,每组检测点不应少于 3 个;全部检测点的面层厚度平均值不应小于厚度设计值,最小厚度不应小于厚度设计值的 80%。

d. 复合土钉墙中的预应力锚杆,应按 JGJ120 第 4.8.8 条的规定进行抗拔承载力检测。

e. 复合土钉墙中的水泥土搅拌桩或旋喷桩用作截水帷幕时,应按 JGJ120 第 7.2.14 条的规定进行质量检测。

8.1.14 SMW 工法连续墙

SMW 工法连续墙,是 Soil Mixing Wall 的缩写,也叫柱列式土壤水泥墙工法。于 1976 年在日本问世,现占全日本地下连续墙的 50% 左右,该工法现已在东南亚国家和美国、法国许多地方广泛应用,近几年在我国的推广非常迅速,受到广泛青睐。

SMW 工法是利用专门的多轴搅拌就地钻进切削土体,同时在钻头端部将水泥浆液注入土体,经充分搅拌混合后,在各施工单位之间采取重叠搭接施工,在水泥土混合体未结硬前再将 H 型钢或其他型材插入搅拌桩体内,形成具有一定强度和刚度的、连续完整的、无接缝的地下连续墙体,该墙体可作为地下开挖基坑的挡土和止水结构。最常用的是三轴型钻掘搅拌机。

SMW 工法是利用专门的多轴搅拌机就地钻进切削土体,同时在钻头端部将水泥浆液注入土体,经充分搅拌混合后,再将 H 型钢或其他型材插入搅拌桩体内,形成地下连续墙体,利用该墙体直接作为挡土和止水结构。其主要特点是构造简单,止水性能好,工期短,造价低,环境污染小,特别适合城市中的深基坑工程。

SMW 支护结构的支护特点主要为:施工时基本无噪声,对周围环境影响小,结构强度可靠,凡是适合应用水泥土搅拌桩的场合都可使用,特别适合于以黏土和粉细砂为主的松软地层;挡水防渗性能好,不必另设挡水帷幕,可以配合多道支撑应用于较深的基坑;此工法在一定条件下可代替作为地下围护的地下连续墙,在费用上如果能够采取一定施工措施成功回收 H 型钢等受拉材料;则大大低于地下连续墙,因而具有较大发展前景。

实践证明采用 SMW 工法施工,由于四周可不作防护,型钢又可回收,造价明显降低,加快了工程进度,具有良好的经济和社会效益。

(1)SMW 工法优点

①施工不扰动邻近土体,不会产生邻近地面下沉、房屋倾斜、道路裂损及地下设施移位等危害。在现代城市修建的深基坑工程,经常靠近建筑物红线施工,SMW 工法在这方面具有相当优势,其中心线离建筑物的墙面 80 cm 即可施工。

②地下连续墙由自身特性决定,施工时形成大量泥浆需外运处理,而 SMW 工法仅在开槽时有少量土方外运,废土外运量远比其他工法少。

③SMW 工法构造简单,施工速度快,可大幅缩短工期,在一般地质条件下,工期为地下连续墙的 1/3。

④它可在黏性土、粉土、砂土、砂砾土等土层中应用。可成墙厚度 550 ~ 1 300 mm,常用厚度 600 mm;成墙最大深度为 65 m,视地质条件尚可施工至更深。

⑤钻杆具有螺旋推进翼相间设置的特点,随着钻掘和搅拌反复进行,可使水泥系强化剂与土得到充分搅拌,而且墙体全长无接缝,它比传统的连续墙具有更可靠的止水性。SMW 工法作围护结构与主体结构分离,主体结构侧墙可以施工外防水,与地下连续墙相比结构整体性和防水性能均较好,可降低后期维护成本。

(2)H 型钢水泥土搅拌桩制作及打拔要点

H 型钢水泥土搅拌桩支护结构的施工关键在于搅拌桩制作,以及 H 型钢的制作和打拔其要点如下:

①搅拌桩制作。

与常规搅拌桩比较,要特别注重桩的间距和垂直度。施工垂直度应小于 1%,以保证型钢插打起拔顺利,保证墙体的防渗性能。

注浆配比除满足抗渗和强度要求外,尚应满足型钢插入顺利等要求。

②保证桩体垂直度措施。

a.在铺设道轨枕木处要整平整实,使道轨枕木在同一水平线上;

b.在开孔之前用水平尺对机械架进行校对,以确保桩体的垂直度达到要求;

c.用两台经纬仪对搅拌轴纵横向同时校正,确保搅拌轴垂直;

d.施工过程中随机对机座四周标高进行复测,确保机械处于水平状态施工,同时用经纬仪经常对搅拌轴进行垂直度复测。

③保证加固体强度均匀措施。

a.压浆阶段时,不允许发生断浆和输浆管道堵塞现象。若发生断桩,则在向下钻进 50 cm 后再喷浆提升。

b. 采用"二喷二搅"施工工艺,第一次喷浆量控制在 60% ,第二次喷浆量控制在 40% ;严禁桩顶漏喷现象发生,确保桩顶水泥土的强度。

c. 搅拌头下沉到设计标高后,开启灰浆泵,将已拌制好的水泥浆压入地基土中,并边喷浆边搅拌 1 ~ 2 min。

d. 控制重复搅拌提升速度为 0.8 ~ 1.0 m/min 以内,以保证加固范围内每一深度均得到充分搅拌。

e. 相邻桩的施工间隔时间不能超过 24 h,否则喷浆时要适当多喷一些水泥浆,以保证桩间搭接强度。

f. 预搅时,软土应完全搅拌切碎,以利于与水泥浆的均匀搅拌。

④型钢的制作与插入起拔。施工中采用工字钢,对接采用内菱形接桩法。为保证型钢表面平整光滑,其表面平整度控制 1‰以内,并应在菱形四角留 φ10 小孔。

型钢拔出,减摩剂至关重要。型钢表面应进行除锈,并在干燥条件下涂抹减摩剂,搬运使用应防止碰撞和强力擦挤。且搅拌桩顶制作围檩前,事先用牛皮纸将型钢包裹好进行隔离,以利拔桩。

型钢应在水泥土初凝前插入。插入前应校正位置,设立导向装置,以保证垂直度小于 1% ,插入过程中,必须吊直型钢,尽量靠自重压沉。若压沉无法到位,再开启振动下沉至标高。

型钢回收。采用 2 台液压千斤顶组成的起拔器夹持型钢顶升,使其松动,然后采用振动锤,利用振动方式或履带式吊车强力起拔,将 H 型钢拔出。采用边拔型钢边进行注浆充填空隙的方法进行施工。

8.1.15 挡土墙

1)挡土墙的构造和基本形式

(1)挡土墙的作用

挡土墙主要用来维护土体边坡的稳定性,防止坡体的滑动和边坡的坍塌,因而在建筑工程中广泛使用。但由于处理不当使挡土墙崩塌而发生的伤亡事故也不少,对于挡土墙的安全使用是十分必要的。

(2)挡土墙的基本构造和形式

挡土墙有重力式挡土墙、钢筋混凝土挡土墙、锚杆挡土墙、锚定板挡土墙和其他轻型挡土墙等。对于高度在 5 m 以内的,一般多采用重力式挡土墙,既主要靠自身的重力来抵抗倾覆,这类挡土墙构造简单、施工方便,也便于就地取材。

重力式挡土墙的基本形式有垂直式和倾斜式两种(图 8-3),墙面坡度采用 1∶0.05 ~ 1∶0.25。其基础埋置深度应根据地基上的容许承载力、冻结深度、岩石风化程度、雨水冲刷等因素来确定。对于土质地基挡土墙埋深一般为 1.0 ~ 1.2 m;对于岩石地基,挡土墙埋深则视风化程度而定,一般为 0.25 ~ 1.0 m。基础宽与墙高之比为 1/2 ~ 2/3,沿水平方向每隔 10 ~ 25 m 要设置一道宽 10 ~ 20 mm 的伸缩缝或沉降缝,缝内填塞沥青柔性防水材料。在墙体的纵横方向每隔 2~3 m 外斜 5%,留置孔眼尺寸不小于 100 mm 的泄水孔,并在墙后做滤水层和必要的排水盲沟,要向地面宜铺设防水层;当墙后有山坡时还应在坡下设置排水沟以便减少土压力。

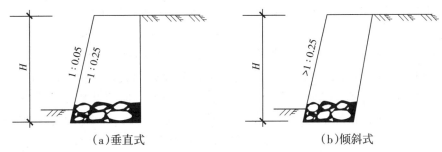

图 8-3　重力式挡土墙

2)挡土墙的计算

按选定的形式,参考有关的资料或经验,初步估计确定一个墙身的截面尺寸,并验算墙身的稳定性和地基的强度,若所得结果过大或不足时,应重新选定尺寸再验算,直到满足设计要求及合理为止。计算的内容主要如下:

①土压力计算。
②倾覆稳定性验算。
③滑动稳定性验算。
④墙身强度验算。

挡土墙本身一般尺寸较大,不需作墙体抗压、抗拉验算。

8.1.16　地面及基坑(槽)排水

1)大面积场地地面排水

(1)大面积场地地面坡度不大时
①场地平整时,向低洼地带或可泄水地带平整成漫坡,以便排出地表水。
②地四周设排水沟,分段设渗水井,以便排出地表水。
(2)大面积场地地面坡度较大时
在场地四周设排水主沟,并在场地范围内设置纵横向排水支沟,将水流疏干,也可在下游设集水井,设水泵排出。
(3)面积场地地面遇有山坡地段时
应在山坡底脚处挖截水沟,使地表水流入截水沟内排出场地外。

2)基坑(槽)排水

开挖底面低于地下水位的基坑(槽)时地下水会不断渗入坑内。当雨期施工时地表水也会流入基坑内。如果坑内积水不及时排走,不仅会使施工条件恶化还会使土被水泡软后,造成边坡塌方和坑底承载能力下降。因此为保安全生产,在基坑(槽)开挖前和开挖时必须做好排水工作,保持土体干燥才能保障安全。

明排水法:

①雨期施工时应在基坑四周或水的上游开挖截水沟或修筑土堤,以防地表水流入坑槽内。

②基坑(槽)开挖过程中,在坑底设置集水井,并沿坑底的周围或中央开挖排水沟,使水流入集水井中,然后用水泵抽走,抽出的水应予以引开,严防倒流。

③四周排水沟及集水井应设置在基础范围以外;地下水走向的上游,并根据地下水量大小,基坑平面形状及水泵能力,集水井每隔 20~40 m 设置一个。集水井的直径或宽度,一般为 0.6~0.8 m。其深度随着挖土的加深而加深。随时保持低于挖土面 0.7~1.0 m。井壁可用竹、木等进行简单加固。当基坑(槽)挖至设计标高后,井底应低于坑底 1~2 m 并铺设碎石滤水层,以避免抽水时间较长时,将泥砂抽出及防止井底的土被扰动。

④明排水法由于设备简单和排水方便,所以采用较为普遍,但它只宜用于粗粒土层,水流虽大,但土粒不致被抽出的水流带走,也可用于渗水量小的黏性土。但当土为细砂和粉砂时,抽出的地下水流会带走细粒而发生流砂现象,造成边坡坍塌、坑底隆起、无法排水和难以施工,此时应改用人工降低地下水的方法。

⑤对基底表面汇水、基坑周边地表汇水及降水井抽出的地下水,可采用明沟排水;对坑底以下的渗出的地下水,可采用盲沟排水;当地下室底板与支护结构间不能设置明沟时,基坑坡脚处也可采用盲沟排水;对降水井抽出的地下水,也可采用管道排水。

3)人工降低地下水位

人工降低地下水位,就是在基坑开挖前,预先在基坑(槽)四周埋设一定数量的滤水管(井),利用抽水设备从中抽水,使地下水位降到坑底以下;同时在基坑开挖过程中仍然继续不断地抽水。使所挖的土始终保持干燥状态,从根本上防止细砂和粉砂土产生流砂现象,改善挖土工作的条件;同时土内的水分排出后,边坡可改陡,以便减少挖土量。

人工降低地下水位常用的方法为各种井点排水法,它是在基坑开挖前,沿开挖基坑四周埋设一定数量深于基坑的井点滤水管或管井。以总管连接或水泵直接从中抽水,基坑内的设计降水水位应低于基坑底面 0.5 m。当主体结构的电梯井、集水井等部位使基坑局部加深时,应按其深度考虑设计降水水位或对其另行采取局部地下水控制措施。基坑采用截水结合坑外减压降水的地下水控制方法时,尚应规定降水井水位的最大降深值。以便在无水干燥的条件下开挖土方和基础施工:

①可以避免大量涌水翻浆及粉细砂层的流砂隐患。

②边坡稳定性提高,可以将边坡放陡,减少土方量。

③在干燥条件下挖土,工作条件好,地基质量有保证。

基坑降水可采用管井、真空井点、喷射井点等方法,并宜按表 8-12 的适用条件选用。

表8-12　各种降水方法的适用条件

方法	土类	渗透系数/(m·d⁻¹)	降水深度/m
管井	粉土、砂土、碎石土	$0.1 \sim 200.0$	不限
真空井点	黏性土、粉土、砂土	$0.005 \sim 20.0$	单级井点<6 多级井点<20
喷射井点	黏性土、粉土、砂土	$0.005 \sim 20.0$	<20

8.1.17　土方开挖安全技术措施

①在施工组织设计中,要有单项土方工程施工方案,对施工准备、开挖方法、基坑(槽)排水、基坑(槽)支护应根据有关规范要求进行设计,基坑(槽)支护要进行设计计算。

②根据土方工程开挖深度和工程量的大小,选择机械和人工挖土或机械挖土方案。挖掘应自上而下进行,分层分段均衡开挖,严禁先挖坡脚。一般基坑(槽)分层厚度不大于2 m,分段长度不长于30 m,软土基坑分层厚度不宜超过1 m,分段长度不宜超过15 m。坑(槽)沟边2 m以内不得堆土、堆料,不得停放机械。

③基坑工程应贯彻先设计后施工、先支撑后开挖、边施工边监测、边施工边支护的原则。严禁坑边超载,相邻基坑施工应有防止相互干扰的技术措施。

④挖土方前对周围环境要认真检查,不能在危险岩石或建筑物下面进行作业。

⑤人工挖基坑时,操作人员之间要保持安全距离,一般大于2.5 m,多台机械开挖,挖土机间距应大于10 m。

⑥如开挖的基坑(槽)比邻近建筑物基础深时,开挖应保持一定距离和坡度,以免在施工时影响邻近建筑物的稳定,如不能满足要求,应采取边坡支撑加固措施,并在施工过程中进行沉降和位移观测。

⑦当基坑施工深度超过2 m时,坑边应按照高处作业的要求设置临边防护,作业人员上下应有专用梯道。当深基坑施工中形成立体交叉作业时,应合理布局基位、人员、运输通道,并设置防止落物伤害的防护层。

⑧为防止基坑底的土被扰动,基坑挖好后要尽量减少暴露时间,及时进行下一道工序的施工。如不能立即进行下一道工序,要预留15~30 cm厚覆盖土层,待基础施工时再挖去。

⑨应加强基坑工程的监测和预报工作,包括对支护结构、周围环境及对岩土变化的监测,应通过监测分析及时预报并提出建议,做到信息化施工,防止隐患扩大和随时检验设计施工的正确性。

⑩弃土应及时运出,如需要临时堆土,或留作回填土,堆土坡脚至坑边距离应按挖坑深度、边坡坡度和土的类别确定,在边坡支护设计时应考虑堆土附加的侧压力。

⑪运土道路的坡度、转弯半径要符合有关安全规定。

⑫爆破土方要遵守爆破作业安全的有关规定。

8.1.18　应急预案

1）基坑出现裂缝、变形过大潜在滑动失稳险情的应急防护措施

基坑开挖过程中或基坑开挖后,在进行地下室、基础(箱、筏基础)施工期间,常常会存在一些超过基坑稳定设计计算的条件,造成地面开裂、坑壁土体变形过大及滑塌等险情。因此,在整个基础施工期间,必须备有相应的应急防护措施及抢险工作所需的设备、材料和组织安排。

基坑出现裂缝、变形以致滑动的失稳险情,其本质的问题是土体潜在破坏面上的抗剪强度未能适应剪应力的结果。因此,抢险应急的防护措施也基本上从这两个方面考虑:一是设法降低坡土体中的剪应力;二是提高土体或基坑的抗剪强度。应采用以下应急防护措施:

①坡脚被动区临时压重:在基坑底面范围内,采用堆置土、砂包或堆石、砌体等压载的方法以增加基坑支护体系抗滑力维持基坑稳定。

②坡顶主动区减载:坡顶减载包括两个方面:一是清除基坑周边地面堆置的砂石建筑材料及施工设施等以减轻地面荷载;二是可根据出现险情程度和需要,进一步降低基坑顶面高程,挖除基坑顶面一定厚度的土层以减少基坑自身土体的质量,降低基坑滑动力而提高基坑的稳定系数。

③从基坑边起算在开挖深度为 1.0～3.0 倍的范围内垂直打入锚桩,锚桩与水平锚杆或刚性桩连接进行拉锚。必要时增设土钉或锚杆。

④在各剖面增设内支撑(角撑),支撑构件为 A300 钢管或其他型钢,支撑点设于冠梁或混凝土腰梁上。

⑤对险情段加强监测。

⑥尽快向勘察和设计等单位反馈信息,开展勘察和设计资料复审,按施工现状工况验算。

2）支护结构位移

若插入坑底部分支护桩向内变形,支护桩下段位移较大,造成桩背土体沉陷,主要应设法控制支护桩嵌入部分的位移,着重加固坑底部位,具体措施有:

①回填好土、砂石或砂袋等,回填反压土高度至能保证基坑变形完全稳定为止。

②增设坑内降水设备,降低地下水。

③对坑底进行加固,如采用注浆、高压喷射注浆等提高被动区抗力。

④坡顶卸载:挖除坡顶一定范围内的土体,减少坡顶荷载。

⑤对支护结构临时加固:

a. 局部增加锚杆。

b. 局部采取注浆加固措施。

c. 对险情段加强监测。

d. 尽快向勘察和设计等单位反馈信息,开展勘察和设计资料复审,按施工现状工况验算。

e. 对基坑挖土合理分段,每段土方挖到底后及时浇注垫层。

3)支护结构渗水

①对渗水量较小,不影响施工也不影响周边环境的情况下,可采用坑底设排水沟的方法。

②对渗水量较大,但没有流砂带出,造成施工困难,而对周围影响不大的情况,可采用"引流—修补"的方法。

a. 在渗漏较严重的部位,先在支护结构水平(略向上)打入一根钢管,内径 20 ~ 30 mm,使其穿透支护结构,由此将水从该管引出。

b. 将管边支护结构的薄弱处用防水混凝土或砂浆修补封堵。

c. 待修补封堵的混凝土或砂浆达到一定强度后,再将钢管出水口封住。如封住管口后出现第二处渗漏时,按上述方法再进行"引流—修补"。如果引流的水为清水,周边环境较简单或出水量不大,则不作修补也可,只需将引入基坑的水排出即可。

4)支护结构漏水

①如果漏水位置离地面不深,可将支护结构背开挖至漏水位置下 500 ~ 1 000 mm,在支护结构背后用密实混凝土进行封堵。

②如漏水位置埋深较大,则可在支护结构后采用压密注浆方法,注浆封堵。注浆浆液中应掺入适量水玻璃,使其能尽早凝结,也可采用高压喷射注浆方法。采用压密注浆时,为防止施工对支护结构产生的压力生成支护结构较大的侧向位移,在施工前应对坑内局部反压回填土,待注浆达到止水效果后再重新开挖。

5)降水工程影响周边环境的应急措施

地下工程施工为了疏干基坑内地下水,必须长期进行抽水,有可能产生以基坑为中心的大面积水位降落漏斗,从而对基坑周围地面和建筑物产生不均匀沉降,对周围环境造成影响。通过对基坑四周地下水位观测,当观测井水位降深过大时(低于降水前稳定水位 1 m),从观测井中自由注入水量进行回灌来稳定和抬高局部因工程降水而引起的地下水位降低,防止由地下水位持续下降造成地面沉降与不良影响。

6)相邻建(构)筑物不均匀沉降应急措施

基坑开挖施工,对相邻建(构)筑物进行沉降变形监测,当其产生不均匀沉降,同时其倾斜率接近千分之四时,应对建(构)筑物沉降变形较大一侧进行地基土注浆加固处理。

①注浆杆采用 ϕ48×3.25 焊管。锚杆前端封闭,管身前 4 m 每隔 30 cm 钻一个 ϕ8 灌浆花眼,灌浆花眼间成 90°夹角。

②注浆采用 32.5 MPa 强度等级水泥,水灰比为 0.5,注浆水泥掺量 30 ~ 50 kg/m,注浆压力 0.2 ~ 0.5 MPa。注浆杆长 9 m,杆间距 1.5 m,其平面位置及入射角度应根据施工现场情况调整,以保证注浆杆有不小于 3 m 长度进入建筑物外侧 2 m 平面范围。

③注浆次序不小于 2 序,注浆时设专人对周边建(构)筑物巡查,避免对其造成隆起变形等损害。

④第一次注浆加固时,注浆杆间距可取 1.5~2.0 m,根据注浆加固后的沉降变形监测情况,必要时,应加密注浆杆间距甚至采取其他有效的加固措施。

7) 流砂、管涌

①直接对漏点进行堵漏:用凿锤凿除漏点处混凝土直至漏点深处→在凿除的坑洞内埋入高强塑料胶管,胶管埋入坡体内 10~15 cm,胶管露出坡面 30~50 cm→用双快水泥封堵坑洞并抹平→待双快水泥达到一定的强度后在胶管内注浆,压浆材料采用水溶性聚胺溶液(是一种高黏度的堵漏材料)直至不再渗漏。

②当流砂严重,各种封堵措施效果不好时,采取降低坑内地下水位措施,使地下水位降至坑底以下 0.5~1.0 m。同时排除基坑积水,防止水浸泡基坑后,土体的强度大幅降低,导致更严重的后果发生。

③一旦出现管涌,立即停止开挖,加强基坑内排水,采取坑内降承压水补救措施,降低承压水压力,阻止突涌发生,采用快凝压力注浆或灌注快凝细石混凝土堵住涌口,并随时准备用装好的碎石和沙袋回填管涌区域的基坑(将准备好的钢筋网袋堵住管涌区域,钢筋网袋的第一层用碎石反压,及时配合水泵抽水,第二层用编织袋装沙土,紧压事故区域,堵住涌水;迅速增加抽水能力,降低动水位)。

④管涌十分严重时可在坡脚打设一排钢板桩,钢板桩长 $L = 6.0$ m,顶面与高出坑底 500 mm,在钢板桩和坡面之间进行注浆,钢板桩的打设宽度应比管涌范围宽 3~5 m。

⑤当流砂和管涌严重且封堵无效时,必须对基坑采取回填措施。

8) 截、排水措施

在基坑顶部,采取临时措施拦截地表水,以防下渗或直接流入基坑内。

对地表裂缝,及时采用水泥砂浆封堵,以防地表水下渗。同时检查基坑顶部所有污水、给水管线,看是否断裂,有水下渗入基坑。如污水雨水管线有断裂,应将污水、雨水管线的水源切断或污水、雨水管线改线。

基坑底部,用污水泵抽水,并做好坑底排水设施,使基坑底部尽量保持干爽,以防基坑底部土体泡水软化。

8.1.19 典型案例分析

上海市某轨道交通 4 号线是该市轨道交通环线的东南半环,全长 22 km。目前,全线盾构推进已完成 98%、17 座车站建设全面展开。发生事故的旁通道工程,位于浦东南路至南浦大桥之间穿越黄浦江底约 2 km 长的区间隧道内,距离浦西江边防汛墙 53 m,并且地处 30 m 以下的地下深层,事故发生点位于地下土层第 7 层。旁通道工程采用冻结加固暗挖法施工,隧道区间的上下行线已经贯通,事故发生时离旁通道贯通尚余 0.8 m。

轨道交通 4 号线浦东南路站至南浦大桥站区间盾构推进工程,由上海某隧道公司承建;

隧道公司将轨道交通 4 号线浦东南路站至南浦大桥站区间隧道中间风井、旋喷加固、旁通道、垂直通道、冻结加固及风道结构工程专业分包给某矿山公司上海分公司;上海某地铁公司将轨道交通 4 号线区间圆形隧道(浦东南路—南浦大桥)工程委托上海某地铁监理有限公司监理。

2003 年 3 月,某矿山公司上海分公司土体冻结人员开始旁通道冻结法施工——布置冻结管,安装制冷设备。6 月 24 日,开始旁通道开挖施工。6 月 28 日上午约 8:30,施工人员发现隧道内向下行线冻结管供冷的一台小型制冷机发生故障,约下午 4:00 修复,停止供冷达 7 小时 30 分,其间无其他设备供冷。当日下午约 2:00,施工人员在下行线内安装水文观测孔,发现有压力水漏出,随即安上水阀止水,并安装了压力表测量水压。止水后,测得 XT1 温度测量孔内隧道钢管片交接处土体温度为 312。当晚约 8:30,某矿山公司上海分公司项目经理周某在现场决定停止旁通道冻土开凿,施工人员将掘进面用木板封住。

6 月 29 日凌晨约 3:00,测得水阀处水压为 2.3 kg/cm^2,与第 7 层承压水水压接近,XT1 温度测量孔内隧道钢管片交接处土体温度为 8.7 ℃。

6 月 30 日,XT1 温度测量孔内隧道钢管片交接处土体温度为 7.4 ℃,周某决定用干冰加强冻结,于当日下午约 3:30,用 150 kg 干冰敷于下行线隧道内壁中线以下部位。当晚约 8:00,周某检查时发现干冰气化所剩无几,钢管片有结霜现象。

7 月 1 日零时许,某矿山公司上海分公司项目副经理李某指挥当班班长任某安排施工人员拆除冻土前掘进面部分封板,用风镐凿出直径 0.2 m 的孔洞,准备安装混凝土输送管。约 1 h 后,此孔打至下行线隧道钢管片。约凌晨 4:00,现场工人发现此孔洞下部有水流出,立即用水泥封堵。约 10 分钟后,发现流水不止,便派员工迅速进行了汇报。不久掘进面右下角开始出水,且越来越大,在场工人用棉被、泥土袋、水泥包等材料封堵。约 6:00,隧道内发出异响,情况危险,施工人员撤出现场。随后,因大量水、流砂涌入旁通道,引起隧道受损及周边地区地面沉降,造成三幢建筑物严重倾斜,防汛墙由裂缝、沉降演变至塌陷,隧道区间由渗水、进水发展为结构损坏,附近地面也出现了不同程度的裂缝、沉降,并发生了防汛墙围堰管涌等险情。

事故原因

①6 月底,轨道 4 号线上下行隧道旁通道上方一个大的竖井已经开挖好,在大竖井底板下距离隧道 4~5 m 处,还需要开挖两个小的竖井,才能与隧道相通。按照施工惯例,应该先挖旁通道,再挖竖井。但是施工方改变了开挖顺序,这样极容易造成坍塌。事故发生时,一个小竖井已经挖好,另一个也已开挖 2 m 左右。施工单位未按规定程序调整施工方案,且调整后的施工方案存在欠缺。

②6 月 28 日,施工运用的冷却设备因断电出现故障,温度开始回升,回升两度多时,技术人员将情况汇报给某公司项目副经理李某某,但李某某要求继续施工。6 月 30 日,由于工人继续施工,向前挖掘,管片之上的流水和流砂压力终于突破极限值,在 7 月 1 日出现险情。

③6 月 30 日晚,施工现场出现流砂,施工单位采取措施,用干冰紧急制冷。专家认为,现在看来当时的措施是很不得力的,但究竟是哪个层面的应急处置上出了问题还不是很清楚。

原因还包括总包单位现场管理失控,监理单位现场监理失职。

8.2 脚手架工程施工安全技术管理措施

8.2.1 脚手架的种类

脚手架是建筑施工中必不可少的辅助设施,是建筑施工中安全事故多发的部位,也是施工安全控制的重点。

脚手架的种类繁多、不同类型的脚手架有不同的特点,其搭设方式也不同。常见的脚手架分类方法有以下几种。

1)按用途划分

①操作(作业)脚手架。操作脚手架又分为结构作业脚手架(俗称砌筑脚手架)和装修作业脚手架,可分别简称为结构脚手架和装修脚手架,其架面施工荷载标准值分别规定为 $3 kN/m^2$ 和 $2 kN/m^2$。

②防护用脚手架。架面施工(搭设)荷载标准值可按 $1 kN/m^2$ 计。

③承重、支撑用脚手架。架面荷载按实际使用值计。

2)按构架方式划分

①杆件组合式脚手架。俗称多立杆式脚手架,简称杆组式脚手架。

②框架组合式脚手架。简称框组式脚手架,即由简单的平面框架(如门架、梯架、口字架、日字架和目字架等)与连接、撑拉杆件组合而成的脚手架,如门式钢管脚手架、梯式钢管脚手架和其他各种框式构件组装的鹰架等。

③格构件组合式脚手架。即由桁架梁和格构柱组合而成的脚手架,如桥式脚手架可分为提升(降)式和沿齿条爬升(降)式两种。

④台架。台架是具有一定高度和操作平台的平台架,多为定型产品,其本身具有稳定的空间结构,可单独使用、立拼增高或水平连接扩大,常带有移动装置。

3)按脚手架的设置形式划分

①单排脚手架。只有一排立杆的脚手架,其横向水平杆的另一端搁置在墙体结构上。

②双排脚手架。具有两排立杆的脚手架。

③多排脚手架。具有三排及以上立杆的脚手架。

④满堂脚手架。即按施工作业范围满设的、两个方向各有三排以上立杆的脚手架。

⑤满高脚手架。按墙体或施工作业最大高度由地面起满高度设置的脚手架。

⑥交圈(周边)脚手架。沿建筑物或作业范围周边设置并相互交圈连接的脚手架。

⑦特型脚手架。具有特殊平面和空间造型的脚手架,如用于烟囱、水塔、冷却塔以及其他平面为圆形、环形、外方内圆形、多边形和上扩、上缩等特殊形式的建筑施工脚手架。

4)按脚手架的支固方式划分

①落地式脚手架。搭设(支座)在地面、楼面、屋面或其他平台结构之上的脚手架。

②悬挑脚手架。简称挑脚手架,即采用悬挑方式支固的脚手架,其挑支方式有3种:悬挑梁、悬挑三角桁架、杆件支挑结构。

③附墙悬挂脚手架。简称挂脚手架,即在上部或(和)中部挂设于墙体挑挂件上的定型脚手架。

④悬吊脚手架。简称吊脚手架,是悬吊于悬挑梁或工程结构之下的脚手架。当采用篮式作业架时,称为吊篮。

⑤附着升降脚手架。简称爬架,是附着于工程结构、依靠自身提升设备实现升降的悬空脚手架,其中实现整体提升者,也称为整体提升脚手架。

⑥水平移动脚手架。即带行走装置的脚手架(段)或操作平台架。

5)按脚手架平、立杆的连接方式划分

①承插式脚手架。即在平杆与立杆之间采用承插连接的脚手架。常见的承插连挖式有插片和楔槽、插片和楔盘、插片和碗扣、套管和插头以及U形托挂等。

②扣接式脚手架。即使用扣件箍紧连接的脚手架。

③销栓式脚手架。即采用对穿螺栓或销杆连接的脚手架,此种形式已很少使用。

此外,还按脚手架的材料划分为竹脚手架、木脚手架、钢管或金属脚手架;按使用对象或场合划分为高层建筑脚手架、烟囱脚手架、水塔脚手架、凉水塔脚手架以及外脚手架、里脚手架等。

8.2.2　脚手架材料及一般要求

1)脚手架杆件

①木脚手架的立杆、纵向水平杆、斜撑、剪刀撑、连墙件等应选用剥皮杉、落叶松木,横向水平杆应选用杉木、落叶松、柞木、水曲柳等,不得使用折裂、扭裂、虫蛀、纵向严重裂缝及腐朽的木杆。立杆有效部分的小头直径不得小于70 mm,纵向水平杆有效部分的小头直径不得小于80 mm。

②竹竿应选用生长期三年以上的毛竹或楠竹,不得使用弯曲、青嫩、枯脆、腐烂裂纹连通两节以上及虫蛀的竹竿。立杆、顶撑、斜杆有效部分的小头直径不得小于75 mm,横向水平杆有效部分的小头直径不得小于90 mm,搁栅、栏杆的有效部分小头直径不得小于60 mm。对于小头直径在60 mm以上不足90 mm的竹竿可采用双杆。

③钢管材质应符合Q235—A级标准,不得使用有明显变形、裂纹及严重锈蚀的材料钢管规格宜采用$\phi48\times3.5$,也可采用$\phi51\times3.0$。钢管脚手架的杆件连接必须使用合格的钢扣

件,不得使用铅丝和其他材料绑扎。

④同一脚手架中,不得混用两种质量标准的材料,也不得将两种规格钢管用于同一脚手架中。

2)脚手架绑扎材料

①镀锌钢丝或回火钢丝严禁有锈蚀和损伤,且严禁重复使用。

②竹篾严禁发霉、虫蛀、断腰、有大节疤和折痕,使用其他绑扎材料时,应符合其质量规定。

③扣件应与钢管管径相配合,并符合现行国家标准的规定。

3)脚手板

①木脚手板厚度不得小于 50 mm,板宽宜为 200~300 mm,两端用镀锌钢丝扎紧。材质不得低于国家Ⅱ等材标准的杉木和松木,且不得使用腐朽、劈裂的木板。

②竹串片脚手板应使用宽度不小于 50 mm 的竹片,拼接螺栓间距不得大于 600 mm 螺栓孔径与螺栓应紧密配合。

③各种形式金属脚手板,单块质量不宜超过 0.3 kN,性能应符合设计使用要求,表面应有防滑构造。

4)脚手架搭设高度

钢管脚手架中,扣件式单排架的搭设高度不宜超过 24 m,扣件式双排架的搭设高度不宜超过 50 m,门式架的搭设高度不宜超过 60 m。木脚手架中,单排架的搭设高度不宜超过 20 m,双排架的搭设高度不宜超过 30 m。竹脚手架不得搭设单排架,双排架的搭设高度不宜超过 35 m。

5)脚手架的构造要求

①单双排脚手架的立杆纵距及水平杆步距不应大于 2.1 m,立杆横距不应大于 1.6 m,应按规定的间隔采用连墙件(或连墙杆)与主体结构连接,且在脚手架使用期间不得拆除沿脚手架外侧应设剪刀撑,并与脚手架同步搭设和拆除。双排扣件式钢管脚手架的搭设高度超过 24 m 时,应设置横向斜撑。

②门式钢管脚手架的顶层门架上部、连墙体设置层、防护棚设置处等必须设置水平架。

③竹脚手架应设置顶撑杆,并与立杆绑扎在一起,顶紧横向水平杆。

④脚手架高度超过 40 m 且有风涡流作用时,应设置抗风涡流上翻作用的连墙措施。

⑤脚手板必须按脚手架宽度铺满、铺稳;脚手架与墙面的间隙不应大于 200 mm;作业层脚手板的下方必须设置防护层,作业层外侧应按规定设置防护栏和挡脚板。

⑥脚手架应按规定采用密目式安全网封闭。

8.2.3　脚手架安全作业的基本要求

脚手架搭设前,必须根据工程的特点及有关规范、规定的要求,制订施工方案和搭设安全技术措施。

脚手架搭设和拆除人员必须符合《特种作业人员安全技术培训考核管理规定》,经考核合格,并领取特种作业人员操作证。

操作人员应持证上岗,操作时必须佩戴安全帽、安全带,穿防滑鞋。脚手架搭设的交底与验收要求如下:

①脚手架搭设前,工地施工人员或安全人员应根据施工方案及外脚手架检查评分表检查项目及其评分标准,并结合《建筑安装工人安全技术操作规程》的相关要求,写成书面交底资料,向持证上岗的架子工进行交底。

②通常,脚手架是在主体工程基本完工时才搭设完毕,即分段搭设、分段使用。脚手架分段搭设完毕,必须经施工负责人组织有关人员,按照施工方案及有关规范的要求进行检查验收。

③经验收合格,办理验收手续,填写脚手架底层搭设验收表、脚手架中段验收表、脚手架顶层验收表,有关人员签字后方可使用。

④经验收不合格的脚手架应立即进行整改。检查结果及整改情况应按实测数据进行记录,并由检测人员签字。

⑤脚手架与高压线路的水平距离和垂直距离必须按照《施工现场对外电线路的安全距离及防护的要求(2021 版)》有关条文要求执行。

⑥大雾及雨、雪天气和 6 级以上大风时,不得进行脚手架上的高处作业。雨、雪天后作业,必须采取安全防滑措施。

⑦脚手架搭设作业时,应按形成基本构架单元的要求逐排、逐跨进行搭设,矩形周边脚手架宜从其中的一个角开始向两个方向延伸搭设,并确保已搭部分稳定。

⑧门式脚手架以及其他纵向竖立面刚度较差的脚手架,连墙点设置层宜加设纵向水平长横杆与连接件连接。

⑨搭设作业时,应按以下要求做好自我保护,保证现场作业人员的安全:

a. 作业前应检查作业环境是否可靠,安全防护设施是否齐全、有效,确认无误后方可作业。

b. 作业时,应随时清理落在架面上的材料,保持架面上规整、清洁,不乱放材料、工具,以免影响作业的安全和发生掉物伤人事故。

c. 在进行撬、拉、推等操作时,要采取正确的姿势,站稳脚跟,或一手把持在稳固的结构或支持物上,以免用力过猛身体失去平衡或把东西甩出。在脚手架上拆除模板时,应采取必要的支托措施。以防拆下的模板材料掉落架外。

d. 当架面高度不够,需要垫高时,一定要采用稳定可靠的垫高办法,且垫高不超过 50 cm;超过 50 cm 时,应按搭设规定升高铺板层。升高作业面时,应相应加高防护设施。

e. 在架面上运送材料经过正在作业的人员时,要及时发出"请注意""请让一让"的信号;材料要轻搁稳放,不准采用倾倒、猛磕或其他匆忙的卸料方式。

f.严禁在架面上打闹戏要、倒退行走和跨坐在外防护横杆上休息;不要在架面上抢行、跑跳,相互避让时应注意身体不要失衡。

g.在脚手架上进行电气焊作业时,要铺铁皮接着火星或移去易燃物,以防火星点着易燃物,并应有防火措施。一旦着火,要及时予以扑灭。

⑩钢管脚手架的高度超过周围建筑物或在雷暴较多的地区施工时,应安装防雷装置,其接地电阻应不大于 4 Ω。

⑪架上作业应执行规范或设计规定的允许荷载,严禁超载。

⑫架上作业时,不要随意拆除基本结构杆件和连墙件,因作业的需要必须拆除某些杆件和连墙点时,必须取得施工主管和技术人员的同意,并采取可靠的加固措施后方可拆除。

⑬架上作业时,不要随意拆除安全防护设施,未设置或设置不符合要求时,必须补设或改正后才能上架作业。

⑭其他安全注意事项:

a.运送杆配件时,应尽量利用垂直运输设施或悬挂滑轮提升,并绑扎牢固,尽量避免或减少用人工层层传递。

b.搭设过程中,除必要的 1~2 步架的上下外,作业人员不得攀爬脚手架,应走房屋楼梯或另设安全人梯。

c.搭设脚手架时,不得使用不合格的架设材料。

d.作业人员要服从统一指挥,不得自行其是。

8.2.4　脚手架搭设的安全要求与技术

1)落地式脚手架搭设的安全要求与技术

落地式脚手架的基础应坚实、平整,并定期检查。立杆不埋设时,立杆底部均应设置垫板或底座,并设置纵、横向扫地杆。

①落地式脚手架连墙件应符合下列规定:

a.扣件式钢管脚手架双排架高在 50 m 以下或单排架高在 24 m 以下,按不大于 40 m² 设置一处;双排架高在 50 m 以上,按不大于 27 m² 设置一处。

b.门式钢管脚手架的架高在 45 m 以下,基本风压不大于 0.55 kN/m²,按不大于 48 m 设置一处;架高在 45 m 以下,基本风压大于 0.55 kN/m²,或架高在 45 m 以上,按不大于 24 m² 设置一处。

c.一字形、开口形脚手架的两端,必须设置连墙件。连墙件必须采用可承受拉力和压力的构造,并与建筑结构连接。

②落地式脚手架剪刀撑及横向斜撑应符合下列规定:

a.扣件式钢管脚手架应沿全高设置剪刀撑。架高在 24 m 以下时,沿脚手架长度间隔不大于 15 m 设置剪刀撑;架高在 24 m 以上时,沿脚手架全长连续设置剪刀撑,并设置横向斜撑;横向斜撑由架底至架顶呈"之"字形连续布置,沿脚手架长度间隔 6 跨设置一道。

b. 碗扣式钢管脚手架的架高在 24 m 以下时,按外侧框格总数的 1/5 设置斜杆;架高在 24 m 以上时,按框格总数的 1/3 设置斜杆。

c. 门式钢管脚手架的内、外两个侧面除满设交叉支撑杆外,当架高超过 20 m 时,还应在脚手架外侧沿长度和高度连续设置剪刀撑,剪刀撑钢管与门架钢管规格一致。当剪刀撑钢管直径与门架钢管直径不一致时,应采用异形扣件连接。

d. 满堂扣件式钢管脚手架除沿脚手架外侧四周和中间设置竖向剪刀撑外,当脚手架高于 4 m 时,还应沿脚手架每两步高度设置一道水平剪刀撑。

e. 扣件式钢管脚手架的主节点处必须设置横向水平杆,且在脚手架使用期间严禁拆除。单排脚手架横向水平杆插入墙内长度不应小于 180 mm。

f. 扣件式钢管脚手架立杆接长时(除顶层外),相邻杆件的对接接头不应设在同步内,相邻纵向水平杆对接接头不宜设置在同步或同跨内。扣件式钢管脚手架立杆接长(除顶层外)应采用对接。木脚手架立杆接头的搭接长度应跨两根纵向水平杆,且不得小于 1.5 m。竹脚手架立杆接头的搭接长度应超过一个步距,且不得小于 1.5 m。

2)悬挑扣件式钢管脚手架搭设的安全要求与技术

悬挑立杆应按施工方案的要求与建筑结构连接牢固,禁止与模板系统的立柱连接。

悬挑式脚手架应按施工图搭设,并符合下列规定:

①悬挑梁是悬挑式脚手架的关键构件,对悬挑式脚手架的稳定与安全使用起至关重要的作用,因此,悬挑梁应按立杆的间距布置,设计图对此应明确规定。

②当采用悬挑架结构时,支撑悬挑架架设的结构构件,应足以承受悬挑架传给它的水平力和垂直力的作用;若根据施工需要只能设置在建筑结构的薄弱部位时,应加固结构并设拉杆或压杆,将荷载传递给建筑结构的坚固部位。悬挑架与建筑结构的固定方法必须经计算确定。

③立杆的底部必须支撑在牢固的地方,并采取措施防止立杆底部发生位移。

④为确保架体的稳定,应按落地式外脚手架的搭设要求将架体与建筑结构拉结牢固。

⑤脚手架施工荷载:结构架为 3 kN/m²,装饰架为 2 kN/m²,工具式脚手架为 1 kN/m² 悬挑式脚手架施工荷载一般可按装饰架计算,施工时严禁超载。

⑥悬挑式脚手架操作层上,施工荷载要堆放均匀,不应集中,不得存放大宗材料和过重的设备。

⑦悬挑式脚手架的立杆间距、倾斜角度应符合施工方案的要求,不得随意更改。

⑧悬挑式脚手架的操作层外侧,应按临边防护的规定设置防护栏杆和挡脚板。防护栏杆由栏杆柱和上、下两道横杆组成,上杆距脚手板高度为 1.0~1.2 m,下杆距脚手板高度为 0.5~0.6 m。在栏杆下边设置严密固定的、高度不低于 180 mm 的挡脚板。

⑨作业层下应按规定设置一道防护设施,防止施工人员或物料坠落。

⑩多层悬挑式脚手架应按落地式脚手架的要求在作业层满铺脚手板,铺设方法应符合规范要求,不得有空隙和探头板。

⑪作业层下搭设安全平网应每隔 3 m 设一根支杆,支杆与地面保持45°。安全网应外高

内低,网与网之间必须拼接严密,网内杂物要随时清除。

⑫搭设悬挑式脚手架所用的各种杆件、扣件、脚手板等材料的质量、规格等必须符合有关规范和施工方案的规定。

⑬悬挑梁、悬挑架的用材应符合钢结构设计规范的有关规定,并应有试验报告。

3)附着式升降脚手架的安全要求与技术

(1)使用条件

①国务院建设行政主管部门对从事附着式升降脚手架工程的施工单位实行资质管理,未取得相应资质证书的不得施工;对附着式升降脚手架实行认证制度,即所使用的附着式升降脚手架必须经过国务院建设行政主管部门组织鉴定或者委托具有资格的单位进行认证。

②附着式升降脚手架工程的施工单位应当根据资质管理有关规定到当地建设行政主管部门办理相应审查手续。

③附着式升降脚手架处于研制阶段和在工程上使用前,应提出该阶段的各项安全措施,经使用单位的上级部门批准,并到当地安全监督管理部门备案。

④附着式升降脚手架应由专业队伍施工,对承包附着式升降脚手架工程任务的专业施工队伍进行资格认证,合格者发放证书,不合格者不准承接工程任务。

⑤附着式升降脚手架的结构构件在各地组装后,在有建设行政主管部门发放的生产和使用证的基础上,经当地建筑安全监督管理部门核实并具体检验后,发放准用证,方可使用。

⑥附着式升降脚手架的平面布置,附着支撑构造和组装节点图,防坠和防倾安全措施,提升机具、吊具及索具的技术性能和使用要求等从组装、使用到拆除的全过程,应有专项施工组织设计。施工组织设计包括附着式升降脚手架的设计、施工、检查、维护和管理等全部内容,对附着式升降脚手架使用过程中的安全管理做出明确规定,建立健全质量、安全保证体系及相关的管理制度。

(2)架体构造

①附着式升降脚手架要有定型的主框架和相邻两主框架中间的定型支撑框架(架底梁架),支撑框架还必须以主框架作为支座。组成竖向主框架和架底梁架的杆件必须有足够的强度和刚度,杆件的节点必须为刚性连接,以保证框架的刚度,使之工作时不变形,确保传力的可靠性。

②主框架间脚手架的立杆应将荷载直接传递到支撑框架上,支撑框架以主框架为支座,再将荷载传递到主框架上。

③架体部分按落地式脚手架的要求进行搭设,架宽 0.9～1.1 m,立杆间距不超过 1.5 m,直线布置的架体支承跨度不超过 8 m;折线或曲线布置的架体支撑跨度不超过 5.4 m;支撑跨度与架高的乘积不超过 110 m^2;按规定设置剪刀撑和连墙杆。

④架体升降作业时,上部结构尚未达到足够的强度或要求的高度时,不能及时设置附着支撑,此时,架体上部处于悬臂状态。为保证架体的稳定,《建筑施工附着升降脚手架管理暂行规定》(建建〔2000〕230 号)中规定:"升降和使用工况下,架体悬臂部分高度不得大于架高的 2/5,并不超过 6 m"。

⑤支撑框架将主框架作为支座,再通过附着支撑将荷载传给建筑结构,这是为了确保架体传力的合理性。

(3)附着支撑

①主框架应在每个楼层设置固定拉杆和连墙连接螺栓,连墙杆垂直距离不大于4 m,水平间距不超过6 m。

②附着支撑或钢挑架与结构的连接质量必须满足设计要求,做到严密、平整和牢固。

③钢挑架上的螺栓与墙体连接应牢固,应采用梯形螺纹螺栓,严禁采用易磨损的三角形螺纹螺栓,以保证螺栓的受力性能;应采用双螺帽连接,螺杆露出螺母应不超过3扣,或加弹簧垫圈紧固,以防止滑脱;螺杆严禁焊接使用。

④钢挑架杆件按设计要求进行焊接,焊缝应满焊,不得有焊瘤、漏焊、假焊、开焊及裂纹,焊条、焊丝和焊剂应与焊接材料相适应。钢挑架焊接后,应进行探伤试验检测,以保证其焊接质量。

(4)升降装置

①同步升降可使用电动葫芦,并且必须设置同步升降装置,以控制脚手架平稳升降。同步升降装置在使用之前应经过检测,确保其工作灵敏可靠。同步及荷载控制系统应通过控制各提升设备之间的升降差和控制各提升设备的荷载来控制各提升设备的同步性,且应具备超载报警停机、欠载报警等功能。

②升降机构中使用的索具、吊具的安全系数不得小于6.0。

③有两个吊点的单跨脚手架升降可使用手动葫芦;当使用3个及3个以上的葫芦群吊时,不得使用手动葫芦,以防因不同步而导致安全事故。

④升降时,架体的附着支撑装置应成对设置,保证架体处于垂直稳定状态。

⑤升降时,架体上不准堆放模板、钢管等,架体上不准站人,架体作业区下方不得有人。

(5)防坠落、防倾斜装置

①脚手架在升降时,为防止发生断绳、折轴等故障而引起坠落,必须设置防坠落装置。

②防坠落装置应设置在竖向主框架部位,且每一竖向主框架提升设备处必须设置一个。防坠落装置与提升设备必须分别设置在两套附着支撑结构上,若有一套失效,另一套必须能独立承担全部坠落荷载。

③整体升降脚手架必须设置防倾装置,防止架体内外倾斜,保证脚手架升降运行平稳、垂直。防倾斜装置必须具有足够的刚度。防倾斜装置用螺栓同竖向框架或附着支撑结构连接,不得采用钢管扣件或碗扣方式。在升降和使用两种工况下,位于同一竖向平面的防倾装置均不得少于两处,并且其最上和最下防倾覆支承点之间的最小间距不得小于架体全高的1/3。

④防坠装置应经现场动作试验,确认其动作可靠、灵敏,符合设计要求。防坠装置制动距离,对于整体式附着升降脚手架不得大于80 mm,对于单片式附着升降脚手架不得大于150 mm。

(6)分段验收

①每次提升或下降作业前,均要对定型主框架、支撑框架、防坠与防倾安全保险装置、安全防护措施、架体与建筑结构连接点、电动葫芦及同步升降装置等按施工组织设计的要求进

行全面检查,各检查项目均符合要求后再提升或下降。

②每次提升后和使用前,均要检查验收螺栓紧固情况、架子拉结情况等,确认架体稳定、无安全隐患方可使用。

(7)脚手板

①脚手板应满铺,并与架体固定绑牢,无探头板出现。

②脚手架离墙空隙应铺上统一设计的翻板或插板,并与平台有较牢靠的连接,作业层架体与墙之间空隙必须封严,防止落人、落物。

③脚手板应使用木板或钢板,材质要符合要求,不准使用竹脚手板。

(8)防护

①密目式安全网必须有国家指定的监督检验部门的批量验证和工厂检验合格证,各项技术要求应符合《安全网》(GB 5725—2009)的规定。

②悬空高处作业应有牢固的立足点,各作业层必须设置防护网、栏杆及挡脚板等安全设施。

③架子外侧应用密目式安全立网作为全封闭防护,每张立网应拴紧扎牢,各立网的搭接处无空隙。

④底部作业层下方悬空处应用木板、密目网及平网等做全封闭防护,确保大件物品及人员不坠落。

4)吊篮脚手架的安全要求与技术

(1)制作与组装

①挑梁一般用工字钢或槽钢制成,用 U 形锚环或预埋螺栓固定在屋顶上。

②挑梁必须按设计要求与主体结构固定牢靠。承受挑梁拉力的预埋吊环,应用直径不小于 16 mm 的圆钢,埋入混凝土的长度不小于 360 mm,并与主筋焊接牢固。挑梁的挑出端应高于固定端,挑梁之间纵向用钢管或其他材料连接成一个整体。

③挑梁挑出长度应使吊篮钢丝绳垂直于地面。

④必须保证挑梁抵抗力矩大于倾覆力矩的 3 倍。

⑤当挑梁采用压重时,配重的位置和重力应符合设计要求,并采取固定措施。

⑥吊篮平台可采用焊接或螺栓连接进行组装,禁止使用钢管扣件连接。

⑦电动(手扳)葫芦必须有产品合格证和说明书,非合格产品不得使用。

⑧吊篮组装后应经加载试验,确认合格后方可使用,有关参加试验的人员须在试验报告上签字。脚手架上须标明允许载质量。

(2)安全装置

①使用手扳葫芦时应设置保险卡,保险卡要能有效地限制手扳葫芦的升降,防止吊篮平台发生下滑。

②吊篮组装完毕,经检查合格后,接上钢丝绳,同时将提升钢丝绳和保险绳分别插入提升机构及安全锁中。使用中,必须有两根直径为 12.5 mm 及以上的钢丝绳作为保险绳,接头卡扣不少于 3 个,不准使用有接头的钢丝绳。

③使用吊钩时,应有防止钢丝绳滑脱的保险装置(卡子),将吊钩和吊索卡死。

④吊篮内作业人员必须系安全带,安全带挂钩应挂在作业人员上方固定的物体上,不准挂在吊篮工作钢丝绳上,以防工作钢丝绳断开。

(3)脚手板

①脚手板必须满铺,并按要求将脚手板与脚手架绑扎牢固。

②吊篮脚手架可使用木脚手板或钢脚手板。木脚手板应为 50 mm 厚杉木或松木板,不得使用脆性木材,凡有腐朽、扭曲、斜纹、破裂和大横透节的木板不得使用。钢脚手板应有防滑措施。

③脚手板的搭接长度不得小于 200 mm,不得出现探头板。

(4)防护

①吊篮脚手架外侧应设高度为 1.2 m 以上的两道防护栏杆及 18 cm 高的挡脚板,内侧应设置高度不小于 80 cm 的防护栏杆。防护栏杆及挡脚板材质要符合要求,安装要牢固。

②吊篮脚手架外侧应用密目式安全网整齐封闭。

③单片吊篮升降时,两端应加设防护栏杆,并用密目式安全网封闭严密。

(5)防护顶板

①当有多层吊篮进行上下立体交叉作业时,不得在同一垂直方向上操作。上下作业的位置必须处于依上层高度确定的可能坠落范围之外,不符合以上条件时,应设置安全防护层,即防护顶板。

②防护顶板可用 5 mm 厚木板,也可采用其他具有足够强度的材料。防护顶板应绑扎牢固、满铺,能承受坠落物的冲击,不会被砸破、贯通,能起到防护作用。

(6)架体稳定

①为了保证吊篮安全使用,当吊篮脚手架升降到位后,必须将吊篮与建筑物固定牢固;吊篮内侧两端应装有可伸缩的附墙装置,使吊篮工作时与结构面靠紧,以减少架体的晃动。确认脚手架已固定、不晃动以后方可上人作业。

②吊篮钢丝绳应随时与地面保持垂直,不得斜拉。吊篮内侧与建筑物的间距(缝隙)不得过大,一般为 100～200 mm。

(7)荷载

①吊篮脚手架的设计施工荷载为 1 kN/m²,不得超载使用。

②脚手架上堆放的物料不得过于集中。

(8)升降操作注意事项

①操作升降属于特种作业,作业人员应接受专业培训,合格后颁发上岗证,持证上岗,且应固定岗位。

②升降时不超过两人同时作业,其他非升降操作人员不得在吊篮内停留。

③单片吊篮升降对,可使用手扳葫芦;两片或多片吊篮连在一起同步升降时,必须采用电动葫芦,并有控制同步升降的装置。

8.2.5 脚手架的拆除要求

①脚手架拆除作业前,应制订详细的拆除施工方案和安全技术措施,并对参加作业的全体人员进行安全技术交底,在统一指挥下,按照确定的方案进行拆除作业。

②脚手架拆除时,应划分作业区,周围设围护栏或设立警戒标志,地面设专人指挥,禁止非作业人员入内。

③一定要按照先上后下、先外后里、先架面材料后构架材料、先辅件后结构件、先结构件后附墙件的顺序,一件一件地松开连接,取出并随即吊下或集中到毗邻未拆的架面上扎捆后吊下。

④拆卸脚手板、杆件、门架及其他较长、较重、有两端连结的部件时,必须要两人或多人一组进行,禁止单人进行拆卸作业,防止把持杆件不稳、失衡而发生事故。拆除水平杆件时,松开连结后,水平托持取下;拆除立杆时,在把稳上端后,再松开下端取下。

⑤多人或多组进行拆卸作业时,应加强指挥,并相互询问和协调作业步骤,严禁不按程序进行任意拆卸。

⑥因拆除上部或一侧的附墙拉结而使架子不稳时,应加设临时撑拉措施,以防架子晃动影响作业安全。

⑦严禁将拆卸下的杆部件和材料向地面抛掷,已吊至地面的架设材料应随时运出拆卸区域。

⑧连墙杆应随拆除进度逐层拆除,拆抛撑前,应设立临时支柱。

⑨拆除时严禁碰撞附近电源线,防止事故发生。

⑩拆下的材料用绳索拴牢,利用滑轮放下,严禁抛扔。

⑪在拆除过程中,不能中途换人,如需要中途换人时,应将拆除情况交接清楚后方可离开。

⑫脚手架具的外侧边缘与外电架空线路的边线之间的最小安全操作距离见表8-13。

表8-13

外电线路电压/kV	<1	1~10	35~110	150~220	330~500
最小安全操作距离/m	4	6	8	10	15

8.2.6 典型案例分析

2001年3月4日下午,在上海某建设总承包公司总包、上海某建筑公司主承包、上海某装饰公司专业分包的某高层住宅工程工地上,因12层以上的外粉刷施工基本完成,主承包公司的脚手架工程专业分包单位的架子班班长谭某征得分队长孙某同意后,安排3名作业人员进行Ⅲ段19Ⓐ轴~20Ⓐ轴的12~16层阳台外立面高5步、长1.5 m、宽0.9 m的钢管悬挑脚手架拆除作业。15时50分左右,3人拆除了16~15层全部14层部分悬挑脚手架外立面以及连接14层阳台栏杆上固定脚手架拉杆和楼层立杆、拉杆。当拆至近13层时,悬挑脚手架突然失稳倾覆致使正在第三步悬挑脚手架体上的两名作业人员何某、喻某随悬挑脚手架体分别坠落到地面和三层阳台平台上(坠落高度分别为 39 m 和 31 m)。事故发生后,项目部立即将两人送往医院抢救,因二人伤势过重、经抢救无效死亡。

事故原因分析:

①作业前何某等三人,未对将拆除的悬挑脚手架进行检查、加固,就在上部将水平拉杆拆除,以致在水平拉杆拆除后,架体失稳倾覆,是造成本次事故的直接原因。

②专业分包单位分队长孙某。在拆除前未认真按规定进行安全技术交底,作业人员未按规定佩戴和使用安全带以及未落实危险作业的监护,是造成本次事故的间接原因。

③专业分包单位的架子工何某,作为经培训考核持证的架子工特种作业人员,在作业时负责楼层内水平拉杆和连杆的拆除工作,未按规定进行作业,先将水平拉杆、连杆予以拆除,导致架体失稳倾覆,是造成本次事故的主要原因。

8.3 模板工程施工安全技术管理措施

8.3.1 模板的构造与设计

一般模板通常由 3 部分组成:模板面、支承结构(包括水平支承结构,如龙骨、桁架小梁等,以及垂直支承结构,如立柱、格构柱等)和连接配件(包括穿墙螺栓、模板面联结卡扣、模板面与支承构件以及支承构件之间连接零配件等)。模板构造必须满足以下要求:

①各种模板的支架应自成体系,严禁与脚手架进行连接。

②模板支架立杆在安装的同时,应加设水平支撑,立杆高度大于 2 m 时,应设两道水平支撑,每增高 1.5 ~ 2 m 时,再增设一道水平支撑。

③满堂模板立杆除必须在四周及中间设置纵、横双向水平支撑外,当立杆高度超过 4 m 时,尚应每隔 2 步设置一道水平剪刀撑。

④模板支架立杆底部应设置垫板,不得使用砖及脆性材料铺垫。并应在支架的两端和中间部分与建筑结构进行连接。

⑤当采用多层支模时,上下各层立杆应保持在同一垂直线上。

⑥需进行二次支撑的模板,当安装二次支撑时,模板上不得有施工荷载。

⑦应严格控制模板上堆料及设备荷载,当采用小推车运输时,应搭设小车运输通道,将荷载传给建筑结构。

⑧模板支架的安装应按照设计图纸进行,安装完毕浇筑混凝土前,应经验收确认符合要求。

模板的结构设计,必须能承受作用于模板结构上的所有垂直荷载和水平荷载(包括混凝土的侧压力、振捣和倾倒混凝土产生的侧压力、风力等)。在所有可能产生的荷载中要选择最不利的荷载组合验算模板整体结构和构件及配件的强度、刚度和稳定性。当然,在模板结构设计上必须保证模板结构形成空间稳定结构体系。模板结构必须经过计算设计,并绘制模板施工图,制定相应的施工安全技术措施。为了保证模板工程设计与施工的安全,要加强安全检查监督,要求安全技术人员必须有一定的基本知识,如混凝土对模板的侧压力、作用在模板上的荷载重、模板材料的物理力学性质和结构计算的基本知识,各类模板的安全施工的知识等。了解模板结构安全的关键所在,能更好地在施工过程中进行安全监督指导。

8.3.2 模板安全作业基本要求

模板工程的一般要求如下:

①模板工程的施工方案必须经过上一级技术部门批准。

②模板施工前现场负责人要认真审查施工组织设计中关于模板的设计资料,模板设计的主要内容如下:

a.绘制模板设计图,包括细部构造大样图和节点大样,注明所选材料的规格、尺寸和连接方法,绘制支撑系统的平面图和立面图,并注明间距及剪刀撑的设置。

b.根据施工条件确定荷载,并按所有可能产生的荷载中最不利组合验算模板整体结构和支撑系统的强度、刚度和稳定性,并有相应的计算书。

c.制订模板的制作、安装和拆除等施工程序、方法。应根据混凝土输送方法(泵送混凝土、人力挑送混凝土、在浇灌运输道上用手推翻斗车运送混凝土)制定模板工程中有针对性的安全措施。

8.3.3 模板施工前的准备工作

①模板施工前,现场施工负责人应认真向有关工作人员进行安全交底。

②模板构件进场后,应认真检查构件和材料是否符合设计要求。

③做好模板垂直运输的安全施工准备工作,排除模板施工中现场的不安全因素。

④支撑模板立柱宜采用钢材,材料的材质应符合有关规定。当采用木材时,其树种可根据各地实际情况选用,立杆的有效尾径不得小于80 mm,立杆要直顺,接头数量不得超过30%,且不应集中。

8.3.4 模板的安装

①基础及地下工程模板的安装,应先检查基坑土壁边坡的稳定情况,发现有塌方的危险时,必须采取加固安全措施后,才能开始作业。

②混凝土柱模板支模时,四周必须设牢固支撑或用钢筋、钢丝绳拉结牢固,避免柱模整体歪斜甚至倾倒。

③混凝土墙模板安装时,应从内、外墙角开始,向相互垂直的两个方向拼装,连接模板的U形卡要正反交替安装,同一道墙(梁)的两侧模板应同时组合,以便确保模板安装时的稳定。

④单梁或整体楼盖支模,应搭设牢固的操作平台,设防身栏。

⑤支圈梁模板需有操作平台,不允许在墙上操作。支阳台模板的操作地点要设护身栏、安全网。底层阳台支模立柱支撑在散水回填土上,一定要夯实并垫垫板,否则雨季下沉、冬季冻胀都可能造成事故。

⑥模板支撑不能固定在脚手架或门窗上,避免发生倒塌或模板位移。

⑦竖向模板和支架的立柱部分,当安装在基土上时应加设垫板,且基土必须坚实并有排水措施;对湿陷性黄土,还应有防水措施;对冻胀性土,必须有防冻融措施。

⑧当极少数立柱长度不足时,应采用相同材料加固接长,不得采用垫砖增高的方法。

⑨当支柱高度小于 4 m 时,应设上下两道水平撑和垂直剪刀撑。以后支柱每增高 2 m 再增加一道水平撑,水平撑之间还需增加一道剪刀撑。

⑩当楼层高度超过 10 m 时,模板的支柱应选用长料,同一支柱的连接接头不宜超过 2 个。

⑪主梁及大跨度梁的立杆应由底到顶整体设置剪刀撑,与地面成45°～60°夹角。设置间距不大于 5 m,若跨度大于 5 m 的应连接设置。

⑫各排立柱应用水平杆纵横拉接,每高 2 m 拉接一次,使各排立柱杆形成一个整体,剪刀撑、水平杆的设置应符合设计要求。

⑬大模板立放易倾倒,应采取支撑、围系、绑箍等防倾倒措施,视具体情况而定长期存放的大模板,应用拉杆连接绑牢。存放在楼层时,须在大模板横梁上挂钢丝绳或花篮螺栓钩在楼板吊钩或墙体钢筋上。没有支撑或自稳角不足的大模板,要存放在专用的堆放架上或卧倒平放,不应靠在其他模板或构件上。

⑭2 m 以上高处支模或拆模要搭设脚手架,满铺架板,使操作人员有可靠的立足点并应按高处、悬空和临边作业的要求采取防护措施。不准站在拉杆、支撑杆上操作,也不准在梁底模上行走操作。

⑮走道垫板应铺设平稳,垫板两端应用镀锌铁丝扎紧,或用压条扣紧,牢固不松动。

⑯作业面孔洞及临边必须设置牢固的盖板、防护栏杆、安全网或其他防坠落的防护设施,具体要求应符合《建筑施工高处作业安全技术规范》(JGJ 80—2016)的有关规定。

⑰模板安装时,应先内后外,单面模板就位后,用工具将其支撑牢固。双面板就位后,用拉杆和螺栓固定,未就位和未固定前不得摘钩。

⑱里外角膜和临时悬挂的面板与大模板必须连接牢固,防止脱开和断裂坠落。

⑲支模应按规定的作业程序进行,模板未固定前不得进行下一道工序。严禁在连接件和支撑件上上下攀登,并严禁在上下同一垂直面安装、拆模板。

⑳支设高度在 3 m 以上的柱模板,四周应设斜撑,并应设立操作平台,低于 3 m 的可用马凳操作。

㉑支设悬挑式的模板时,应有稳定的立足点。支设临空构建物模板时,应搭设支架。模板上有预留洞时,应在安装后将洞盖严。混凝土板上拆模后形成的临边或洞口,应按规定进行防护。

㉒在架空输电线路下面安装和拆除组合钢模板时,吊机起重臂、吊物、钢丝绳、外脚手架

和操作人员等与架空线路的最小安全距离应符合有关规范要求。当不能满足最小安全距离要求时,要停电作业;不能停电时,应有隔离防护措施。

㉓楼层高度超过4 m或二层及以上的建筑物,安装和拆除模板时,周围应设安全网或搭设脚手架和加设防护栏杆。在临街及交通要道地区,更应设警示牌,并设专人维持安全,防止伤及行人。

㉔现浇多层房屋和构筑物,应采取分层分段支模的方法。

㉕烟囱、水塔及其他高大特殊的构筑物模板工程,要进行专门设计,制订专项安全技术措施,并经主管安全技术部门审批。

8.3.5 模板的拆除

①模板拆除前,现浇梁柱侧模的拆除,拆模时要确保梁、柱边角的完整,施工班组长应向项目经理部施工负责人口头报告,经同意后再拆除。

②工作前,应检查所使用的工具是否牢固,扳手等工具必须用绳链系挂在身上,工作时思想要集中,防止钉子扎脚和从空中滑落。

③现浇或预制梁、板、柱混凝土模板拆除前,应有7 d和28 d龄期强度报告,达到强度要求后,再拆除模板。

④各类模板拆除的顺序和方法,应根据模板设计的规定进行,如无具体规定,应按先支的后拆、先拆非承重的模板、后拆承重的模板和支架的顺序进行拆除。模板拆除应按区域逐块进行,定型钢模板拆除不得大面积撬落。拆除薄壳模板从结构中心向四周均匀放松,向周边对称进行。

⑤大模板拆除前,要用起重机垂直吊牢,然后再进行拆除。

⑥拆除模板一般采用长撬杠,严禁操作人员站在正拆除的模板下。在拆除楼板模板时,要注意防止整块模板掉下,尤其是定型模板做平台模板时,更要注意防止模板突然全部掉下伤人。

⑦严禁站在悬臂结构上面敲拆底模。严禁在同一垂直平面上操作。

⑧拆除较大跨度梁下支柱时,应先从跨中开始,分别向两端拆除。拆除多层楼板支柱时,应确认上部施工荷载不需要传递的情况下方可拆除下部支柱。

⑨当水平支撑超过两道时,应先拆除两道以上水平支撑,最下一道大横杆与立杆应同时拆除。

⑩拆模高处作业,应配置登高用具或搭设支架,必要时应戴安全带。

⑪拆模时必须设置警戒区域,并派人监护。拆模时必须拆除干净,不得留有悬空模板。

⑫拆模间歇时,应将已活动的模板、牵杠、支撑等运走或妥善堆放,防止因踏空、扶空而坠落。

⑬在混凝土墙体、平板上有预留洞时,应在模板拆除后,随即在墙洞上做好安全护栏,或将板洞盖严。

⑭拆下的模板不准随意向下抛掷,应及时清理。临时堆放处离楼层边沿不应小于1 m,堆放高度不得超过1 m,楼层边口、通道、脚手架边缘严禁堆放任何拆下物件。

⑮拆模后模板或木方上的钉子,应及时拔除或敲平,防止钉子扎脚。

⑯模板拆除后,在清扫和涂刷隔离剂时,模板要临时固定好,板面相对停放的模板之间应留出 50~60 cm 宽的人行通道,模板上方要用拉杆固定。

8.3.6 典型案例分析

2010 年 1 月 3 日下午 14:20 时,云南省昆明市某建工市政公司承建的昆明新机场航站楼配套引桥工程在混凝土浇筑施工中,突然发生了支架垮塌事故,造成 7 人死亡、8 人重伤、26 人轻伤,直接经济损失 616.75 万元。

原因分析:

(1)直接原因

支架架体构造有缺陷,支架安装违反规范,支架的钢管扣件有质量问题,采用从箱梁高处向低处浇筑混凝土的方式违反规范规定,导致架体右上角翼板支架局部失稳,牵连架体整体坍塌。

(2)间接原因

①施工单位安全管理不到位,技术及管理人员配备不足,未健全安全责任制,落实不到位,施工安全技术交底不全。

②监理单位未认真履行支架验收程序,未对进入现场的脚手架及扣件进行检查与验收,发现支架搭设不规范等事故隐患后未及时采取措施进行整改。

8.4 拆除工程施工安全技术管理措施

8.4.1 拆除工程施工准备

拆除工程的建设单位与施工单位在签订施工合同时,应签订安全生产管理协议,明确双方的安全管理责任。建设单位、监理单位应对拆除工程施工安全负检查督促责任;施工单位应对拆除工程的安全技术管理负直接责任。

建设单位应向施工单位提供以下资料:

①拆除工程的有关图纸和资料。

②拆除工程涉及区域的地上、地下建筑及设施分布情况资料。

③建设单位应负责做好影响拆除工程安全施工的各种管线的切断、迁移工作。当建筑外侧有架空线路或电缆线路时,应与有关部门取得联系,采取防护措施,确认安全后方可施工。

④施工单位应全面了解拆除工程的图纸和资料,进行实地勘察,并应编制施工组织设计

或方案和安全技术措施。

⑤施工单位应对从事拆除作业的人员依法办理意外伤害保险。

⑥拆除工程必须制订生产安全事故应急救援预案,成立组织机构,并应配备抢险救援器材。

⑦当拆除工程对周围相邻建筑安全可能产生危险时,必须采取相应保护措施,并应对建筑内的人员进行撤离安置。

⑧拆除工程施工区应设置硬质围挡,围挡高度不应低于 1.8 m,非施工人员不得进入施工区。当临街的被拆除建筑与交通道路的安全距离不能满足要求时,必须采取相应的安全隔离措施。

⑨在拆除作业前,施工单位应检查建筑内各类管线情况,确认全部切断后方可施工。

⑩在拆除工程作业中,发现不明物体,应停止施工,采取相应的应急措施,保护现场并应及时向有关部门报告。

8.4.2 拆除工程安全施工管理

1)人工拆除

①当采用手动工具进行人工拆除建筑时,施工程序应从上至下,分层拆除,作业人员应在脚手架或稳固的结构上操作,被拆除的构件应有安全的放置场所。

②拆除施工应分段进行,不得垂直交叉作业。作业面的孔洞应封闭。

③人工拆除建筑墙体时,不得采用掏掘或推倒的方法。楼板上严禁多人聚集或堆放材料。

④拆除建筑的栏杆、楼梯、楼板等构件,应与建筑结构整体拆除进度相配合,不得先行拆除。建筑的承重梁、柱,应在其所承载的全部构件拆除后,再进行拆除。

⑤拆除横梁时,应确保其下落能有效控制时,方可切断两端的钢筋,逐端缓慢放下。

⑥拆除柱子时,应沿柱子底部剔凿出钢筋,使用手动倒链定向牵引,采用气焊切割柱子三面钢筋,保留牵引方向正面的钢筋。

⑦拆除管道及容器时,必须查清其残留物的种类、化学性质,采取相应措施后,方可进行拆除施工。

⑧楼层内的施工垃圾,应采用封闭的垃圾道或垃圾袋运下,不得向下抛掷。

2)机械拆除

①当采用机械拆除建筑时,应从上至下、逐层逐段进行;应先拆除非承重结构,再拆除承重结构。对只进行部分拆除的建筑,必须先将保留部分加固,再进行分离拆除。

②施工中必须由专人负责监测被拆除建筑的结构状态,并应做好记录。当发现有不稳定状态的趋势时,必须停止作业,采取有效措施,消除隐患。

③机械拆除时,严禁超载作业或任意扩大使用范围,供机械设备使用的场地必须保证足够的承载力。作业中不得同时回转、行走。机械不得带故障运转。

④当进行高处拆除作业时,对较大尺寸的构件或沉重的材料,必须采用起重机具及时吊下。拆卸下来的各种材料应及时清理,分类堆放在指定场所,严禁向下抛掷。

⑤拆除框架结构建筑,必须按楼板、次梁、主梁、柱子的顺序进行施工。

3) 爆破拆除

①爆破拆除工程应根据周围环境条件、拆除对象类别、爆破规模,并应按照《爆破安全规程》(GB 6722—2014)分为 A,B,C 三级。爆破拆除工程设计必须经当地有关部门审核,做出安全评估批准后方可实施。

②从事爆破拆除工程的施工单位,必须持有所在地有关部门核发的爆炸物品使用许可证,承担相应等级或低于企业级别的爆破拆除工程。爆破拆除设计人员应具有承担爆破拆除作业范围和相应级别的爆破工程技术人员作业证。从事爆破拆除施工的作业人员应持证上岗。

③爆破拆除所采用的爆破器材,必须同当地有关部门申请爆破物品购买证,到指定的供应点购买。严禁赠送、转让、转卖、转借爆破器材。

④运输爆破器材时,必须向所在地有关部门申请领取爆破物品运输证。应按照规定路线运输,并应派专人押送。

⑤爆破器材临时保管地点,必须经当地有关部门批准。严禁同室保管与爆破器材无关的物品。

⑥爆破拆除的预拆除施工应确保建筑安全和稳定。预拆除施工可采用机械和人工方法拆除非承重的墙体或不影响结构稳定的构件。

⑦对烟囱、水塔类构筑物采用定向爆破拆除工程时,爆破拆除设计应控制建筑倒塌时的触地振动,必要时应在倒塌范围铺设缓冲材料或开挖防震沟。

⑧为保护临近建筑和设施的安全,爆破震动强度应符合《爆破安全规程》(GB 6722—2014)的有关规定。建筑基础爆破拆除时,应限制一次同时爆破的用药量。

⑨建筑爆破拆除施工时,应对爆破部位进行覆盖和遮挡防护,覆盖材料和遮挡设施应牢固可靠。

⑩爆破拆除应采用电力起爆网路和非电导爆管起爆网路。

⑪爆破拆除工程的实施应在当地政府主管部门领导下成立爆破指挥部,并应按设计确定的安全距离设置警戒线。

4) 静力破碎及基础处理

①静力破碎方法适用于建筑基础或局部块体的拆除。

②采用静力破碎作业时,灌浆人员必须戴防护手套和防护眼镜。孔内注入破碎剂后,严禁人员在注孔区行走,并应保持一定的安全距离。

③静力破碎剂严禁与其他材料混放。

④在相邻的两孔之间,严禁钻孔与注入破碎剂施工同步进行。

⑤拆除地下构筑物时,应了解地下构筑物情况,切断进入构筑物的管线。

⑥建筑基础破碎拆除时,挖出的土方应及时运出现场或清理出工作面,在基坑边沿 1 m 内严禁堆放物料。

⑦建筑基础暴露和破碎时,发生异常情况,必须停止作业。查清原因并采取相应措施后,方可继续施工。

8.4.3 拆除工程安全技术管理

①拆除工程开工前,应根据工程特点、构造情况、工程量编制安全施工组织设计或方案。爆破拆除和被拆除建筑面积大于 1 000 m² 的拆除工程,应编制安全施工组织设计;被拆除建筑面积小于 1 000 m² 的拆除工程,应编制安全技术方案。

②拆除工程的安全施工组织设计或方案,应由技术负责人审核,经上级主管部门批准后实施。施工过程中,如需变更安全施工组织设计或方案,应经原审批人批准,方可实施。

③项目经理必须对拆除工程的安全生产负全面领导责任。项目经理部应设专职安全员,检查落实各项安全技术措施。

④进入施工现场的人员,必须佩戴安全帽。凡在 2 m 及以上高处作业无可靠防护设施时,必须使用安全带。在恶劣的气候条件下,严禁进行拆除作业。

⑤当日拆除施工结束后,所有机械设备应停放在远离被拆除建筑的地方。施工期间的临时设施,应与被拆除建筑保持一定的安全距离。

⑥拆除工程施工现场的安全管理应由施工单位负责。从业人员应办理相关手续,签订劳动合同,进行安全培训,考试合格后,方可上岗作业。

⑦拆除工程施工前,必须对施工作业人员进行书面安全技术交底。

⑧拆除工程施工必须建立安全技术档案,并应包括下列内容:拆除工程安全施工组织设计或方案;安全技术交底;脚手架及安全防护检查验收记录;劳务用工合同及安全管理协议书;机械租赁合同及安全管理协议书。

⑨施工现场临时用电必须按照《施工现场临时用电安全技术规范)(JGJ 46—2005)的有关规定执行。夜间施工必须有足够照明。

⑩电动机械和电动工具必须装设漏电保护器,其保护零线的电气连接应符合要求。对产生振动的设备,其保护零线的连接点不应少于 2 处。

⑪拆除工程施工过程中,当发生重大险情或生产安全事故时,应及时排除险情、组织抢救、保护事故现场,并向有关部门报告。

⑫施工单位必须依据拆除工程安全施工组织设计或方案,划定危险区域。施工前应发出告示,通报施工注意事项,并应采取可靠的安全防护措施。

8.4.4 典型案例分析

临沂市某道路拓宽拆迁工作中,拟拆除一幢宿舍楼。该工程由临沂市某区拆迁办公室与该区桃园村农民郭、李二人订立了房屋拆除合同。之后,郭、李二人又将此拆除工程非法转包给了郯城县周庄村的周某,周某立即雇用本县民工进行拆除。由于不懂建筑结构和相关施工技术,也无拆除资质,故不会编制方案和拆除前的交底以及相关的组织管理工作。因此,拆除工程施工现场管理混乱,无统一指挥,不按程序施工。当电焊工正在切断建筑物钢筋时,另一部分工人已将宿舍楼用钢丝绳及手拉葫芦加力拉紧,由于切断钢筋与拉紧钢丝绳作业配合不当,在切断钢筋的同时,继续拉紧的钢丝绳导致墙体失稳倒塌,造成 4 人死亡,2 人重伤。

事故原因分析

(1)技术方面

拆除工程无施工方案,现场无统一指挥,致使工人对操作程序不清、配合不当,在人员尚未疏散时便开始拉紧钢丝绳,且电焊切割人员仍在切割钢筋,当钢筋切断时,楼房倒塌,这是造成本次事故的直接原因。

(2)管理方面

由于拆除工程的承包人属无资质承包,建设行政主管部门未按规定审查资质,因此,带来一系列隐患,承包后,又无相应管理办法,以包代管严重失控。

8.5 吊装工程施工安全技术管理措施

起重吊装的概念:使起重机在平坦、坚固的地面上,呈水平状态后,利用起重机械将重物吊起,并使重物发生位置变化的作业过程。

8.5.1 勘察作业环境

吊装前,吊装小组负责人应进行如下确认:

①确认光线、气象条件是否具备。

②吊机的安全附件是否齐全完好。

③确认吊机司机、司索、指挥人员是否经过正规吊装培训,是否有相应的吊装经验,明确联络方式和信号。

④确认被吊物无积液、无附着物、无掩埋遮挡。

⑤了解被吊物的中心和质量,确认吊索(含附件)、吊点、捆吊方式、引绳(数量及长度)符合安全要求。

⑥确认吊机周围和吊运路线上无障碍、无电线绳索、无人员或机械突然经过,以及是否存在交叉作业。

⑦确认吊装司索、指挥和监护人员的安全站位和路线。

8.5.2 作业现场吊装风险识别

现场吊装时,应进行如下确认:

①吊索具或附件、吊点断裂或滑脱(未试吊)。

②起重机吊臂(悬梁)倾覆或钢丝绳断裂。

③吊件突然摆动、倾覆、旋转伤人(人的站位)。

④起吊后用手去碰吊索或吊物(不用引绳)致夹手压脚。

⑤高空吊装坠落伤人。

⑥吊索具、吊物碰到带电体触电。

⑦吊车转盘旋转挤伤人,收支撑夹手夹脚。

起重吊装前指挥人员"四个确认":

①确认危险区域无人。

②确认吊机吊件安全。

③确认吊具吊点正确。

④确认人员经过培训。

8.5.3　吊装工作方法及注意事项

①任何吊装作业的第一步,也是最重要的一步是确定装卸物的质量。

②一个安全的起吊取决于选择适合于装载质量的起重机,起重装置和设备。

③获得装载物质量的数据的最精确的方法是运用制造商的数据,例如图纸、装船资料和订单。

④设计者和制造商提供的数据是最好的来源。但是,运用这些信息时,应弄清楚是否有改变质量的添加物或任何形式的变更。

⑤如果没有精确的详细信息,你必须用其他方法来确定质量,如实际称重或计算。

8.5.4　几种常见材料的吊运方法及注意事项

钢板吊运:

①焊接吊耳吊运:主要用于尺寸较大的钢板吊运,吊耳焊接完毕后要检查确认。

②捆绑式吊运:多用于板条吊运,有时也用于部分型材吊运,吊运时要注意钢丝绳经过钢板快口时的包垫和捆绑后被吊物是否牢固,严禁用捆绑式吊运方法吊运大块钢板。

③专用工具吊运:主要有4种专用工具被用于钢板吊运,第一种是钢板挂子,主要用于装卸钢板,使用时要采取4点平衡架起吊法;第二种是钢板卡子,仅限于内场施工时钢板的短途移位,不可用于材料吊运上船,使用时要采取2点或4点的对称抬吊,不允许单边或单点吊运,一次吊运钢板的张数不得超过2张;第三种是钢板夹钳,作为内场使用的钢板短途移位工具,仅限于单张钢板的垂直吊运;第四种是永磁吊具,主要用于内场平板吊运,每次仅限一张。

④脚手板、钢管及其他小型型材吊运:包括脚手板、钢管、角钢、圆钢等小型型材的吊运必须采取捆绑式吊运,捆绑式吊运时钢丝绳的穿接要用卸扣,如捆绑后,被吊物还有松动的要采取绑扎或加垫措施。严禁采取兜挂式吊运。

⑤成型的小型材料尽量采用料斗吊运,否则必须在打包刚性连接后吊运。

⑥垃圾斗、料斗吊运时,满斗时钢丝绳必须有4根,垃圾斗、料斗内的物件不得高出斗的边缘,斗内有泡沫塑料等易被吹散的物件时,斗的上部要采取加压措施。敞口式油垃圾斗运时,油面距斗的边缘须保留30 cm,防止油面晃动溢出。

⑦气瓶吊运:除固定在托架上的固定气瓶吊运外,其他散装气瓶吊运须使用刚性料斗或吊笼吊运,如吊运量比较大,可以使用网兜吊运,但气瓶必须进行捆绑,防止气瓶吊运到位后滚动。高压气瓶吊运时必须有安全瓶帽。

8.5.5　常见的吊装事故原因

1)安全站位

在起重作业中,有些位置十分危险,如吊杆下、吊物下、被吊物起吊前区、导向滑轮钢绳三角区、快绳周围、站在斜拉的吊钩或导向滑轮受力方向等,如果处在这些位置上,一旦发生危险极不易躲开。所以,起重作业人员的站位非常重要,不但自己要时刻注意,还需要互相提醒、检查落实,以防不测。

2)误操作

起重作业涉及面大,经常使用不同单位、不同类型的吊车。吊车日常操作习惯不同,性能不同,再加上指挥信号的差异影响,容易发生误操作等事故。

3)绑扎不牢

高空吊装拆除时对被吊物未采取"锁"的措施,而用"兜"的方法;对被吊物的尖锐棱角未采取"垫"的措施,成束材料垂直吊送捆缚不牢,致使吊物空中一旦颤动、受刮碰即失稳坠落或"抽签"。

4)吊装工具或吊点选择不当

设立吊装工具或借助管道、结构等作吊点吊物缺乏理论计算,靠经验估算的吊装工具或管道、结构吊物承载力不够或局部承载力不够,一处失稳,导致整体坍塌。

5)无载荷吊索具意外兜挂物体

有很多事故是这样发生的,起重工作已经结束,当吊钩带着空绳索具运行时,自由状态下的吊索具挂拉住已摘钩的被吊物或其他物体,操作的司机或指挥人员如反应不及时,瞬间事故便发生了,而这类事故对作业人员和起重机具有非常恶劣的后果。

6)使用带有"毛病"的吊具

有些人为了省事,找根绳扣就用,殊不知这是别人扔的报废的绳扣,存在局部退过火或让电焊打过的问题,而这些问题是不容易检查出来的;还有的贪图便宜购买非正式厂家生产的滑轮、吊环等不合格吊具,使工人作业时提心吊胆。为了确保施工安全,请不要使用报废的绳扣,对损坏报废的绳扣应及时切断,防止他人误用;不要购买非正式厂家生产的吊具。

8.5.6　起重伤害事故的防范措施

①起重吊装作业前,编制起重吊装施工方案。

②各种吊装作业前,应预先在吊装现场设置安全警戒标志并设专人监护,非施工人员禁止入内。

③司机、信号工为特种作业人员,应取得相应的资格。

④吊装作业前,应对起重吊装设备、钢丝绳、缆风绳、链条、吊钩等各种机具进行检查,必须保证安全可靠,不准带病使用。

⑤严禁利用管道、管架、电杆、机电设备等做吊装锚点,未经原设计单位核算的,不得将建筑物、构筑物作为锚点。

⑥任何人不得随同吊装重物或吊装机械升降。

⑦吊装作业现场的吊绳索、缆风绳、拖拉绳等要避免同带电线路接触,并保持安全距离,起重机械要有防雷装置。

⑧吊装作业时,必须按规定负荷进行吊装,吊具、索具经计算选择使用,严禁超负荷运行。

⑨悬臂下方严禁站人、通行和工作。

⑩多台起重机同时作业时,要有防碰撞措施。

⑪吊装作业中,夜间应有足够的照明,室外作业遇到大雪、暴雨、大雾及六级以上大风时,应停止作业。

⑫在吊装作业中,有下列情况之一者不准起吊:指挥信号不明,超负荷或物体质量不明,斜拉重物,光线不足,看不清重物,重物下站人,重物埋在地下,重物紧固不牢,绳打结、绳不齐,棱刃物体没有衬垫措施,安全装置失灵。

8.5.7　典型案例分析

1)事故经过

某省建筑公司机械化施工处吊装队正在客车厂工地进行主体车间钢筋混凝土桁架吊装,班长王某负责吊装指挥,施工使用的是40 t汽车式起重机,吊装的构件是24 m跨钢筋混凝土梯形屋架,高3.5 m,重109 t桁架就位为三一组。上午10时,在吊装第一组桁架时,由于吊构件距离超过施工方案中规定的回转半径,吊钩偏斜,仍然指挥起钩时,将第一组的其余两榀桁架碰倒,结果又将第二组的三榀桁架碰倒,把距离起重机36 m处正在第六榀桁架下工作的起重工砸倒,抢救无效死亡。

2)原因分析

①吊构件时,违反操作规程,吊装距离超过回转半径的构件,造成的斜吊,是发生这次倒

机事故的主要原因。

②桁架就位后,没有采取加固措施,将桁架固定,受碰撞倾倒。

③施工现场管理不严,违反施工程序的作业,无人制止。

④对职工的安全教育不够,发生了违章操作的事故。

3)事故教训

结合本工程的吊装特点,锅炉在吊装前必须对全体参加施工人员进行安全教育培训,严格加强施工现场安全管理,采取必要的措施进行加固,吊装过程中不得违反操作规程,必须由专业起重工统一指挥。吊装前首先对施工现场进行勘察,吊装过程中将现场封闭,并设专人看护,严禁一切车辆及非施工人员进入警戒区内,编制施工组织设计时要详细编制吊装步骤,准确吊装就位。

8.6　建筑施工安全监测管理措施

8.6.1　基于北斗的安全监测背景

我国大型城市公共建筑不断增多,超高层建筑数量和规模与日俱增,作为文明古国也传承了大量珍贵的历史建筑和文物建筑。随着时间的推移,有一些建筑陆续达到设计寿命,加上我国建筑场地地基与建筑环境的复杂性,以及自然和人为地质灾害的影响,这些建筑物在运营过程中,都会产生变形,影响建筑的正常使用,严重时会危及建筑物的安全甚至造成建构筑物的垮塌,给人民生命和国家财产造成不可挽回的损失。因此,建筑安全监测变得日益急迫,同时也对建筑安全监测的技术提出了更高的需求。

GNSS 测量终端以其精度高、速度快、全天候等优点成为当今最先进的位移监测手段,被广泛应用于各类位移监测。中国北斗卫星导航系统是中国正在实施的自主发展、独立运行的全球卫星导航系统,北斗高精度 GNSS 测量终端的应用使国家重点行业尤其是关系国家安全的特殊行业,逐渐摆脱以 GPS 为首要定位和授时手段的应用需求,不论是对国家安全还是对产业发展都具有极大的意义。

国家发改委在《2014 年北斗卫星导航产业重大应用指南》中,将建筑安全监测列入北斗重大行业应用。2014 年 6 月,住房和城乡建设部建筑节能与科技司组织申报了"基于北斗高精度定位的建筑安全监测应用服务平台"(以下简称"北斗专项");2014 年 10 月,国家发展改革委办公厅、财政部办公厅发布的《关于 2014 年北斗卫星导航产业重大应用示范发展专项行业示范应用类项目实施方案的通知》(发改办高技〔2014〕2564 号),正式批准了该项目。项目旨在研究、制定并落实支持北斗在住建行业推广应用的相关政策措施与标准,加强统筹协调,积极推进项目建设与应用,使应用北斗逐步成为住建行业标准配置,有效推动提质增效升级,为国民经济稳定运行和国家重点行业安全应用提供重要支撑和技术保障。

8.6.2　适合监测的场景

适合采用北斗卫星导航系统进行施工和运营期间建筑安全监测的建筑包括超高层和高耸建筑、大跨度建筑、桥梁、危险建筑、历史建筑和文物建筑、地基条件复杂的建筑,以及其他需要监测的建筑。

适合采用北斗卫星导航系统进行安全监测的自然地质灾害频发或潜在发生区域包括山体或土体崩塌区域、山体或土体滑坡区域、泥石流发生区域、地面塌陷区域、地裂缝及两侧500 m区域、地面沉降量较大区域,以及其他自然地质灾害频发或潜在发生区域。

适合采用北斗卫星导航系统进行安全监测具有人为地质灾害潜在发生可能的区域包括建筑场地和斜坡、建筑高边坡、公路与铁路的高边坡、垃圾填埋场边坡、渣土填埋场边坡、采矿区的沉陷区域、尾矿库及坝体边坡、水库大坝及边坡,以及其他人为地质灾害潜在发生可能的区域。

适合采用北斗卫星导航系统的精准定位技术进行操控和安全运营监测的工程机械包括打桩机、工程机械、挖掘机、压路机、推土机及塔吊设备。

适合采用北斗卫星导航系统进行运行过程中监管的机械设备包括建筑材料运输车辆、建筑垃圾运输车辆及施工渣土运输车辆。

8.6.3　监测精度等级及技术指标

根据北斗卫星导航定位的精度级别分为北斗一等、北斗二等、北斗三等、北斗四等、北斗五等5个精度等级。其技术指标见表8-14。

表8-14　北斗卫星导航系统监测的等级与技术指标

等级	监测点坐标中的误差		采样率	工作方式
	水平分量/mm	垂直分量/mm		
北斗一等	2	3	0.1~1 s	静态频谱测量(0.1 s)
北斗二等	3	5	10~30 s	静态
北斗三等	5	10	60 s	静态
北斗四等	10	20	3 min	静态或RTK
北斗五等	20	40	10 min	RTK

在监测工作中,可根据变形监测的工程项目类型、位移和安全监测类型及委托方的要求,选择合适的监测精度等级。

8.6.4　监测设计及应用

1）超高层建筑监测

超高层建筑按表8-15选择监测内容。

表8-15　超高层建筑的监测内容

序号	应监测内容	宜监测内容
1	提升架监测	日照变形监测
2	水平位移监测	
3	竖向位移监测	风振监测
4	三维动态实时监测	结构健康监测

超高层建筑的监测精度应符合北斗一等监测精度要求。超高层建筑变形监测点（站）的布置，应结合建筑结构特点，以反映最大变形特征的原则确定。总体布设如图8-4所示。

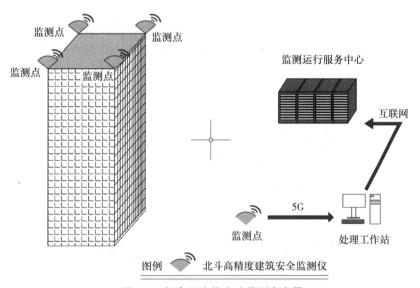

图8-4　超高层建筑北斗监测点布置

2）大跨空间结构建筑监测

大跨空间结构建筑监测内容应按照表8-16选择监测内容。

表8-16　大跨空间结构建筑的监测内容

序号	应监测内容	宜监测内容
1	水平位移监测	日照变形监测
2	竖向位移监测	

续表

序号	应监测内容	宜监测内容
3	三维动态实时监测	风振监测
4	结构健康监测	
5	挠度监测	

大跨空间结构监测应符合北斗二等及以上监测精度要求。

大跨空间结构监测点(站)应布设在结构各主要受力点及结构关键部位。总体布设如图8-5所示。

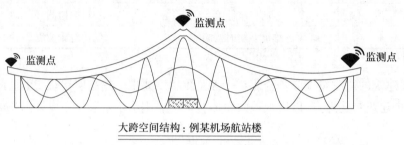

大跨空间结构:例某机场航站楼

图 8-5 大跨空间结构北斗监测点布置

3)危险房屋变形监测

危险房屋的监测功能应符合表8-17的规定。

表 8-17 危险房屋的监测功能

序号	应监测内容	宜监测内容
1	地基基础、上部承重结构、围护结构监测	水平位移监测、竖向位移监测、三维动态监测、北斗结构健康监测
2	危险构件监测	水平位移监测、竖向位移监测、挠度监测
3	结构裂缝监测	水平位移监测

危险房屋变形监测应符合北斗二等监测的精度要求。

危险房屋变形监测点(站)的布置应全面反映建筑物整体或危险部位的变形发展情况,同时应结合建筑结构的特点来确定。

危险房屋变形监测传感器种类的选择应根据房屋目前所处的状况综合考虑。

4)建筑机械安全监测与精准作业控制

建筑机械安全监测与精准作业控制宜使用北斗五等监测精度要求。

大型建筑机械安全监测除北斗高精度终端机外,应结合角度传感器、幅度传感器、力矩传感器、倾角传感器、重量传感器等协助监测。

　　塔吊作业精准控制及打桩机精准定位的监测点布设如图8-6和图8-7所示。

　　渣土车的运输监管对北斗实时监测系统的功能要求为：全方位进行实时、动态安全监测；对渣土车实时运输路线、运输时间、是否抵达目的地进行全范围监测；对渣土车倾倒状态进行实时处理和监测，对未按作业要求倾倒的渣土车启动警报系统。

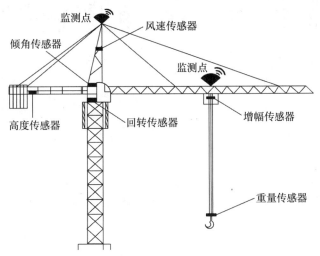

图 8-6　塔吊作业精准控制监测点布设

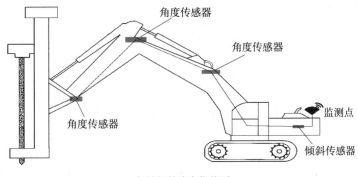

打桩机精确定位监测

图 8-7　打桩机精确作业定位监测点布设

第9章 建筑施工机械安全管理

9.1 施工机械管理概述

9.1.1 施工机械的分类

建筑施工现场机械包括手持式电动工具、小型电动建筑机械和大型施工机械。

9.1.2 施工机械安全管理的一般规定

①机械设备应按其技术性能的要求正确使用。

②严禁拆除机械设备上的自动控制机构、力矩限位器等安全装置,以及监测、指示、仪表、警报器等自动报警、信号装置。其调试和故障的排除应由专业人员负责进行,电气设备必须由专职电工进行维护和检修。电工检修电气设备时严禁带电作业,必须切断电源并悬挂"有人工作,禁止合闸"的警告牌。

③新购或经过大修、改装和拆卸后重新安装的机械设备,必须按原厂说明书的要求进行测试和试运转。处在运行和运转中的机械严禁对其进行维修、保养或调整等作业。

④机械设备应按时进行保养,当发现有漏保、失修或超载带病运转等情况时,有关部门应停止其使用。

⑤机械设备的操作人员必须经过专业培训考试合格,取得有关部门颁发的操作证后,方可独立操作。机械作业时,操作人员不得擅自离开工作岗位或将机械交给非本机操作人员操作。严禁无关人员进入作业区和操作室内。严禁酒后操作。

⑥凡违反相关操作规程的命令,操作人员有权拒绝执行。由发令人强制违章作业而造成事故者,应追究发令人的责任,直至追究刑事责任。

⑦机械操作人员和配合人员,都必须按规定穿戴劳动保护用品。长发不得外露。高空

作业必须佩戴安全带,不得穿硬底鞋和拖鞋。严禁从高处往下抛掷物件。

⑧进行日作业两班及以上的机械设备均须实行交接班制,操作人员要认真填写交接班记录。机械进入作业地点后,施工技术人员应向机械操作人员进行施工任务及安全技术措施交底。操作人员应熟悉作业环境和施工条件,听从指挥,遵守现场安全规则。

⑨当机械设备发生事故或未遂恶性事故时,必须及时抢救,保护现场,并立即报告领导和有关部门听候处理。企业领导对事故应按"四不放过"的原则进行处理。

9.2　小型施工机械管理

9.2.1　夯土机械

①夯土机械开关箱中的漏电保护器必须符合潮湿场所选用漏电保护器的要求。

②夯土机械 PE 线的连接点不得少于 2 处。负荷线应采用耐气候型橡皮护套铜芯软电缆。夯土机械的操作扶手必须绝缘。夯土机械检修或搬运时必须切断电源。

③使用夯土机械必须按规定穿戴绝缘用品,使用过程应有专人调整电缆,电缆长度不应大于 50 m。电缆严禁缠绕、扭结和被夯土机械跨越。

④多台夯土机械并列工作时,其间距不得小于 5 m;前后工作时,其间距不得小于 10 m。

9.2.2　焊接机械

①电焊机械应放置在防雨、干燥和通风良好的地方。焊接现场不得有易燃易爆品。

②交流弧焊机变压器的一次侧电源线长度不应大于 5 m,电源进线处必须设置防护罩。发电机式直流电焊机的换向器应经常检查和维护。

③电焊机械开关箱中的漏电保护器必须符合要求,交流电焊机械应配装防二次侧触保护器。电焊机械的二次线应采用防水橡皮护套铜芯软电缆,电缆长度不应大于 30 m,不得采用金属构件或结构钢筋代替二次线的地线。

④进行焊接作业时所用的焊钳及电缆必须完整无破损,使用电焊机械焊接时必须穿戴防护用品。严禁露天冒雨从事电焊作业。

9.2.3　混凝土施工机械

①混凝土搅拌机、插入式振动器、平板振动器、地面抹光机、水磨石机等设备的漏电保护应符合《施工现场临时用电安全技术规范》(JGJ 46—2005)要求,负荷线必须采用耐气候型橡皮护套铜芯软电缆,并不得有任何破损和接头。

②对混凝土搅拌机等设备进行清理、检查、维修时,必须首先将其开关箱分闸断电,呈现

可见电源分断点,并关门上锁。

9.2.4 钢筋加工机械

①钢筋加工机械包括钢筋切断机、钢筋调直机、钢筋套丝机、钢筋弯曲机等。钢筋加工机械的漏电保护应符合《施工现场临时用电安全技术规范》(JGJ 46—2005)要求。设置漏电保护装置。

②钢筋加工机械的负荷线必须采用耐气候型橡皮护套铜芯软电缆,并不得有任何破损和接头。对钢筋加工机械等设备进行清理、检查、维修时,必须首先将其开关箱分闸断电,呈现可见电源分断点,并关门上锁。

9.3 大型施工机械管理

9.3.1 塔式起重机

塔式起重机是一种塔身直立,起重臂铰接在塔帽下部,能够作 360°回转的起重机,通常用于房屋建筑和设备安装的场所,具有适用范围广、起升高度高、回转半径大、工作效高、操作简便、运转可靠等特点。

(1)塔机的安全装置

为了确保塔机的安全作业,防止发生意外事故,塔机必须配置各类安全保护装置。主要包括起重力矩限制器、起重量限制器、起重高度限制器、幅度限器、塔机行走限位器、吊钩保险装置、钢丝绳防脱槽装置、夹轨钳、回转限制器、风速仪电器控制中的零位保护和紧急安全开关等。

(2)塔机安装、拆卸的安全要求

塔机安装的安全要求包括以下几个方面:

①起重机安装过程中,必须分阶段进行技术检验。用旋转塔身方法进行整体安装及拆卸时,应保证自身的稳定性。

②轨道路基必须经过平整压实,基础经处理后,土壤的承载能力要达到 $8 \sim 10 \ t/m^2$。塔式起重机的基础及轨道铺设,符合要求后,方可进行塔式起重机的安装。

③安装及拆卸作业前,必须认真研究施工方案,严格按照架设程序分工负责,统一指挥。安装起重机时,必须将大车行走缓冲止挡器和限位开关装置安装牢固可靠,并应将各部位的栏杆、平台、扶杆、护圈等安全防护装置装齐。

④采用高强度螺栓连接的结构,应使用原厂制造的连接螺栓,自制螺栓应有质量合格的试验证明,否则不得使用。连接螺栓时,应采用扭矩扳手或专用扳手,并应按装配技术要求

拧紧。所有的螺栓都要拧紧,并达到紧固力矩要求。对钢丝绳要进行严格检查有否断丝腐损现象,如有损坏,立即更换。

⑤塔式起重机附墙杆件的布置和间隔,应符合说明书的规定。在塔式起重机未拆卸至允许悬臂高度前,严禁拆卸附墙杆件。

⑥两台起重机之间的最小架设距离应保证处于低位的起重机的臂架端部与另一台起重机的塔身之间至少有 2 m 的距离;处于高位起重机的最低位置的部件与低位起重机中处于最高位置部件之间的垂直距离不得小于 2 m。在有建筑物的场所,应注意起重机的尾部与建筑物外转施工设施之间的距离不小于 0.5 m。

⑦有架空输电线的场所,起重机的任何部位与输电线的安全距离应符合规范规定,以避免起重机结构进入输电线的危险区。

(3)塔机拆卸的安全要求

①塔机拆卸人员必须经过专业理论和技能培训,考核合格后持证上岗。严格按照塔机的装拆方案和操作规程中的有关规定、程序进行装拆,正确使用劳动保护用品。

②塔机装拆前,施工企业必须编制专项的装拆施工方案,并经过企业技术负责人审批。必须向全体作业人员进行装拆方案和安全操作技术的书面交底,履行签字手续;施工企业必须具备装拆作业的资质,按照资质的等级进行装拆相对应的塔机,并有技术和安全人员在场监护;施工企业必须建立塔机的装拆专业班组并且配有起重工、电工、起重指挥。

③拆装作业前检查项目:路基和轨道铺设或混凝土基础应符合技术要求;检查路轨路基和各金属结构的受力状况;对所拆装起重机的各机构、构件、部件、线路等进行检查,使隐患排除于拆装作业之前;对自升塔式起重机顶升液压系统进行检查,及时处理存在的问题;对制动系统等进行检查;检查辅助机械,应状况良好,技术性能应能保证拆装作业的需要;对拆装人员劳保品使用进行检查,不合格者立即更换;检查拆装现场电源电压、运输道路、作业场地等具备拆装作业条件;安全监督岗的设置及安全技术措施的贯彻落实已达到要求;装拆塔机的作业要统一指挥,专人监护,设立警戒区域。

④作业中遇有大雨、雾和风力超过 4 级时应停止作业。

(4)群塔作业塔机运行规则

①低塔让高塔,低塔在转臂前应先观察高塔运行情况再进行作业。

②后塔让高塔,在两塔机塔臂作业交叉区域内运行时,后进入该区域的塔机要避让先进入该区域的塔机。

③动塔让静塔,在两塔机塔臂交叉作业时。进行运转的塔机应避让处于静止状态下的塔吊。

④轻车让重车,两塔机同时运作时,无载荷塔机应主动避让有效载荷塔机。

⑤客塔让主塔,以各楼号实际工作区域划分塔机工作区域,若塔机塔臂进入非本楼号工作区域时,客区域的塔机避让主区域的塔机。

⑥塔机在运行中,各条件同时存在时,必须严格按以上排序原则执行。

"由于塔机结构庞大、稳定性较差,且伴有高空作业,一旦发生意外,极有可能造成重大损失,因此安全管理不容忽视。"某硬件产品总工说,当塔吊过载、风速过大、倾角异常时,监控管理系统会自动采用智能防碰撞技术,通过降挡、降速等措施保证塔吊安全,并第一时间将隐患信息推送给相关负责人,以此将安全事故遏制在萌芽状态。

据介绍,品茗塔机安全监控管理系统目前已应用于超过 85 000 台塔机,在北京大兴国际机场、中国西部科技创新港、科威特国际机场等项目中均有落地应用。

(5)典型案例分析

2019 年 1 月 23 日 9 时 15 分,华容县华某明珠三期在建工程项目 10 号楼塔式起重机在进行拆卸作业时发生一起坍塌事故,事故造成 2 人当场死亡,3 人受伤送医院经抢救无效后死亡,事故直接经济损失 580 余万元。

事故原因分析:

塔式起重机安拆人员严重违规作业,违反《建筑施工塔式起重机安装、使用、拆卸安全技术规程》(JGJ196—2010)第 5.0.4 条、《山东大汉 QTZ63 使用说明书》第 8.2.1 条等规定,这是导致本起事故发生的直接原因。

①在顶升过程中未保证起重臂与平衡臂配平,同时有移动小车的变幅动作。

②未使用顶升防脱装置。

③且未将横梁销轴可靠落入踏步圆弧槽内。

④在进行找平变幅的同时将拟拆除的标准节外移。

以上违规操作行为引起横梁销轴从西北侧端踏步圆弧槽内滑脱,造成塔式起重机上部荷载由顶升横梁一端承重而失稳,导致塔式起重机上部结构墩落,引发此次塔式起重机坍塌事故。

9.3.2 物料提升机

(1)物料提升机的类型、基本构造与设计

①物料提升机类型。提升高度 30 m 以下(含 30 m)为低架物料提升机,提升高度 31 ~ 150 m 为高架物料提升机。一般常用有龙门架提升机和井架提升机两种。

②物料提升机的结构设计计算应符合现行行业标准规定。物料提升机设计提升结构的同时,应对其安全防护装置进行设计和选型。物料提升机应有标牌,标明额定起重量、最大提升高度及制造单位、制造日期。

(2)安全防护装置

①安全停靠装置。当吊篮停靠到位时,该装置应能可靠地将吊篮定位,并能承担吊篮自重、额定荷载及运卸料人员和装卸物料时的工作荷载。

②断绳保护装置。断绳保护装置就是在吊篮运行过程中发生钢丝绳突然断裂、钢丝绳尾端固定点松脱或吊篮会从高处坠落时,装置即刻启动,将吊篮卡在架体上,避免产生严重的事故。

③吊篮安全门。吊篮的上下料口处应装设安全门,此门应制成自动开启型。

④楼层口通道门。物料提升机与各楼层进料口一般均搭设了运料通道。在楼层进料口与运料通道的结合处必须设置通道安全门,此门在吊篮上下运行时应处于常闭状态,只有在卸运料时才能打开,以保证施工作业人员不在此处发生高处坠落事故。

⑤上料口防护棚。物料提升机地面进料口是运料人员经常出入和停留的地方,吊篮在运行过程中易发生落物伤人事故,因此搭设上料口防护棚是防止落物伤人的有效措施。

⑥上极限限位器。该装置为防止司机误操作或机械、电气故障而引起吊篮上升高度失控造成事故而设置的安全装置。当吊篮上升达到极限位置时,限位器即行动作,切断电源,使吊篮只能下降,不能上升。

⑦紧急断电开关。该装置应设在司机便于操作的位置,在紧急情况下,能及时切断提升机的总控制电源。

⑧信号装置。该装置由司机控制,能与各楼层进行简单的音响或灯光联络,以确定吊篮的需求情况。音量应能使各楼层使用提升机装卸物料人员清晰听到。

⑨高架提升机除应满足上述规定外,安全装置还有下极限限位器、缓冲器、超载限制器、通信装置等均需满足相应技术要求。

(3)架体稳定要求

①井架式提升机的架体,在与各楼层通道相接的开口处,应采取加强措施。提升机架体顶部的自由高度不得大于 6 m。提升机的天梁应使用型钢,宜选用两根槽钢,其截面高度应经计算确定,但不得小于两根。

②高架提升机的基础、附墙架等应符合设计要求。

③基础应有排水措施。距基础边缘 5 m 范围内,开挖沟槽或有较大振动的施工时,必须有保证架体稳定的措施。

④缆风绳的地锚,根据土质情况及受力大小设置,应经计算确定。一般宜采用水平式地锚,当土质坚实,地锚受力小于 15 kN 时,也可选用桩式地锚。

(4)提升机的安装与拆除要求

①提升机安装前的准备工作:编制架体的安装方案;对作业人员根据方案进行安全技术交底,操作人员必须持证上岗;划定安全警戒区域,专人监护;检查高度是否符合设计要求,金属结构、提升机构、电气设备、基础位置和做法,地锚位置、连墙杆(附墙杆)连接埋件的位置正确性和牢靠性,提升机周围环境条件有无影响作业安全的因素等。

②架体安装时,每安装 2 个标准节(一般不大于 8 m),应采取临时支撑或临时缆风绳固定。安装龙门架时,两边立柱应交替进行,每安装 2 节,除将单肢柱进行固定外,尚应将两立柱横向连接成一体。装设摇臂扒杆时,应符合以下要求。扒杆不得装在架体的自由端,扒杆底座要高出工作面,其顶部不得高出架体,扒杆与水平面夹角应为45°~70°,转向时不得碰到缆风绳,扒杆应安装保险钢丝绳。起重吊钩应采用符合有关规定的吊具并设置吊钩上极限限位装置。

③架体安装完毕后,企业必须组织有关职能部门和人员对提升机进行试验和验收,检查验收合格后方能交付使用。利用建筑物内井道做架体时,各楼层进料口处的停靠门,必须与司机操作处装设的层站标志灯进行连锁,阴暗处应装照明。架体各节点的螺栓必须紧固且符合孔径要求。

④物料提升机架体应随安装固定,架体的缆风绳必须采用钢丝绳。附墙杆必须与物料提升机架体材质相同,严禁将附墙杆连接在脚手架上,必须可靠地与建筑结构相连接。架体

顶端自由高度与附墙间距应符合设计要求。物料提升机、卷扬机应安装在视线良好，远离危险作业区域。钢丝绳应能在卷筒上整齐排列，其吊篮处于最低工作位置时，卷筒上应留有不少于 3 圈的钢丝绳。

⑤提升机的安装和拆卸工作必须按照施工方案进行，专人统一指挥。物料提升机采用旋转法整体安装或拆卸时，必须对架体采取加固措施，拆卸时必须待起重机吊点索具垂直拉紧后，方可松开缆风绳或拆除附墙杆件。拆除作业宜在白天进行，夜间确需作业的应有良好的照明，因故中断作业时，应采取临时稳固措施。

9.3.3　施工升降机

施工升降机是高层建筑施工中运送施工人员及建筑材料和工具设备上下必备的、重要的垂直运输设施。施工升降机又称为施工电梯，是一种使工作笼（吊笼）沿导轨作垂直或倾斜运动的机械。施工升降机按其传动形式可分为齿轮齿条式、钢丝绳式和混合式等 3 种。

（1）施工升降机的基本构造

建筑施工升降机主要由钢结构、驱动装置、安全装置和电器设备 4 部分组成。

（2）施工升降机的安全装置

①限速器。齿条驱动的建筑施工升降机，为了防止吊笼坠落均装有锥鼓式限速器，并可分为单向式和双向式两种，单向限速器只能沿吊笼下降方向起限速作用，双向限速器则可以沿吊笼的上升和下降两个方向起限速作用。

②缓冲弹簧。在建筑施工升降机底笼的底盘上装有缓冲弹簧，以便当吊笼发生坠落事故时，减轻吊笼的冲击，同时保证吊笼和配重下降着地时呈柔性接触，缓冲吊笼和配重着地时的冲击。

③上、下限位器。为防止吊笼上、下时超过需停位置，因司机误操作和电气故障等原因继续上行或下降引发事故而设置的装置，安装在吊轨架和吊笼上，属于自动复位型的。

④上、下极限限位器。上、下极限限位器是在上、下限位器不起作用时，当吊笼运行超过限位开关和越程（越程是指限位开关与极限限位开关之间所规定的安全距离）后，能及时切断电源使吊笼停车。

⑤安全钩。为防止吊笼到达预先设定位置，上限位器和上极限限位器因各种原因不能及时动作、吊笼继续向上运行，将导致吊笼冲击导轨架顶部而发生倾翻坠落事故而设置的。安全钩是安装在吊笼上部也是最后一道安全装置，它能使吊笼上行到导轨架顶部的时候，安全钩钩住导轨架，保证吊笼不发生倾翻坠落事故。

⑥急停开关。当吊笼在运行过程中发生各种原因的紧急情况时，司机能在任何时候按下急停开关，使吊笼停止运行。急停开关必须是非自行复位的安全装置，安装在吊笼顶部。

⑦吊笼门、底笼门连锁装置。施工升降机的吊笼门、底笼门均装有电气连锁开关，它们能有效地防止因吊笼或底笼门未关闭就启动运行而造成人员队落和物料滚落，只有当吊门和底笼门安全关闭时才能启动运动。

⑧楼层通道门。施工升降机与各楼层均搭设了运料和人员进出的通道，在通道口与升降机结合部必须设置楼层通道门。此门在吊笼上下运行时处于常闭状态，只有在吊笼停靠

时才能由吊笼内的人打开。应做到楼层内的人员无法打开此门,以确保通道口处在封闭的条件下不出现危险的边缘。楼层通道门的高度应不低于1.8 m。

⑨通信装置。由于司机的操作室位于吊笼内,无法知道各楼层的需求情况和分辨不清哪个层面发出信号,因此必须安装一个闭路的双向电气通信装置,司机应能听到或看到每一层的需求信号。

⑩地面出入口防护棚。升降机在安装完毕时,应及时搭设地面出入口的防护棚。防护棚搭设的材质要选用普通脚手架钢管、防护棚长度不应小于5 m,有条件的可与地面通道防护棚连接起来。宽度应不小于升降机底笼最外部尺寸。其顶部材料可采用50 mm厚木板或两层竹笆,上下竹笆间距应不小于700 mm。

(3)施工升降机的安装与拆卸要求

①施工升降机每次安装与拆卸作业之前,企业应根据施工现场工作环境及辅助设备情况编制安装拆卸方案,经企业技术负责人审批同意后方能实施。

②每次安装或拆除作业之前,应对作业人员按不同的工程和作业内容进行详细的技术、安装交底。参与装拆作业的人员必须持有专门的资格证书。

③升降机的装拆作业必须是经当地建筑行政主管部门认可、持有相应的装拆资质证书的专业单位实施。

④升降机每次安装后,施工企业应当组织有关职能部门和专业人员对升降机进行必要的试验和验收。确认合格后应当向当地建设行政主管部门认定的检测机构申报,经专业检测机构检测合格后,才能正式投入使用。

⑤施工升降机在安装作业前,应对升降机的各部件作如下检查:

a.导轨架、吊笼等金属结构的成套性和完好性。

b.传动系统的齿轮、限速器的装配精度及其接触长度。

c.电气设备主电路和控制电路是否符合国家规定的产品标准。

d.基础位置和做法是否符合该产品的设计要求。

e.附墙架设置处的混凝土强度和螺栓孔是否符合安装条件。

f.各安全装置是否齐全,安装位置是否正确牢固,各限位开关动作是否灵敏、可靠。

g.升降机安装作业环境有无影响作业安全的因素。

⑥安装作业应严格按照预先制订的安装方案和施工工艺要求实施,安装过程中有专人统一指挥,划出警戒区域,并有专人监控。

⑦施工升降机处于安装工况,应按照相关规范及说明书的规定,依次进行不少于两节导轨架标准节的接高试验。

⑧施工升降机导轨架随标准节接高的同时,必须按说明书规定进行附墙连接,导轨架顶部悬臂部分不得超过说明书规定的高度。

⑨施工升降机吊笼与吊杆不得同时使用。吊笼顶部应装设安全开关,当人员在吊笼顶部作业时,安全开关应处于吊笼不能启动的断路状态。

⑩有对重的施工升降机在安装或拆卸过程中,吊笼处于无对重运行时,应严格控制吊笼内载荷及避免超速刹车。

⑪施工升降机安装或拆卸导轨架作业不得与铺设或拆除各层通道作业上下同时进行。当搭设或拆除楼层通道时,吊笼严禁运行。

⑫施工升降拆卸前,应对各机构、制动器及附墙进行检查,确认正常时方可进行拆卸工作。

⑬作业人员应按高处作业的要求,系好安全带,做好防护工作。

(4)典型案例分析

武汉市某建筑工地,施工楼房为33层框架剪力墙结构住宅用房,建筑面积约1.6万 m^2。2012年9月13日,升降机司机(特种作业操作资格证书是伪造的)将升降机左侧吊笼停在下终端站,按往常一样锁上电锁拔出钥匙,关上护栏门后下班。当日13时10分许,提前到该楼顶楼施工的19名工人擅自将停在下级端站的施工升降机左侧吊笼打开,携施工物件进入左侧吊笼,操作施工升降机上升。该吊笼运行至33层顶楼平台附近时突然倾翻,连同导轨架及顶部4节标准节一起坠落地面,造成吊笼内19人当场死亡,直接经济损失约1 800万元。

经调查认定,该事故是一起生产安全责任事故。

事故原因分析:

①设备租赁单位:设备租赁单位内部管理混乱,在办理建筑起重机械安装(拆卸)告知手续前,没有将该施工升降机安装(拆卸)工程专项施工方案报送监理单位进行审核。起重机械安装、维护制度不健全、不落实,事故施工升降机从上一建筑工地运至事发工地开始安装,安装完毕后进行了自检。初次安装并经检测合格后,设备租赁单位对该施工升降机先后进行了4次加节和附着安装,共安装标准节70节,附着11道。其中,最后一次安装是从第55节标准节开始加节和附着2道。每次加节和附着安装均未按照专项施工方案实施,未组织安全施工技术交底,施工升降机加节和附着安装不规范,未按有关规定进行验收。安装、维护记录不全、不实;安排不具备岗位执业资格的员工负责施工升降机维修保养。对施工升降机使用安全生产检查和维护流于形式,未能及时发现和整改事故施工升降机存在的重大安全隐患。

②施工总承包单位:安全生产责任制不落实;安全生产管理制度不健全、不落实,培训教育制度不落实;对施工升降机安装使用的安全生产检查和隐患排查流于形式未能及时发现和整改事故施工升降机存在的重大安全隐患。在《建设工程规划许可证》《建筑工程施工许可证》《中标通知书》和《开工通知书》均无的情况下,违规进场施工,且施工过程中忽视安全管理,现场管理混乱,并存在非法转包;未依照要求对施工升降机加节进行申报和验收,并擅自使用。对施工人员私自操作施工升降机的行为,批评教育不够,制止管控不力。

③监理单位:该公司安全生产主体责任不落实,未与分公司、监理部签订安全生产责任书,安全生产管理制度不健全,落实不到位;公司内部管理混乱,对分公司管理、指导不到位,对该项目《监理规划》和《监理细则》审查不到位;使用非公司人员在投标时作为该项目总监,实际并未参与项目监理活动。总监代表和部分监理人员不具备岗位执业资格;安全管理制度不健全、不落实,在项目无"建设工程规划许可证""建筑工程施工许可证"和未取得"中标通知书"的情况下,违规进场监理;未依照有关规定督促相关单位对施工升降机进行加节

验收和使用管理,自己也未参加验收;对项目施工和施工升降机安装使用安全生产检查和隐患排查流于形式,未能及时发现和督促整改事故,施工升降机存在重大的安全隐患。

9.4　设备安全管理制度

9.4.1　目的依据

为规范企业安全生产设备、设施的购置、租赁、验收、安装、使用、维保等管理行为,加强安全生产管理,根据《建筑机械使用安全技术规程》(JGJ 33—2012)、《用人单位劳动防护用品管理规范》(安监总厅安健〔2015〕124 号)等相关规定要求,制定本制度。

9.4.2　适用范围

本制度适用于公司及直管部(分公司)和所属项目经理部普通设备设施的安全管理。

普通安全设备、设施是指除特种以外的各类设施设备及物资,包括安全防护用品,环境保护与消防设施、救援设备、器材,临时设施(构筑物),运输车辆、生产设备、电气设备等。

9.4.3　工作职责

①公司及直管部(分公司)和所属项目经理部设备管理部门是机械设备管理的主控部门。

②公司及直管部(分公司)和所属项目经理部安全管理部门对普通设备、设施的安全管理进行监督。

9.4.4　管理要求

①直管部(分公司)和所属项目经理部配备的设施、设备及物资应符合相关的安全规范和技术要求,并满足安全生产的需求。

②直管部(分公司)和所属项目经理部应建立健全设备、设施及物资管理台账,相关台账记录应清晰、完整。

③项目经理部应以书面形式指定专人负责对安全防护用具、机械设备、施工机具及配件等进行管理。

④对于新进场的设施、设备及物资,项目经理部应及时组织对其进行检查验收,并填写《采购(租赁)安全设施、设备、物资验收表》,确保进场设施、设备及物资的安全性满足相关要求。

9.4.5 普通机械设备管理

①普通机械设备进入施工现场后,项目经理部应及时填写"机械设备管理登记表",建立健全机械设备管理台账。

②项目经理部应建立健全机械设备操作人员名册。对于需要持证的人员才允许上岗操作的机械设备,项目经理部应按照"三定"(定人、定机、定岗)原则安排专人对每台机械设备进行操作、维护保养和管理,相关的操作人员应经过专业培训,并取得相关部门颁发的操作证。严禁无证人员操作此类机械设备。

③对需要定期检测的机械设备,项目经理部应严格依据相关规定,定期组织人员或委托具有相应资格的机构对设施、设备进行检测,并做好相关检测记录或保存检测机构出具的检验报告及检验合格证书,建立健全机械设备检验检测台账。

④项目经理和设备管理人员应督促机械设备操作人员和维修人员定期对机械设备进行检查、维修、保养,并如实填写"机械设备检查、维修、保养记录表"。

9.4.6 现场临时设施管理

①项目经理部组建成立后,工程开工前,项目经理应组织人员根据工程项目规模和现场环境状况,依据《施工组织设计》、集团《安全生产标准化管理图册》和《云南省高速公路标准化指南》及其标准图集,对现场临时设施的搭建、采购及租赁进行全面规划,制订详细计划,并将临时设施平面坐标图报监理及建设单位同意。临时设施规划及计划应遵循以下原则,注意以下事项:

a. 最大限度地满足定型化、工具化和标准化的要求。

b. 有效利用场地的可用空间,应通过优化施工机械、生产生活临建、材料堆场的布置,最大限度地满足安全生产、文明施工、环境保护和方便工作生活的要求。

c. 合理规划现场施工道路和出入口,尽可能方便车辆、机械设备进出场和物资运输,并减少对周边环境的影响。

d. 应有利于对施工区域和周边的各种公用设施、树木的保护,并采取有效的保护措施。

e. 优先利用现场可用设施和物资,并保证易燃、易爆物品或其他危险品仓库的布置与相邻建筑物的距离必须符合规定。

f. 临时供用电设施和临时消防设施的设置与布置(包括临时电缆和配电箱),应符合《施工现场临时用电安全技术规范(附条文说明)》(JGJ 46—2005)及有关消防安全等要求。

g. 临时设施用地应尽量避免与工程用地重叠,防止造成临时设施中途拆除和重复搭设。

②项目经理部应严格按照临时设施规划及计划、施工总平面图以及建设单位的其他要求搭建、采购及租赁临时设施。

③当项目经理部采用装配式活动板房作为现场宿舍、办公室时,应符合以下规定:

a. 装配式活动板房不得超过两层,并满足安全、卫生、保温、通风等要求。

b. 活动板房上所有标识、标志必须符合集团公司标准化图集的要求。

c. 装配式活动板房搭设前,项目经理部应组织编制"装配式活动板房搭设方案",并对相关材料检测报告等资料进行审查,审查合格后方可组织搭设。搭设应由供应单位进行,严禁选用不具备资质的施工队伍搭设。

④项目经理部应依据集团公司标准化图集,结合现场各工种的作业特点和现场实际,组织编制《现场作业棚搭设方案》,并严格执行。

⑤临建仓库搭设应满足防火、防盗的规定,化学、易燃易爆危险品的仓库必须远离职工宿舍等人员密集的生活区、办公场所,并符合集团公司标准化图集的相关要求。

⑥临建围墙、临建大门、临时供水设施、临时供电设施及现场施工标识牌的搭设或设置应满足"平安工地"建设的要求。

⑦临时设施搭建或设置完成后,项目经理部应及时组织相关单位和人员进行联合验收。未经验收合格的临时设施,不得使用。临时设施验收的主要内容应包括:

a. 装配式活动板房(临建宿舍、临建办公室)的结构稳定性、消防等要求是否符合产品标准。

b. 临建宿舍的楼梯、二楼围栏、内部床位设置是否符合要求。

c. 施工用电设施是否符合安全要求。

d. 临建仓库、围墙、大门、施工标识牌、供水设施等是否符合施工现场标准化的要求。

⑧项目经理部应按照"谁使用、谁管理和维护"的原则,制定相关责任制,明确责任人,加强对现场临时设施的日常管理和维护工作。现场临时设施日常管理和维护的重点部位和工作内容包括:

a. 保证临建办公室、宿舍门窗的完好性和防盗功能的可靠性。

b. 保证临建办公室、宿舍等设施的防风措施的可靠性,特别是二层装配式活动板房防风缆绳的完好性。

c. 保证临建办公室、宿舍屋面防雨层的完好性。

d. 保证临时用电线路、消防设施的完好性。

e. 保证临建办公室、宿舍内及周边的环境卫生符合标准要求,严禁在现场宿舍内使用明火、碘钨灯及其他大功率电器取暖。

f. 保证现场临建食堂消防、卫生防疫和环保的要求。

g 临建厕所应设专人管理,及时冲刷清理、喷洒药物消毒和消灭蚊蝇。

h. 防止在临时道路上随意堆放各种物资、无故设置障碍或阻断道路交通。

⑨项目经理部应每月组织对现场临时设施进行一次全面检查,直管部(分公司)全管理部门应每季度组织对现场临时设施进行一次检查,项目专职安全管理人员应经常性地对现场各类临时设施进行安全巡查,发现安全隐患及问题,应及时下发整改通知书,责令相关单位定人、定时限进行整改。临时设施的检查重点应包括:

a. 有无违章使用情况,如随意拆改相关设施、随意改变使用功能或挪作他用等。

b. 日常维护保养情况。

c. 有无安全设施损坏和丢失情况。

d. 临时设施及其使用有无安全隐患。

⑩工程项目竣工后,项目经理部应对现场搭设的临时设施统一处置,认真核对和统计各种设施状况,对可重复利用的临时设施,应采取保护性方式进行拆除。装配式活动板房应由原供应单位按方案进行保护性拆除,拆除时,项目专职安全管理人员应进行现场监督,确保拆除施工安全。

9.4.7　相关制度

①安全生产费用提取和使用管理制度。
②消防安全责任管理制度。
③劳动防护用品管理制度。
④安全生产检查制度。
⑤职工临时驻地安全管理制度。

9.4.8　典型案例分析

2008 年 4 月 30 日,某住宅楼工程施工现场使用汽车起重机拆卸塔式起重机过程中汽车起重机发生侧翻,塔式起重机起重臂撞在邻近一台正在运行的施工升降机上,导致升降机梯笼坠落,造成 3 人死亡、2 人重伤。

该工程总包单位××建设集团有限公司与起重设备安装工程专业资质为三级的××机械租赁站签订了"塔式起重机租赁合同"和"塔式起重机安全管理协议",租用其一台 QTZ160F (JL 6516)塔式起重机,在该工程 2 号楼工地实施起重作业。根据双方租赁合同和管理协议,由该机械租赁站负责塔式起重机的安装、拆除工作。××机械租赁站出租的塔式起重机实际产权属于李××,挂靠在该机械租赁站,李××组织施工人员,负责该塔式起重机的安装作业,并向××建设集团有限公司提供虚假"安装、拆卸任务书""安全和技术交底书""塔式起重机安装、拆卸过程记录"等材料。

经监理单位××监理公司同意,李××指派麻××负责组织指挥拆卸该塔式起重机。同时李××租用汽车起重机司机胡××实施拆卸塔式起重机的吊装作业。拆卸前编制了拆卸方案但拆卸方案针对性不强;且未向作业人员进行安全技术交底。4 月 30 日 7 时左右,李××指派麻××组织拆卸作业,麻××雇用了一批无起重设备拆除作业证件的人员进行拆卸作业,且进场后直接进行拆除施工。该塔式起重机起重臂长度为 60 m,实际质量为 10.8 t。经现场测量,汽车起重机吊装起重臂时出臂长度为 28.1 m,幅度为 12 m,汽车起重机吊钩中心线位于距塔式起重机起重臂根部 23.5 m 处。9 时 10 分左右,在拆卸吊装塔吊起重臂作业过程中,汽车起重机倾覆,塔吊起重臂撞到拆卸作业影响范围内的 3 号楼施工升降机轨道上,导致正在运行的施工升降机坠落至地面,造成升降机内的 3 名作业人员死亡、2 人重伤。

事故原因分析

(1)直接原因

汽车起重机超载吊装,塔式起重机起重臂吊点位置不正确,是造成事故的直接原因。

该塔式起重机起重臂长度为 60 m,实际质量为 10.8 t。经现场测量,汽车起重机吊装起重臂时出臂长度为28.1 m,幅度为12 m,此时允许起重力矩为98.4 t·m,与实际吊装力矩129.6 t·m相比,超载32%。同时,汽车起重机吊钩中心线应位于距塔式起重机起重臂根部24 m处,而实际位置在23.5 m处。由于吊钩中心线与塔式起重机起重臂重心不重合,吊钩起升力与塔式起重机起重臂重心形成一个顺时针的扭矩,当吊装的起重臂与塔身分离时,由摆动造成的载荷冲击导致汽车起重机失去平衡而发生倾翻。

（2）间接原因

①××机械租赁站超出资质范围从事该塔式起重机的安装和拆卸作业。××机械租赁站的起重设备安装工程专业承包资质为3级,只能承接不超过800 kN/m的塔式起重机安装、拆卸作业,不具备安装、拆卸该塔式起重机的资质。

②塔式起重机拆卸作业现场安全管理混乱。拆卸方案针对性不强;未向作业人员进行安全技术交底,导致现场作业人员对塔式起重机起重臂的吊点选择不正确,对塔式起重机起重臂的准确质量不清楚;拆卸现场警戒区域存在安全隐患,导致拆卸作业影响范围内的3号楼施工升降机未停止作业;拆卸人员无起重设备拆装作业证。

③××建设集团有限公司该工程项目部未严格审查××机械租赁站提供的起重设备安装工程专业承包资质及安装、拆卸方案等相关材料,致使超出资质范围的××机械租赁站在其施工现场安装和拆卸该塔式起重机。在该塔式起重机拆卸过程中,未对拆卸作业现场实施有效的监督和管理,未及时发现和消除拆卸现场警戒区域内存在的安全隐患。

④××监理公司未认真履行安全监理职责,未严格审查××机械租赁站提供的起重设备安装工程专业承包资质及安装、拆卸方案等相关材料,致使超出资质范围的××机械租赁站在此施工现场安装和拆卸该塔式起重机;未及时发现和制止拆卸现场警戒区域存在的安全隐患。

（3）事故责任

①××机械租赁站的2号楼工地塔式起重机拆卸作业负责人李××,未向作业人员提供针对该塔式起重机的拆卸方案;向××建设集团有限公司提供虚假"安装、拆卸任务书""安全和技术交底书""塔式起重机安装、拆卸过程记录"等材料;未在拆卸作业现场履行安全管理职责。其行为违反了《建设工程安全生产管理条例》第二十一条第二款的规定,对本起事故负有直接管理责任。依据《中华人民共和国刑法》（以下简称《刑法》）第一百三十四条的规定,由公安机关依法追究其刑事责任。

②塔式起重机拆卸现场负责人麻××使用无起重设备拆装作业证的人员从事拆卸作业;在未向现场作业人员进行安全和技术交底、拆卸现场警戒区域存在安全隐患的情况下违章指挥拆卸作业。其行为违反了《建设工程安全生产管理条例》第二十五条和第二十七条的规定,对该起事故负有直接责任。依据《刑法》第一百三十四条的规定,由公安机关依法追究其刑事责任。

③现场负责拆卸塔式起重机吊装作业的汽车起重机司机胡××未认真执行吊装作业"十不吊"的规定,在未索取该塔式起重机相关技术资料、不掌握该塔式起重机起重臂准确质量的前提下起吊,导致超载。其行为违反了《中华人民共和国建设工程安全生产管理条例》第三十三条的规定,对本起事故负有直接责任。依据《刑法》第一百百三十四条的规定,由公安机关依法追究其刑事责任。

④××机械租赁站主要负责人陈××同意李××的塔式起重机挂靠本单位,并收取一定管理费用,但未履行安全生产管理职责;向李××提供本单位起重设备安装工程专业承包资质和作业人员资质,超资质范围承接该塔式起重机的安装和拆卸作业。其行为违反了《中华人民共和国安全生产法》第一百十七条的规定和《建设工程安全生产管理条例》第二十条的规定,对本起事故负有重要领导责任。依据《中华人民共和国安全生产法》第九十二条第二款和《生产安全事故报告和调查处理条例》第三十八条第二款的规定,给予陈××上一年度收入40%罚款的行政处罚。

第10章　建筑施工安全生产应急预案

10.1　应急预案概述

10.1.1　应急预案的定义

应急预案又称"应急计划"或"应急救援预案"。预案在《现代汉语词典》中解释为："为应付某种情况的发生而事先制订的处置方案。"根据《生产经营单位生产安全事故应急预案编制导则》(GB/T 29639—2020),应急预案定义为："为有效预防和控制可能发生的事故,最大限度地减少事故及其造成损害而预先制订的工作方案。"建筑施工安全生产应急预案是建筑企业针对在施工项目现场可能发生的重大事故(件)或灾害,为保证迅速、有序、有效地开展应急与救援行动、降低事故人员伤亡和财产损失而预先制订的有针对性的工作方案。

10.1.2　应急预案的起源

应急预案起源于20世纪70年代。1974年6月,福利克斯巴勒爆炸事故后,英国卫生与安全委员会设立了重大危险咨询委员会(Advisory Committee on Major Hazard,ACMH),负责研究重大危险源的辨识、评价技术和控制措施,首次提出了应该制订应急计划。由于ACMH和其他机构的工作,促使欧共体于1982年颁布了《工业活动中重大事故危险法令》(*ECC Directive* 82/501),即著名的《塞维索法令》,目的在于重大事故的预防以及事故发生后的应急救援。1986年,美国国会通过了SUPERFUND法的修正案,这个修正案是美国事故应急救援的最高法律依据。1987年,美国环保署、联邦应急管理署发布了《应急计划技术指南》、OHSA标准《高危险性捐血物质生产过程安全管理》和环保署标准《风险管理计划》。1993年1月,澳大利亚成立了应急管理署(EMA),负责所有类型的伤害,包括自然的、人为的、技术的或战争的。其他一些国家也陆续成立了专门的应急机构,如加拿大应急准备办公室、新西兰民防和应急管理部、瑞士国家应急管理中心、俄罗斯紧急情况部等。

10.1.3 应急预案的内容和特点

应急预案是在辨识和评估潜在的重大危险、事故类型、发生的可能性、发展过程、事故后果及影响严重程度的基础上,对应急机构与职责、人员、技术、装备、设施(备)、物资、救援行动及其指挥与协调等方面预先作出的具体安排,是开展应急救援行动的指南,是标准化的反应程序。

1)应急预案的内容

(1)组织体系

明确生产经营单位的应急组织形式及组成单位或人员,可用结构图的形式表示,明确构成部门的职责。应急组织机构根据事故类型和应急工作需要,可设置相应的应急工作小组,明确各小组的工作任务及职责。

(2)响应程序和措施

在建立预警及信息报告机制的基础上明确应急响应程序和措施,具体包括响应分级响应程序、处置措施等。响应程序指根据事故级别的发展态势,描述应急指挥机构启动应急资源调配、应急救援、扩大应急等的程序;处置措施指针对可能发生的事故风险、事故危害程度和影响范围,制定相应的应急处置措施,明确处置原则和具体要求。

(3)各类保障

应急预案中的各类保障主要包括通信与信息保障、物资装备保障和其他保障。

2)应急预案的特点

(1)科学性

制订应急预案,从事件或灾情设定、信息收集传输与整合、力量部署到物资调集和实施行动都要讲究科学,必须经过科学论证确定方案,在实战演练中完善预案,在科学决策的基础上采取行动。

(2)可操作性

应急预案是针对可能发生事故灾害而制订的,主要目的就是在事故发生时能根据预案来进行力量调度和物资调配,为灾害事故的有效处置打下扎实的基础。当事故(件)发生后,能按照预案进行力量部署、采取处置对策、组织实施,达到知己知彼,起到速战速决的作用,将灾害损失控制在最低程度。因此,制订的救援预案要具有可操作性。

(3)复杂性

制订应急预案是一项细致复杂的工作。一是从制订的内容上来讲,应急预案既包括突发性公共事件,又包括自然灾害、事故灾难、公共卫生和社会安全等方面;二是从它的制订过程来看,需要收集资料、开展调研、确定力量部署等,还要进行实战演练以检验预案是否具有可操作性;三是从预案的实施过程和行动来讲,预案的制订是根据人们对灾害事故设想发生的情景来制订的,由于预案制订者认识的局限性、灾害事故发生点的不确定性以及事故现场千变万化等因素,使得应急预案具有复杂性。

10.2　应急预案的目的、作用和分类

建筑施工安全生产应急预案是国家安全生产应急预案体系的重要组成部分。建筑企业制订安全生产应急预案是贯彻落实"安全生产、预防为主、综合治理"方针,规范建筑企业应急管理工作,提高应对和预防风险与事故的能力,保证员工生命安全,最大限度地减少财产损失、环境损害和社会影响的重要措施。

10.2.1　建筑施工安全生产应急预案的目的

建筑工程施工过程中,脚手架搭设、模板支搭、砖砌筑等大多数工种仍是手工操作,工人劳动强度高、劳动力密集,易疏忽而酿成事故。脚手架和模板施工、建筑物内外装修、设备安装等过程大多是在高处进行,属于超过 2 m 的高处作业,危险性较高。建设工程从基础、结构到装修各阶段,因分部分项工程工序不同,施工方法不同,现场作业环境、状况和不安全因素都在不断变化,施工中多工种、多班组在同一地段交叉作业也时有发生,安全隐患多。由于建筑施工一般为露天作业,受天气、温度影响大,自然因素有可能导致事故发生。同时,建筑施工管理水平参差不齐,重效益,重工期,忽视安全生产的现象不在少数,企业的安全生产责任制和安全培训、安全检查等各项规章制度的落实不到位,违章指挥、违章作业、违反劳动纪律现象得不到及时制止,安全检查走过场,事故隐患不能及时消除。

根据建筑业的特点,可能发生的生产安全事故主要包括坍塌、火灾、中毒、爆炸、物体打击、高空坠落、机械伤害、触电、环境污染等。为了在事故发生后能及时予以控制,防止事故的蔓延,有效地组织抢险和救助,建筑施工企业应对已初步认定的危险场所和部位进行风险分析和评估。对认定的危险因素和危险源,应事先进行事故后果定量预测,估计在事故发生后的状态、人员伤亡情况和财产损失程度,以及对周边地区可能造成危害的程度。依据预测提前制订事故应急预案,组织、培训应急救援队伍和配备完善的应急救援器材。一旦发生事故,能及时、有序地按照预定方案进行有效的应急救援,在最短时间内使事故得到有效控制,最大限度地避免或减少人员伤亡和财产损失。

总之,制订事故应急预案的目的主要有以下两个方面:

①采取预防措施使事故控制在局部,消除蔓延条件,防止突发性重大或连锁事故发生。

②能在事故发生后迅速有效地控制和处理事故,尽力减轻事故对人身、财产造成的影响,保障人员生命和财产安全。

10.2.2　建筑施工安全生产应急预案的作用

应急预案的作用重点体现在"平时牵引应急准备,战时指导救援"。建筑施工安全生产应急预案是建筑企业应急救援体系的主要组成部分,是应急救援工作的核心内容之一。建筑企业编制的各项应急预案,为帮助指导突发工程事故的应急救援行动,提高人员应急能力,及时、有序、有效地开展事故应急救援工作提供了重要保障。

建筑施工安全生产应急预案的作用主要体现在以下几个方面。

①建筑施工安全生产应急预案是建筑企业应急管理的依据。建筑施工安全生产应急预案规定了应急救援的范围和体系,使建筑企业的应急准备、应急管理有据可依、有章可循,尤其是培训和演练。培训可以使应急救援人员熟悉自己的任务、具备完成救援工作的技能;演练可检验预案和救援程序,评估应急救援人员的技能和整体协调性。

②建筑施工安全生产应急预案是建筑施工过程中各类生产安全事故的应急基础。通过编制综合预案,建筑企业明确了企业的应急救援范围和体系,明确了应急救援各方的职责和响应程序,起到了应急救援的基本指导作用。在此基础上,根据施工项目的周边环境、施工现场现状和施工特点等,有针对性地编制应对可能出现的各类安全事故的专项应急救援预案和现场处置方案,进行人员、物资、设备准备和定期组织演练。

③建筑施工安全生产应急预案有利于建筑企业及时作出应急救援响应,降低工程事故后果。建筑施工过程中,一旦出现险情或发生事故,应急救援行动必须快速高效,不允许有任何拖延。建筑施工安全生产应急预案明确了应急救援各方的职责和响应程序,在应急救援人员和物资、设备方面进行了充分的准备,可以指导应急救援行动及时、有序、高效地开展,最大限度地避免险情发展成为事故或是将事故造成的人员伤亡和财产损失降到最低限度。另外,依照应急预案进行有效的应急救援还会为工程事故后恢复生产创造有利条件。

④建筑施工安全生产应急预案有利于提高建筑企业员工的安全风险防范意识。建筑施工安全生产应急预案的编制、评审过程实质上也是建筑企业辨识企业重大风险、评价本企业应急救援能力的过程,认识本企业在应急救援方面存在的问题和不足。建筑企业通过对应急救援预案的宣传、培训和演练活动,提高企业员工的安全风险意识,增加应急救援知识,提高应急救援能力。

10.2.3　建筑施工安全生产应急预案的分类

应急管理是一项系统工程,建筑企业的组织体系、管理模式、生产规模、风险种类不同,应急预案体系构成也不一样。建筑企业应结合本企业的实际情况,从公司、项目部、班组分别制订相应的施工安全应急预案和现场应急处置方案,形成体系,互相连接,并按照统一领导、分级负责、条块结合、属地为主的原则,同地方政府和相关部门应急预案相衔接。

根据国家标准《生产经营单位生产安全事故应急预案编制导则》(GB/T 29639—2020),建筑施工安全生产应急预案由综合应急预案、专项应急预案和现场处置方案构成明确建筑企业在事前、事中、事后的各个过程中相关部门和人员的职责。建筑企业根据本企业组织体系、管理模式、风险种类、生产规模特点,可以对施工安全应急预案主体结构等要素进行调整。

1)综合应急预案

综合应急预案是建筑企业从总体上阐述生产安全事故的应急方针和政策、应急组织结构和应急职责、应急行动、措施和保障的基本要求和程序,是应对生产安全事故的综合性文件。

原则上,每个建筑企业都应编制一个综合应急预案,明确建筑企业应对各类突发事件和生产安全事故的基本程序和基本要求。建筑施工安全综合应急预案的主要内容包括总则、单位概况、组织机构及职责、风险因素和风险源识别、预防与预警、应急响应、信息发布、后期处置、保障措施、培训与演练、奖惩、附则 12 个部分。建筑企业综合应急预案一般由建筑企业成立专门机构组织制订。

2)专项应急预案

专项应急预案是建筑企业根据生产过程中可能遇到的突发事件和存在的风险因素、危险源,按照综合应急预案的程序和要求,为应对某一种类型或某几种类型事故,或者针对重要生产设施、重大危险源、重大活动等编制的应急救援工作方案。专项应急预案用于指导可能出现的突发事件和事故制订相应的预防、处置和救援措施,可作为综合应急预案的附件并入综合应急预案。

建筑施工安全专项应急预案的主要内容包括事故类型和危害程度分析、应急处置的基本原则、组织机构及职责、预防和预警、信息报告程序、应急处置、应急物资与装备保障 7 个部分。建筑施工安全专项应急预案一般由企业安全生产管理部门和施工项目部组织制订。

建筑施工企业常见的事故专项应急预案主要有坍塌事故应急预案、火灾事故应急预案、高处坠落事故应急预案、中毒事故应急预案等。

3)现场处置方案

现场处置方案是施工项目部根据项目的施工部位、施工工序、施工设备、施工工艺以及项目周边环境情况,对可能造成事故的风险因素和危险源制订的合理的、具体的、详细的、有效的处置措施。现场处置方案是应急预案的重要组成部分,其核心是:施工现场一旦发生突发事件或生产安全事故,现场人员能够按照应急处理程序采取有效处置措施,迅速控制事故,最大限度地减少人员伤亡和财产损失,并为事故后恢复创造有利条件。

现场处置方案应具体、简单、操作性强,主要包括事故风险分析、应急组织与职责、应急处置、注意事项等几项内容。施工项目部应对本项目进行风险评估,针对危险源逐一编制现场处置方案,通过培训和演练使相关人员应知应会,熟练掌握,做到迅速反应,正确处置。

按照事故类型划分,施工项目部现场处置方案主要包括高处坠落事故现场处置方案物体打击事故现场处置方案、触电事故现场处置方案、机械伤害事故现场处置方案、坍塌事故现场处置方案、火灾事故现场处置方案、中毒事故现场处置方案等。

建筑施工企业生产安全事故应急预案体系如图 10-1 所示。

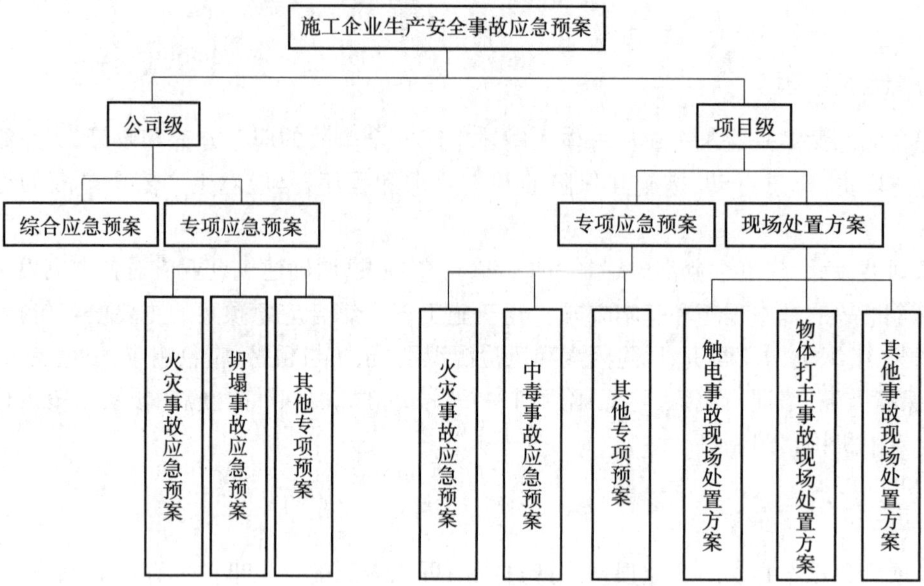

图 10-1　建筑施工企业生产安全事故应急预案体系

建筑施工企业在编制应急预案的基础上,可针对工作场所、岗位的特点,编制简明、实用、有效的应急处置卡。应急处置卡应当规定重点岗位、人员的应急处置程序和措施,以及相关联络人员和联系方式,便于从业人员携带。

10.3　应急预案的编制

10.3.1　建筑施工安全生产应急预案的编制原则

编制建筑施工安全生产应急预案,是建筑企业在项目施工过程中进行事故应急准备的核心工作内容之一,是开展应急救援工作的重要保障。编制应急预案不仅要遵守一定的编制程序,同时应急预案的内容也应满足下列原则。

1)以人为本

应急预案的编制应坚持"以人为本"的基本思想,将保护人民群众的生命安全放在首要位置。

2)依法依规

建筑施工安全生产应急预案的内容应符合国家相关法律法规、标准和规范的要求,编制工作必须遵守相关法律法规的规定,同时还必须经建筑企业负责人批准后才能实施,以保证合法合规性和权威性。

3)符合实际

每个建筑工程施工项目都不相同,都有自己的特点,也就决定了没有通用的建筑施工安全生产应急预案。建筑企业应结合本企业的管理特点和对项目的风险分析结果,针对项目的重大危险源、可能产生的突发事件、重要施工部位、关键施工工序、管理薄弱环节等有针对性编制,确保其有效性。针对本企业的管理状况和业务特点,制订出决策程序、处置方案和应急手段,制订出与本企业管理相适应的、有效的、先进的方案,保证应急预案具有科学性。

4)注重实效

建筑施工安全生产应急预案是建筑企业在项目施工过程中发生事故或突发事件后进行应急救援的指导性文件,是作业指导书,在某种程度上决定了应急救援的效果。因此,建筑施工安全生产应急预案应具有可操作性或实用性,即施工现场一旦发生事故或突发事件,企业的应急组织、人员可以按照预案的规定,迅速、有序、有效地开展应急救援行动,最大限度地减少人员伤亡和财产损失。

5)协调兼容

建筑企业应急预案应与上级部门应急预案、地方政府应急预案、分支机构应急预案、项目部应急预案相互衔接,确保发生事故或突发事件时能够及时启动各方应急预案,快速、有效地进行应急救援。

10.3.2　建筑施工安全生产应急预案的编制要求

建筑企业必须以科学的态度,在全面调查的基础上,实行企业组织与专家指导相结合的方式,开展科学分析和论证,并针对企业的客观情况编制应急预案,保证应急预案具有科学性、针对性和可操作性。

编制建筑施工安全生产应急预案的基本要求包括以下几点。

1)分级、分类制订应急预案内容

建筑施工安全生产应急预案应分级、分类制订。建筑施工企业公司一级应编制综合应急预案和各类专项应急预案,项目部一级应编制专项应急预案和现场处置方案。专项应急预案和现场处置方案应根据施工现场可能发生的事故类型分类制订。

2)做好应急预案之间的衔接

建筑企业与其他企业不同,项目部是因工程开工而组建,随工程结束而终止的,项目部的寿命短则几个月,长则几年,是一个临时性组织。每个工程项目其项目规模、施工环境、施工方法、管理人员都不同。为了确保应急预案具有针对性,不同项目部在项目开工前都应根据本项目部的实际情况制订相应的应急预案,项目的临时性决定了施工企业必须不断制订项目级应急预案。相对于项目级应急预案的临时性来说,建筑施工企业公司级应急预案相对固定,因此,新组建的项目部在编制应急预案前应全面分析公司级应急预案,以公司级应急预案为编制依据,这样才能确保项目级应急预案与公司级应急预案相互衔接在现场发生事故时事态才能得到有力控制。

3)结合企业实际情况,确定应急预案内容

建筑企业制订应急预案时一定要结合企业的实际情况,要对本企业的应急救援能力进行实事求是的评估并作为制订应急预案的基础,制订的内容一定要和本企业的应急救援能力相适应,具有针对性和可操作性。

4)应急预案内容应有较强的可读性

建筑施工现场的工人文化程度普遍偏低,识别能力不强,而且其流动性又大,学习时间少,所以项目部在编制应急预案时更应该注意预案的可读性,应做到语言简洁、通俗易懂,特别是面向操作工人的现场应急处置方案的应急组织、事故报告程序、处置措施等要素应尽量以图表的形式表达,如某现场处置方案的处置措施。只有做到应急预案易学、易懂、易掌握,使工人不需接受太多的培训就能掌握预案的内容,才能确保在工人频繁流动的情况下,各现场交置方案仍能稳定地起到作用。

10.3.3　建筑施工安全生产应急预案的编制要素

建筑施工安全生产应急预案的编制要素一般分为关键要素和一般要素。关键要素是指建筑施工安全生产应急预案要素中必须规范的内容。些要素涉及建筑企业日常应急管理和应急救援的关键环节,具体包括危险源辨识和风险分析、组织机构及职责、信息报告与处置和应急相应程序与处置技术等要素。关键要素必须符合建筑企业实际和有关规定要求。一般要素是指应急预案中可简写或可省略的内容。这些要素不涉及建筑企业日常应急管理和应急救援的关键环节,具体包括应急预案中的编制目的、编制依据、工作原则、单位概况等。

10.3.4　建筑施工安全生产应急预案的编制步骤

根据国家标准《生产经营单位生产安全事故应急预案编制导则》(GB/T 29639—2020),建筑施工安全生产应急预案的编制步骤包括成立应急预案编制工作组、资料收集、风险评估、应急能力评估、编制应急预案和应急预案评审 6 个步骤。

1)成立应急预案编制工作组

建筑企业应结合本企业职能部门设置和分工,成立以企业主要负责人为组长的应急预案编制小组,明确编制任务、职责分工,制订工作计划。原编制小组应由企业各种专业人员和专家组成,包括预案制订和实施过程中所涉及或受影响的部门负责人及具体执笔人员。

对于重大、重要或工程规模大、施工环境复杂的施工项目,必要时,可以要求项目所在地地方政府相关部门代表作为成员。

2）资料收集

收集应急预案编制所需的各种资料是一项非常重要的基础工作。掌握的相关资料越多,资料内容越翔实,越有利于编制高质量的应急预案。

建筑企业编制安全生产应急预案需要收集的资料包括:

①适用的法律法规、标准和规范。

②本企业相关资料,企业的管理模式、组织机构和职责、应急人员技能、应急物资数量、应急设备的状况、事故案例等。

③工程项目概况、结构形式、施工工序和工艺、施工机械、现场布置等。

④工程项目现场事故隐患排查资料,建筑工程事故资料及事故案例分析。

⑤项目所在地地质、水文、自然灾害、气象资料,道路、管线、建筑物等施工现场周边情况。

⑥项目所在地政府相关应急预案。

⑦其他相关资料。

3）风险评估

危险源辨识和风险评估是编制应急预案的关键,所有应急预案都建立在风险评估的基础之上。建筑施工企业风险评估包括以下内容:

①分析本企业存在的危险因素,确定事故危险源。识别危险因素,确定危险源是风险评估的基础。建筑施工企业与其他企业不同,工作内容和工作地点是随项目的不同而不断变化的,项目的差异决定了建筑施工企业必须按项目逐一进行危险因素识别和危险源确定。

②分析可能发生的事故类型及后果,并判断出可能产生的次生、衍生事故。建筑施工安全事故类别主要表现为高处坠落、物体打击、触电事故、坍塌事故和机械伤害五大伤害。建筑企业应根据施工现场周边环境条件、施工现场作业环境条件、现场布置、设备布置、施工工序、管理模式等进行综合分析,确定危险源及可能产生的事故类型和后果。

在分析可能产生的事故时,一定要注重分析事故可能产生的次生事故、衍生事故。如在城市中心区施工,建筑基坑坍塌事故极有可能造成周边市政道路、供热供电供气管线和建筑物损害的次生事故,其造成的损失可能大于坍塌事故本身造成的损失。

③评估事故的危害程度和影响范围,提出风险防控措施。针对可能产生的事故类型,评估事故的危害程度和影响范围是制订风险防控措施的基础,制订防控措施的目的是预防事故的发生或最大限度地减少事故损失,特别是防止发生人员伤亡。因此,建筑施工企业一定要根据本企业的实际情况,针对性地制订风险防控措施,保证风险防控措施的可行性。

4）应急资源调查

应急资源调查是指全面调查本地区、本单位第一时间可以调用的应急资源状况和合作区域内可以请求援助的应急资源状况。建筑企业应急能力评估是根据项目风险评估的结果,对建筑企业及其项目部应急能力的评估,主要包括对人员、设备等应急资源准备状况的充分性评估和进行应急救援活动所具备能力的评估。实事求是地评价本企业的应急装备、应急队伍等应急能力,明确应急救援的需求和不足,为编制应急预案奠定基础。

建筑企业应急救援能力一般包括以下几个方面:

①应急人员(企业和项目部的各级指挥员、应急专家、应急救援队伍等)。

②通信、联络和报警设备(移动电话、传真、警笛、扩音器等)。

③个人防护用品(安全帽、防护口罩、绝缘鞋、绝缘手套、其他辅助工具等)。

④应急救援设备、物资(消防设备、供电及照明设备、起重设备、沙袋等)。

⑤监测、检测设备(经纬仪、水准仪、卷尺、混凝土强度回弹仪等)。

⑥药品和救护设备。

⑦治安、保卫。

⑧保障制度(责任制、值班制度、培训制度、应急救援物资、药品、设备等检查维护制度、演练制度等)。

⑨其他应急能力。

建筑企业应急能力评估主要包括应急制度、组织机构、风险评估、监测与预警、指挥与协调、应急预案、信息发布、应急保障等。应急能力评估可以采用检查表的形式通过专家进行打分,从而对其具有的应急能力进行评价。

5)编制应急预案

在上述工作的基础上,针对可能发生的事故,按照有关规定编制应急预案。应急预案编制过程中,应注意全体人员的参与与培训,使所有与事故有关的人员均能掌握危险源的危险性、应急处置方案和技能。应急预案应充分利用社会应急资源,与地方政府预案、上级主管单位以及相关部门的预案相衔接。

建筑企业在应急预案编制过程中,应当根据法律法规、规章的规定或者实际需要,征求相关应急救援队伍、公民、法人或其他组织的意见。

6)应急预案评审

应急预案编制完成后,建筑企业应组织评审。评审分为内部评审和外部评审,内部评审由建筑企业主要负责人组织有关部门和人员进行,外部评审由建筑企业组织外部有关专家和人员进行评审。应急预案评审合格后,建筑企业主要负责人签发实施,并进行备案管理。有关应急预案评审等内容将在下一节中详细介绍。

10.4　应急预案的管理

建筑施工安全生产应急预案管理工作是建筑业安全生产管理工作的重要组成部分,是开展应急救援的一项基础性工作,是有效进行应急救援工作的重要保障,主要包括应急预案的评审和发布、应急预案备案、应急预案的宣传与培训、应急演练、应急预案的修订与更新等内容。

10.4.1　建筑施工安全生产应急预案的评审和发布

《生产安全事故应急预案管理办法》(国家安全生产监督管理总局令第 88 号)明确规定应急预案编制完成后,应进行评审或论证。建筑施工安全生产应急预案的评审应由建筑企业主要负责任人组织有关部门和人员,依据《生产经营单位生产安全事故应急预案评审指南(试行)》(安监总厅应急〔2009〕73 号)中规定的评审方法、评审程序和评审要点进行评审。评审通过后,按规定报有关部门备案,并经单位主要负责人签署发布。

生产经营规模小、人员少的单位,可以采取演练的方式对应急预案进行论证,必要时应邀请相关主管部门或安全管理人员参加。

10.4.2　建筑施工安全生产应急预案的备案

1)建筑施工安全生产应急预案的备案要求

建筑企业应按《生产安全事故应急预案管理办法》(国家安全生产监督管理总局令第 88 号)有关规定对已报批准的应急预案进行备案,具体要求如下:

①生产经营单位应当在应急预案公布之日起 20 个工作日内,按照分级属地原则,向安全生产监督管理部门和有关部门进行告知性备案。

②中央企业总部(上市公司)的应急预案,报国务院主管的负有安全生产监督管理职责的部门备案,并抄送国家安全生产监督管理总局;其所属单位的应急预案,报所在地的省、自治区、直辖市或者设区的市级人民政府主管的负有安全生产监督管理职责的部门备案,并抄送同级安全生产监督管理部门。

③其他生产经营单位应急预案的备案,由省、自治区、直辖市人民政府负有安全生产监督管理职责的部门确定。

2)建筑施工安全生产应急预案的备案资料

建筑企业申请应急预案备案,应当提交以下材料:

①应急预案备案申请表。

②应急预案评审或者论证意见。

③应急预案文本及电子文档。

④风险评估结果和应急资源调查清单。

受理备案登记的负有安全生产监督管理职责的部门应当在 5 个工作日内对应急预案材料进行核对,材料齐全的,应当予以备案并出具应急预案备案登记表;材料不齐全的,不予备案并一次性告知需要补齐的材料。逾期不予备案又不说明理由的,视为已经备案。

特别需要指出的是,《生产安全事故应急预案管理办法》(国家安全生产监督管理总局令第 88 号)规定,生产经营单位未按照规定编制应急预案的及未按照规定定期组织应急预案演练的,由县级以上安全生产监督管理部门责令限期改正,可以处 5 万元以下罚款;逾期未改正的,责令停产停业整顿,并处 5 万元以上 10 万元以下罚款,对直接负责的主管人员和其他直接责任人员处 1 万元以上 2 万元以下的罚款。生产经营单位未按照规定进行应急预案备案的,由县级以上安全生产监督管理部门责令限期改正,可以处 1 万元以上 3 万元以下罚款。

10.4.3 建筑施工安全生产应急预案的评估与修订

建筑企业应对应急预案实行动态管理,保证其与企业的规模、经营范围、机构设置、管理人员数量、管理效率及应急资源等状况相一致。随着时间的迁移和企业的发展变化,应急预案中所包含的信息可能会发生变化,建筑企业应根据本企业的实际情况定期对应急预案进行评估,及时修订和更新应急预案,并按照应急预案的要求配备相应的应急物资及装备,建立使用状况档案,定期检测和维护,使其处于良好状态,保证其有效性和实效性。

有下列情形之一的,应急预案应当及时修订:

①本企业因兼并、重组、转制等导致隶属关系、经营方式、法定代表人发生变化的。

②本企业主营业务和经营范围发生变化的。

③周围环境发生变化,形成新的重大危险源的。

④应急组织指挥体系或者职责已经调整的。

⑤依据的法律法规、规章和标准发生变化的。

⑥应急预案演练评估报告要求修订的。

⑦上级管理部门要求修订的。

建筑企业应当及时向有关部门报告应急预案的修订情况,并按照有关应急预案报备程序重新备案。

10.5 典型案例分析

2008 年 2 月 11 日白班,HN 建工集团设备分公司加工车间甲班主安排剪切工张某锯切铝管芯(直径 150 mm)。8 时 40 分,在已经锯完 6 根之后,打开锯床加紧装置,用右手拉铝管芯时,铝管芯端头突然上翘,把右手大拇指挤在锯条和铝管芯之间,造成右手大拇指末节指甲中段远端挤压,伤口深 2~3 mm,送医院进行治疗,初步诊断为右拇指挤压伤。

事故原因分析:

①张某非机械作业人员,违章操作锯床,严重违反锯床安全技术操作规程,是事故发生的主要原因。

②张某在操作锯床的过程中未认真检查锯床支架小车位置,锯床支架小车因偏斜,随着铝管芯前移和锯床加紧装置反复纠正,铝管芯逐渐偏出支架小车支撑槽,提拉时铝管芯从支架小车滚落,锯切端突然翘起,把右手拇指挤在锯条和铝管芯之间,张某精神不集中,思想上麻痹大意,是造成自伤的直接原因。

③车间甲班主违章指挥,对张某压伤手指负直接管理责任。

④车间甲班主对近期连续发生挤碰伤事故重视不够,措施不力,对张某压伤手指负重要管理责任。

第 11 章　建筑施工生产安全事故后恢复工作

11.1　事故后恢复计划

11.1.1　确立生产安全目标

坚持安全生产理念，强化安全意识。杜绝火灾事故、交通事故、压力容器、火工产品爆炸事故，机械设备重大事故。消灭责任性因工死亡事故，杜绝重伤事故发生，员工年负伤率、重伤率应控制到最低限，安全生产零死亡。

11.1.2　生产安全恢复计划

①认真贯彻落实"安全第一、预防为主、综合治理"的基本方针，充分发挥主要负责人是安全生产第一负责人的职能，保证对安全生产工作的投入，进一步强化对安全生产工作的领导，增强对安全生产工作消防结合的意识，下大力做好本单位安全生产的各项工作，落实生产主体责任，大力推进安全生产全员参与逐级负责制、坚持每周一安全生产综合检查机制，建立安全生产排查安全隐患长效机制。

②月安全工作检查定在每周一，由各部门检查纠正；季度安全工作检查由总经理统一安排部署，生产班组负责人每天对班组安全进行检查并做好记录。

③安全目标分解到部门。

为实现以上安全目标，重点应抓好以下几方面的工作：

a. 通过多种形式引导职工立足本职岗位，深刻理解"安全第一、预防为主、综合治理"的基本方针，不断加大力度，广泛开展争当职位能手活动，开展无"三违"、无事故安全标兵等活动，使职工的技术、业务素质在实践中得到锻炼提高，持续围绕"五个一"开展"五赛"活动。

b. "五个一"，即每日一题、每周一课、每月一考、每季一评、每年一赛。

c."五赛",即赛思想、赛进度、赛技术、赛质量、赛安全。

● 赛思想。要求职工加强政治理论学习,坚定对党、对企业的信念,增强主人翁责任感,不断提高思想政治觉悟。

● 赛进度。要求职工瞄准先进的进度指标,大力提高工作效率。

● 赛技术。要求职工立足本职岗位,刻苦钻研技术能熟练掌握本岗位操作技能,具有操作过程中排出故障的能力,熟知应知应会的要求。

● 赛质量。要求职工牢固树立"质量第一"的观念,提高优质工程效率,降低消耗,严把工程质量关。

● 赛安全。要求职工严格执行操作规程,消灭违章操作,认真搞好设备的维修和保养,及时排除故障,消除不安全因素,熟知安全知识,按章操作,杜绝事故。

④通过强化安全宣传教育,使管理人员、职工认识到安全是自身最大的利益,职工生命高于一切,意识到安全生产是实现企业发展、职工富裕的基础,安全责任重于泰山真正把安全工作放到第一位,自觉认真履行安全职责。

⑤加强现场管理,狠抓质量标准化工作,严格质量要求。在每天的班前会上对每个职工在上一班的生产过程中,安全质量及操作上存在的问题,一一提出进行培训,让职工以理论知识指导生产实践。在作业现场,管理人员对职工的违章行为和不规范操作当场予以纠正,并按照章程规定进行规范指导;班组组长从职工的劳动纪律、工序操作、生产任务、安全技能上进行现场考核打分,按安全管理制度进行奖罚,以此调动职工工作的积极性。全面有效地提升作业人员操作技能,增强安全意识和管理意识,树立"我要安全"理念,强化"我会安全"技能,规范操作,主动排除各种安全隐患和问题,学习其他单位先进的安全管理方法和安全生产技术,努力实现安全生产状况的根本好转。

⑥员工培训。组织员工学习安全纪律、员工守则,进行安全教育,每个单位工程开工前,针对每个分项工程的具体情况,组织员工学习安全操作规程,特别是对电工、焊工、架子工、起重工、爆破工、各种机动车辆驾驶员及各种机械操作者等特殊工种员工,除进行一般的安全技术知识教育外,还必须进行本工种的安全技术教育,考试合格后方能上岗,保障持证上岗率达100%。

⑦安全警示标志。针对每个施工现场的具体情况,不同时段、不同地点设立必要的安全警示标志。道路及轨道交叉处有警示标志、信号装置;坑、沟、池、井等有盖板、围栏;危险的悬崖、边坡、深坑、洞、眼等有防护设施、警示标志,变配电设施及电线的架设,按当地电业主管部门的规定执行。

⑧防护用品及防护设施。项目经理部及各作业队必须配备足够的安全帽、安全绳、安全带、安全网等,并指导员工在什么场所、怎样的情况下正确使用什么样的防护用品、防护设施;项目经理部及各作业队驻地、炸药库必须配备一定数量的灭火器、消防沙等消防设施。

⑨应急物资、资金保障。项目经理部及各作业队必须配备至少一名专业安全检查员,并针对消防、防汛、垮塌、火灾等突发事故,配备足够的应急物资,同时财务部门预备专项资金以备调用。

11.1.3　生产安全管理措施

1）实行目标管理，严格执行各级安全生产责任制考核

根据公司《管理文件》的要求，项目经理部制订各级人员安全生产责任制，各部门应全面落实安全生产责任制，层层签订安全生产责任书。同时，项目经理部应结合实际，制订有针对性的实施细则，使安全目标责任层层细化和量化，落实到各职能部门、班组、重要岗位及特殊岗位个人。项目各职能部门每季度进行一次考核，协作队伍、班组每季度进行一次考核。考核内容将依据年初安全目标责任书中考评表为准。各级领导、各有关部门及协作队伍须对本职工作制订有关安全目标责任制考核表，定期层层考核，奖罚兑现。项目经理部安全生产管理领导小组成员要本着对本职工作、对全体员工高度负责的精神，坚持管生产必须管安全的原则，定期召开安全专题会议，组织参加安全检查，听取安全生产汇报，保证人、财、物的投入，做到安全工作与生产任务同计划、同布置、同检查、同总结、同评比，真正抓好安全生产工作。

2）建立安全生产形势定期分析会制度

项目经理部坚持每周由专职安全员主持，协作队伍、班组召开安全生产形势分析会。每月由项目经理主持召开安全生产形势分析会，小结安全动态，总结经验教训。

3）加强安全宣传、培训，着重对标准、规范的学习

安全工作的好坏与项目经理部各级人员是否掌握安全法规及安全知识密切相关，因而加强对安全法规及安全知识的学习培训工作是安全工作长效管理的重点内容之一。

①加强特殊工种岗位作业人员的培训、复审的检查管理，严禁无证上岗。

②对各工地进场人员进行安全"三级"教育，教育形式应多种多样，切实可行，并做好教育记录，经考试合格者方准上岗作业，教育率应达100%。

③组织专职安全管理人员及项目安全员学习《中华人民共和国安全生产法》《建设工程安全生产管理条例》，增强安全管理的法治观念，提高认识水平和业务水平。

④项目部要广泛利用施工安全简报、黑板报、宣传栏、标语等形式多样的安全教育方式，深入开展《建设工程安全生产管理条例》的宣传教育，定期组织各工种人员进行安全知识培训，并将宣传、培训记录用图片或书面资料的形式存档。

4）加大安全监督检查力度，严格奖罚

严格执行"安全检查"制度。项目部将根据现场安全状态和业主综合考评的需要，采取定期检查与巡检相结合的方式，实行动态管理。强化安全隐患整改及跟踪反馈工作，对查出的安全隐患应按"三定"原则进行整改，并及时反馈，复查或两次检查不合格的工点严格按项目部有关文件执行处罚，追究有关人员责任，并强制停工整改直至整改合格。凡在项目部（以上）安全检查中被下发整改指令书不按期整改或检查不合格的班组，按照规定给予经济

处罚,并责令如期整改;被业主检查罚款通报的班组,加倍处罚。其他奖罚规定遵照《项目部安全生产管理规定》执行。

5)加强安全防护用品及设施的监督管理,逐步实现标准化、规范化、法制化

①实行安全防护用品及设施准入制度。凡进入各施工现场的安全防护用品及设施包括安全帽、安全网、安全带、安全绳、五芯电缆、铁壳开关箱、漏电保护器必须是符合国家有关规范、标准的合格产品;物资设备部门负责审核及办理准入手续。

②进入施工现场的大、小型机械设备应实行进场验收制度。禁止使用不合格机械设备。

③各施工现场应严格按标准要求挂设安全标志牌,并绘制各阶段的安全标志平面布置图。

6)建立应急救援组织,完善应急救援预案

应急救援组织在单位内部专门从事应急救援工作,一旦发生生产安全事故,应急救援组织就能够迅速、有效地投入抢救工作,防止事故进一步扩大,最大限度地减少人员伤亡和财产损失。项目部成立重大安全事故应急处理工作领导小组,负责协调组织人员在事故发生时,及时进场处理,控制事态发展,把人员的伤害和财产的损失降到最低点。

7)合理使用安全生产专项措施经费,切实做到专款专用

按照有关规定,项目部必须在工程开工前提出安全生产措施经费的计划,合理使用切实做到专款专用。

11.2　事故后进度管理应对措施

为实现工程恢复后对工期目标的要求,应配备一个由各专业工种组成的队伍进行施工,引进新工艺、新技术及先进施工机械设备,同时必须做到材料供应及时,劳动力及机械设备、周转材料充分满足施工要求,安排并处理好各工种之间协调与衔接关系。基本上做到关键工序提前做,一般工序同步做。在施工过程中,合理组织流水施工和立体交叉作业,充分利用网络计划中的时间参数,以安全为准则,质量为前提,进度为主线,确保工程按建设单位要求或提前完成竣工验收。

11.2.1　施工进度计划控制

建筑工程要恢复正常工作,必须保证工期。因此必须调进足够的机械设备、劳动力,按时运入足够的材料,做好施工安排,才有可能实现。

做好施工前的准备工作:

①熟悉工程的进度情况,建设单位的资金来源与供应情况,为工程施工安排提供依据。

②做好图样会审,各专业有无交叉,做好记录,交监理部门、设计部门审定。

③有需要应重新编制施工图预算,为施工组织设计提供数据。

④依据工程图样、地质资料、施工合同、施工组织设计。

⑤编制材料、构件供应计划,为材料、构件订货采购提供依据。

⑥做好市场材料供应与运输条件的调查,确定材料供应方案与运输方式。

⑦建立组织能力强,技术高超,能打硬仗的管理机构,组织好工程的继续施工。

⑧选择一支工种齐全,技术水平高,又能吃苦耐劳,人员充足的施工队伍。施工中依据工程建设的需要组织三班或两班作业,加快工程进度。

⑨选择优质、高效、完好的机械设备。

11.2.2 加强施工过程管理

①组织施工管理人员熟悉图纸、样板及有关技术资料,提前研究解决施工中存在的问题,解决土建、水暖、电气工程及分包工程发生交叉矛盾。避免施工时发生交叉碰撞影响施工进度。

②主要分部分项工程,采用分段流水、立体交叉、平行作业,最大限度地利用空间、时间,减少停工窝工时间。

③在施工组织设计的指导下,科学组织、精心编制施工进度计划,制订相应的技术措施,精心组织施工,做到日保周、周保月。当天的工作必须完成,计划只能提前,不能拖后。

④施工队伍、班组实行分部、分项工程承包责任制,包质量、包材料、包工期。工程提前完成受奖,工期拖后受罚,推动施工计划的加快进行。

⑤施工中,管理人员做到责任分工明确,必要时做到跟班作业。

⑥分项工程施工中做好施工技术安全交底。推行样板制、三检制,做好施工过程中的检查,做到一次成活,避免大量返工影响工期。

⑦工程中采用新技术、新材料、新工艺。提前做好试验,制订相应技术措施,保证工程质量,加快工程进度。

⑧每周召开一次生产调度会议,除本工程施工管理人员参加外,邀请建设单位、监理单位人员参加。优化进度计划,解决施工中存在的问题。

⑨做好与建设单位、设计单位及监理单位三方关系,及时弄清资金供应情况,设计图样供应情况,特殊材料、设备供应情况以及施工过程中监理工作程序。工作中做到大家团结一致,相互信任,互相支持与帮助,共同促进工作。

⑩加强与各分包队伍的协调配合工作。在土建方面给予施工设备、脚手架等使用上的保证和劳动上的配合,并建立例会制度加以协调。

11.2.3 施工进度的保障措施

1)施工进度的技术保障措施

①做好施工技术准备,制订切实可行的施工方案,科学合理地划分施工区段。

②施工期间加强气象部门的联系，做到心中有数早预防，合理安排工作。

③科学合理地组织平面、立体交叉作业施工，形成各分部分项工程在时间上、工序上的充分利用与合理搭接。

④强化事前、事中、事后进度控制，根据工程先后逻辑顺序有序地采取预防措施。避免窝工。

⑤采用网络控制技术，采用立体交叉平行流水施工的方法，使各工种尽可能同时施工，形成流水作业段的良性循环，各工种密切配合，做到不窝工。

⑥粗钢筋连接：竖向钢筋采用电渣压力焊，水平钢筋采用闪光对焊连接技术，提高钢筋连接质量，加快工程进度。

⑦板采用胶合板，制成定型模板并统一编号，减少木模加工作业量，加快工程进度。

⑧现场技术人员主动与设计单位取得联系，商讨施工与设计的配合及技术难点的处理，尽可能地减少因设计误差而造成的施工返工，从而保证计划工期的实现。

⑨加强技术管理力度，以适应施工进度的需要。已经核定的技术变更，应及时通知施工工长和施工班组；临时性的修改，要立即制订相应的技术处理措施；对可能影响施工进度的变更，要主动向监理、业主及时反馈，商讨合理的处理措施。

⑩在不影响建筑使用功能，不增加业主投资的原则下，根据工期要求和实际施工情况，会同设计、业主、监理一道，采取灵活可行的技术措施，及时解决施工中的各种技术问题。

⑪应用新技术，新工艺缩短技术间歇时间，提高工效。采用切实可行的冬季施工措施，保证连续施工，确保工程进度物资保证。

a.按施工进度计划提前编制原材料、构配件加工计划，提前一定时间组织进场。

b.现场搭设材料仓库，仓储量能满足施工材料的要求，以保证随机事件发生满足材料供应充足，保证工程按计划进行。

c.增加机械设备的一次投入量，利用技术间歇时间和业余时间检查维护、保养机械设备，使其完好率达到100%。

d.选择机械性能好、机械效率高的机械设备，其使用率达到100%，减少机械设备维修时间，加快工程进度。

2）施工进度的资金保障措施

①及时编制月、季施工进度计划和资金使用计划，每月底向建设单位提供资金使用计划和施工进度计划，以保证建设单位按期拨付工程款。

②合理编织资金使用明细，分轻、重、缓、急安排资金合理使用。

③施工合同中明确规定各项经济责任和索赔条款，避免发生经济纠纷，影响工程进度及交付使用。

3）施工进度的管理保障措施

①公司和分公司设分管领导一人，常驻现场，协助项目经理进行施工管理和施工协调。

②在施工过程中与建设单位、设计单位、监理单位紧密配合，严格按照施工图及施工验

收规范和施工组织设计组织施工,从管理上保证施工进度的实现。

③实施合同约束制,公司与项目经理签订工期合同。项目经理同项目管理人员及作业班组签订分项工期合同,实行目标分解,责任到人。项目经理全面负责进度实施,副经理和专业工长具体执行。责任和利益相结合,调动全体工作人员的工作热情和劳动积极性。把工期考核同职工的经济收入挂钩。并把工期作为年度考核项目经理业绩的重要指标。

④认真编制各阶段的施工作业计划,以总工期控制分段施工作业计划,采用网络技术,抓好关键线路的控制,及时调整影响工期的因素,把施工周期缩短在最佳范围内。

⑤每周召开一次协调会,邀请业主,监理工程师参加,检查上一周施工计划完成情况,布置下一周施工生产计划安排,找出存在的问题。进度检查必须务实,检查内容包括工程形象进度、材料供应情况及管理情况等,及时发现处理影响进度的因素,对于滞后的进度及时采取措施,组织力量限期赶上。切实避免因滞后累计,致使无法保证工期的现象发生。

⑥实施交叉作业,合理组织各工序的穿插。各工种之间相互支持,积极配合,努力为对方创造条件提供方便。

4)施工进度的安排保障措施

①进行科学管理,合理组织人员、机具、材料,紧凑地组织穿插施工,力求从空间上赢得时间。

②实行目标管理,分阶段严格控制施工进度。以总进度为基础,抓好关键线路控制。以计划为龙头,实行长计划短安排,每周安排进度计划,每周进行检查和考核,确保总工期的实现。

5)施工进度的机械设备配备保证措施

①根据工程施工期紧的特点,配备足够的施工机具。设专职机电管理人员,加强对机具设备的管理。

②加强对施工机具的日常保养维修,配备易损零部件,出现故障及时进行维修。

③做好机具设备运转记录,掌握施工机具运行情况,及时对施工机具进行保养维修。

④根据施工阶段的机具,所提需用量计划,再附加一定的备用品。

⑤施工大型设备如搅拌机等需要配备足够的易损零部件。

⑥现场设置施工机具、设备维修及抢修班组。

6)施工进度的材料供应保证措施

①据工程施工周期短的特点,提前编制材料需用计划,要求及时准确。对大宗材料(钢材、水泥、木材、砂、石、砖等)应签订供货合同,落实货源,按计划及时进场。

②根据施工进度安排,及时制订、核实每月材料需用计划,以满足材料的组织、加工的时间间隙,保证能按期进场使用。

③加强施工的预见性,所有材料的备料均应比现场施工进度提前一个月,进场时间应较实际进度提前 3 ~ 7 d。

④把好材料入场关,所有进场材料必须持证(出厂合格、检验试验报告、厂家生产资质

证），在外观检查合格后，随机抽取试样进行质量检验，合格方可用于工程。

⑤加强对现场材料的管理，分品种、规格进行堆码。装饰材料必须妥善保管，若不能入库，必须搭棚遮盖防雨及防止其他污染、损坏。

⑥为满足工期，周转材料提出两套计划，按计划及时组织进场，分规格堆码，以满足施工生产的需要。

⑦对特殊材料、短缺材料应及早组织，可在公司范围内进行调剂。

⑧材料、机具、设备供应保证的应对措施。

⑨各阶段施工半月前，现场材料组，尤其是采购人员需与甲方一起落实好厂家货源，采用"货比三家"，即比质、比价、比服务的原则进行订货，特别是钢材、水泥建议尽可能采用大厂材料，确保工程质量。为保证材料供应的稳定，材料供应商应保证落实三家以上，一旦出现短缺，可以有第二家或第三家供应商。

⑩砂石等地材受季节性变化经常影响正常施工，根据市场供需变化规律并客观地评估国家级、市区级重点工程分布情况，地材需要时间和数量，项目应在地材丰产期内根据施工需用数量，尽可能储备多一些，以便顺利度过地材低产期。

⑪现场材料、半成品的贮备量应比实际需用量多一些。

7）施工进度的劳动力保证措施

①对劳动力实施动态管理，针对各施工阶段的需用情况，投入足够的劳动力，以保证施工的正常进行。工程工期安排紧，实施超常规施工，组织两班人员，实施两班作业。

②选择技术好、作风硬的青年班组，充分发挥自有职工的生产积极性。

③采取公开招标形式，选择与本公司长期合作综合素质较好的施工劳务作业企业。

④开展劳动竞赛，比质量、比进度、比安全和文明施工，奖优罚劣，调动参赛职工的积极性。

8）施工进度的工种配合保证措施

①项目经理部全面负责整个工程的质量和进度，并认真做好与专业工种之间的协调配合。

②项目经理部的管理组织机构，由各专业工种的负责人参加，组成现场统一的管理机构，统一协调和制订施工进度计划网络。专业工种的施工网络计划要依照总体施工网络计划制订，专业工种管理工作应符合项目全面管理工作的要求。

③项目经理部应按专业的施工进度和工序顺序统筹安排进出场事宜，协调其交叉作业施工的工序搭接。

11.3 事故后质量管理应对措施

11.3.1 建立质量保证体系

质量保证体系如图 11-1 所示。在项目施工过程中,加强项目实施全过程的质量管理严格规范管理工作程序,以完善工程项目质量保证体系,最终实现质量管理目标。工程施工过程中应严格控制影响质量的六大因素。影响质量的六大因素是:人、机械、设备、材料、施工方法、检测技术、环境。因此,项目经理部应做到以下几点:

①提高全体人员的质量意识,技术素质,加强培训教育与考核。

②加强机械设备管理,使设备总体保持在最佳运行状态。

③把好采购关,应用新材料,着重原材料的管理。

④采用新工艺、新方法,使施工方法科学化、技术规范化。

⑤利用先进设备和方法,提高施工质量检测水平。

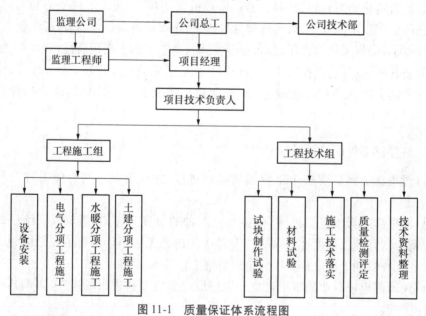

图 11-1 质量保证体系流程图

11.3.2 质量保证体系的运行

①公司建立以总经理为负责人,总工程师为技术业务领导,由经营、生产、劳资副总经理及总经济师和总会计师参加的质量管理机构,对工程质量进行监督控制。

②公司以质安部门负责人为首组织相关职能部门人员成立质量检查小组,代表公司总经理和总工程师对工程质量进行动态跟踪控制,严把每道工序质量关。

③项目经理部在工程施工、加工制作过程中,对工程各施工项及成品由操作人员进行自检,由施工人员组织班组之间和上下工序之间进行互检,由专职质检人员对产品质量进行专检。

11.3.3 接受各级主管部门领导、业主及监理工程师、设计师的指令

①对各级主管部门领导的指示意见,认真听取、总结消化,并通过优质、高速、安全地完成工程施工任务,为企业取得社会信誉和业主的信任,树立企业的良好形象。

②工程施工措施、分部分项工程的施工方案预先让监理和业主审核,在业主同意后方可组织实施。分项工程完成后,按规定提前以书面形式请业主及监理工程师和质监部门验收,符合要求后方可进行下道工序施工。接受业主、设计师、监理工程师的指令,并由业主、监理工程师监督检查工程施工全过程,是工程保质按期完成的前提和保障。

③严格按施工图和国家规范及有关施工操作规程组织施工,对于图纸中发现的疑问提交设计方或业主确认,并经设计方、业主方统一施工方法出具书面文件后方可组织实施。

④施工中出现问题,及时向业主、监理工程师、设计师或其代表汇报,并提出整改意见,经业主或设计师同意后实施。

⑤工地所有劳动力、施工设备、周转材料均要满足工程施工质量的要求。

11.3.4 施工阶段性的质量控制措施

施工阶段性的质量控制措施主要分为 3 个阶段,并通过这 3 个阶段来对本工程各分部分项工程的施工进行有效的阶段性质量控制。

1)事前控制阶段

①事前控制是在正式施工活动开始前进行的质量控制,事前控制是先导。事前控制,主要是建立完美的质量保证体系、质量管理体系,编制质量保证计划,制订现场的各种管理制度、完善计量及质量检测技术和手段。对工程项目施工所需的原材料、半成品构配件进行质量检查和控制,并编制相应的检验计划。

②进行设计交底,图纸会审等工作,并根据本工程特点确定施工流程、工艺及方法。对本工程将要采用的新技术、新结构、新工艺、新材料均要审核其技术审定书及运用范围。检查现场的测量标准,建筑物的定位线及高程水准点等。

2)事中控制阶段

①事中控制是指在施工过程中进行的质量控制。主要有完善工序质量控制,把影响工序质量的因素都纳入管理范围。及时检查和审核质量统计分析资料和质量控制图表,抓住影响质量的关键问题进行处理和解决。

②严格工序间交换检查,作好各项隐蔽验收工作,加强交检制度的落实,对达不到质量要求的前道工序决不交给下道工序施工,直到质量符合要求为止。

③对完成的分部分项工程,按相应的质量评定标准和办法进行检查、验收。

④核对设计变更和修改图纸。

⑤如施工中出现特殊情况,隐蔽工程未经验收而擅自封闭、掩盖或使用无合格证的工程材料,或擅自变更替换工程材料等,监理工程师有权向项目经理下达停工令。

3)事后控制阶段

①事后控制是指对施工过的产品进行质量控制,是弥补。按规定的质量评定标准和办法,对完成的单位工程、单项工程进行检查验收。

②整理所有的技术资料,并编目、建档。在保修阶段,对工程进行维修。

11.3.5 技术管理措施

①认真贯彻各项技术管理制度,开工前落实各级人员岗位责任制,确保所有操作者上岗均经过培训和应知应会考核,持证上岗率达100%,从根本上保证工程项目所需的操作者的素质。

②开展技术攻关、消除质量通病,在质量上实施全过程的管理和控制,确保每道工序均处于受控状态。坚持编写质量计划和技术交底制度,在每一道工序施工前,各分部分项工程施工前由项目工程师对施工员进行技术交底,再由施工员对施工人员进行技术、质量、安全等进行详细交底,要求交底通俗易懂,并明确每位施工人员知道做哪儿、怎样做、达到什么才算符合要求,怎样施工安全等。

③坚持方案在先,样板开路,项目部根据各分部分项工程的特色,必须先编制出分部分项较全面详细的施工方案,并经监理审批后做出样板,样板经业主和监理验收达到三方满意后方可展开施工。

④坚持挂牌施工,落实质量责任制,在实施过程中,项目部将根据工程特点把各个分部分项按施工难度和工艺要求划分若干条块,将相关专业队组的人员进行筛分,然后在平面图上圈定各个部位的操作者,自上而下基本保持一定的定位,这样既可方便现场管理,又可保持质量的可追溯性。

⑤建立分级负责制。从作业工人到各作业班长,从专职质检员到项目经理部的各职能部门都明确制订相应的质量管理责任,明确作业班组长为质量第一责任人,并制订项目部质量管理奖罚措施。

⑥加强施工技术复核工作,施工技术交底后,由各专业施工人员负责对所在分项工程进行全面技术复核,由项目工程师抽查复核。

⑦加强技术资料的管理,施工现场设专业技术资料员,负责填写施工日记,负责对各类工程技术资料的编制、收集、密封,并分门归类存档,技术资料要求建立及时、齐全、准确、真实,并由项目工程师定期复核。

11.4　事故后成本管理应对措施

11.4.1　成本管理应对方法

1）增强成本控制意识

成本控制也是管理过程中很重要的一部分，它不仅可以使项目经理的管理工作开展事为顺利，还可以让企业获得更多的经济利益。所以，在实际施工中，管理人员就要不断的让成本控制的意识根植在施工人员和管理人员的脑海中。

首先在思想上，企业要对成本控制给予足够的重视，完善相关的规章制度、建立奖惩制度，使成本控制有章可循。另外，企业还要树立现代成本控制理念，代替传统的管理模式、经营理念，例如，通过企业内部改革来降低成本，从而提高企业的整体效益，提倡"节俭为主，超支惩罚"的制度，将成本控制与员工的年终考核和工作效绩挂钩，使建筑企业和项目经理部的成本管理发挥最大的作用。

项目管理人员也要与其他部门的工作人员共同协作，加强施工成本的控制。在控制成本时，为了防止成本超出预算，就要时时对成本进行核算，这样就可以及时地发现问题并且解决问题。成本管理人员及施工人员自身的专业素养对成本控制也有着不可忽略的影响，所以，在施工期间，企业应当加强对他们的培训以达到加强他们控制成本观念的目的。

2）明确成本控制原则

成本控制必须遵循五大原则：目标管理、成本全面控制、成本最低化、动态控制以及责、权、力结合。由于建筑工程的施工特点的影响，其成本控制也有着周期较长、不确定性因素多、复杂性大的特点。因为这些特点的存在，施工单位明确成本控制的原则以及完善成本控制管理的体系就非常有必要，这样才可以让施工单位对建筑工程施工的成本控制在一个比较合格的范围内。

3）制订合理的成本控制目标

由于建筑工程施工的周期较长，在这个过程中如果没有一个目标作为一个标杆则可能会使建筑工程在施工过程中出现较为复杂的问题。

在生产安全事故后的施工恢复开始前，企业可以先给成本控制制订一个总目标，相关的工作人员再根据具体情况制订一个个分目标。在施工过程中，每一项经济活动都要计入成本控制中，严格执行已制订的成本计划，达到降低成本的目的。在这个过程中，相关的工作人员要先保证将每一个步骤分目标完成，那么整个企业成本控制的总目标就可以完成。如果因为现场环境的变化,施工设计也发生了改变,则可以相应地调整各个子目标的管理工作。这样不仅可以加快施工的进度,还可以保证实际成本与目标成本的差距在很小的范围之内。

4)人工费控制

制订科学的人工费预算目标,以便可以较为准确地对费用进行管理。根据类别制订定额用工,让人工费用控制有凭据,提高施工人员的专业水平、工作效率。选择好分包队伍,使人工费报价低于企业与业主协商的相关项目价格。减少非生产人员的数量,同时也可以相应地减少临时用工数量,通过减少人工费来提高项目的总体效益。

5)加强施工材料成本的控制

建筑工程材料成本所占的比重远远大于其他方面的成本,材料成本大约占总成本的70%。材料的质量直接影响施工项目的质量,同时材料费的管理对成本把控也有很重要的意义,所以,如果能够有效控制材料成本,那么,总成本就基本被控制在合理的范围内。工程材料的控制最主要应从以下两个方面着手:第一个方面就是要控制材料的价格。采购材料的相关部门应该时时关注这些施工材料的价格,并且在采买时,要多选几家进行价格的比对,在材料质量相同的情况下,应该选择价格较低的进行采买。如果工程项目规模较大,就要采用招标投标的方式进行采办材料,这种形式可以帮助施工企业获得价格较低而且质量较好的材料。第二个方面就是要控制材料的用量,在建筑工程施工中,并不是材料填筑得越多越好,而应该根据材料预算使用适量的材料。与此同时,为了避免材料的浪费,可以实行限额领取材料的制度,如果有多余的材料,要进行及时地回收再利用。

根据实际的施工状况制订材料的使用总计划,同时严格把控建筑材料的进购时间,太早就会提前支付工程款,增加贷款利息还会有出现二次搬运费的风险;对于易受潮的建筑材料,存放时间过长会有不能使用的风险,重复进货又会增加费用。若材料进购过晚又会影响项目的进度,出现工期拖延,增加赶工的费用以及相关的罚款费。加强对材料的管理,减少材料的保管损耗。同时充分利用边角料,做好包装品和余料的价值回收工作,加快材料的周转速度以达到提高其周转期的目的。对于分包,对材料损耗率进行评估、预测,建筑材料包干使用。

6)机械费用的控制

机械在建筑工程施工中的作用不可忽视,但是,机械的使用也会产生一定的成本。其主要的成本费用是由台班数量以及它的单价来决定的。因此,相关工作人员就要建立完善的机械管理制度,对机械的维修、破损进行有效的控制。在机械使用过程中,要合理地安排其进行工作,也要加强其租用的管理制度,避免机械设备出现闲置的现象,这样就能提高现场机械设备的利用率。机械设备在使用过程中,必然会出现损坏,所以,管理人员要派专门的人员对其进行定期的维护、保养,以减少因机械设备维修而产生的费用。

7）优化成本管理系统

根据预算报表成本控制的指标来对整个工程中影响成本控制的因素进行具体的分析。加强对成本控制差异较多的成本项目进行分析。成本控制的方案不是一成不变的，在实际操作中，管理人员也要根据突发的情况来改变成本控制的方案。建立完善的成本管理系统，能够有效地督促各个部门认真落实成本管理的措施。

11.4.2　成本管理应对措施

1）加强材料管理

①贯彻执行工程分包工作程序和采购工作程序；对外购、外协物资的承包方的质量、保证能力进行调查，审核初评和复评。对物资采购的过程实行质量控制，确保采购的材料、产品符合质量要求。保证分供方能长期、稳定供应质量优良，价格合理的原材料与产品。

②贯彻执行运输、储存、包装、防护交付工作程序，确保产品符合设计规定的质量要求，保证产品不损坏、不丢失、不变质，保证质量的特性，达到完好交付产品的目的。

③严格执行材料进场发放制度。不合格的材料不准进场。须做两次试验的材料，必须试验合格后，方可使用。材料发放，要按施工任务单和材料预算单供料，严禁超预算供应。

④严格执行产品标识和可追溯性工作程序，对产品进行标识。确保对产品质量的形成过程中实施追溯。对采购的物资、材料部门，应根据对工程质量是否有影响予以区别对待。尤其是对钢材、水泥、木材等重要物资，到场后必须进行追溯性标识，做好记录，以防错用或不合格产品流入，造成损失。

⑤材料进场后，按施工总平面图布置，材料管理规定分类堆放整齐，做好质量检查与验收工作，杜绝材料质差、量差的发生，造成浪费。

⑥门窗、混凝土预制构件，装饰板材进场要按要求检查质量，核对数量，分类堆放保管好，防止质差、量差的发生与损坏，造成返工浪费。

2）做好机械设备管理工作

①依据施工组织设计的要求，配置足够数量、性能优良的机械设备，完工后及时退场，降低租赁使用费用。

②机械要实行专机专用，做好日常的保养与维修，保证机械施工期间的正常运行。

③施工用的脚手板、脚手架木等周转工具按计划进场，合理安排使用，拆卸后要堆放整齐，按规定保管，减少施工中的损坏与丢失。完工后及时退场，降低租赁费用。

3）加强施工过程管理

①施工中，贯彻过程控制工作程序。

②施工前，进行图纸会审，做好记录，提出清单，由设计单位出具核定单或设计变更。

③施工中出现设计变更，材料、构件代用，在办理好书面签证后，再行施工，避免给结算

带来麻烦。

④认真选择施工队伍,要求做到数量充足,工种齐全,技术水平与素质高,听从指挥,确保施工任务按期完成。降低人工费与管理费。

⑤做好分项工程的施工技术交底,推行样板制,严格质量检查,达到一次验收合格,避免返工损失浪费。

⑥合理安排施工作业计划和季节施工,避免停工、窝工现象发生,影响施工进度。

⑦各项施工做好安全交底,施工中做好安全检查,防止违章作业,防止安全事故的发生,杜绝重大人身伤亡事故的发生。

4)合理选择施工方法

①强化工程测量放线工作,准确控制建筑物、构筑物、轴线位置与标高。为施工提供可靠的数据。初测后,项目技术负责人必须进行复测。最后经监理机构、建设单位验收合格,方可开工,防止意外事故发生。

②土方工程,合理选择机械,开行路线,挖运方式和放坡大小,减少土方的开挖量。做好土方挖填平衡工作,减少土方的运输费用。

③混凝土与砌筑工程,严格执行检测站提供的混凝土,砂浆配合比。随时测定砂石的含水率,调整配比,节省水泥。

④加强试块的养护试压工作,依据砂浆、混凝土试块的抗压强度,调节配比,在保证质量的条件下,降低水泥用量。

⑤严格控制墙面平整度与垂直度,现浇楼板的平整度,减少砂浆的抹灰厚度,减少材料的用量。

⑥圈梁模板采用模架支模,重复使用,节约木材。

⑦混凝土地面采用随打随抹一次压光,提高质量,节约水泥。

⑧施工中,做到工完场清,及时清理落地灰、碎砖、砂、石等,用于工程的适当部位,减少损失、浪费。

5)应用新材料、新技术、新工艺

①模板推行组合钢模,竹胶合板,制成定型模板,周转使用节约木材。

②混凝土施工中,楼板、梁中掺早强减水剂,提高混凝土的早期强度,加快模板周转。

③砌筑砂浆中,掺粉煤灰,节约石灰与水泥用量。

④楼板钢筋推行冷轧带肋钢筋,节约钢材。

⑤粗钢筋连接推行电渣压力焊及闪光对焊。

⑥模板推选定型化的竹模板和清水混凝土结构。

⑦给水排水工程推行塑料管,降低工程造价。

⑧模板涂长效隔离剂,一次涂刷多次使用,降低模板损耗和隔离剂用量。

⑨应用计算机和信息化技术,管理更多领域,节约人工费开支。

6）成品保护

①合理安排各专业、分项工程的施工顺序，避免专业、工序间的交叉与干扰。

②教育职工尊重别人的劳动，爱惜已完成的施工成果，施工小心从事。

③做好分项工程的交接检查工作，推行谁损坏，谁修好的原则。一项工程完成后，立即检查，核定执行。

④门窗、窗台板、卫生器具安装后，做好防护工作，加防护板，堵严，防止损坏与堵塞。

⑤装饰阶段，分层、分段设专人看管，发生问题立即纠正，防止大面积损坏、修补的发生。

7）经济活动分析

每月进行一次材料供应和施工活动经济分析。每个分部工程完成后，做一次成本经济活动分析。找出问题，提出改进方案，在未来的工作中进行整改，杜绝浪费损失，降低工程造价。

参考文献

[1] 杨建华.建筑工程安全管理[M].北京:机械工业出版社,2019.

[2] 国家安全生产监督管理总局.生产安全事故应急演练指南:AQ/T 9007—2011[S].北京:煤炭工业出版社,2011.

[3] 郭秋生.建筑工程事故案例分析[M].北京:中国建材工业出版社,2019.

[4] 姚国章.日本灾害管理体系:研究与借鉴[M].北京:北京大学出版社,2009.

[5] 全国干部培训教材编审指导委员会办公室.应急管理体系和能力建设干部读本[M].北京:党建读物出版社,2021.

[6] 国家安全生产监督管理总局.生产安全事故应急预案管理办法(国家安全生产监督管理总局令第88号)[Z].2016.

[7] 建设部.建设工程重大质量安全事故应急预案(建质〔2004〕)75号)[Z].2004.

[8] 杨月巧.应急管理概论[M].北京:清华大学出版社,2016.

[9] 邬燕云.让生产安全事故应急更科学更规范:《生产安全事故应急条例》解释[J].中国应急管理,2019(3):36-39.

[10] 贺银凤.中国应急管理体系建设历程及完善思路[J].河北学刊,2010,30(3):159-163.

[11] 国家市场监督管理总局,国家标准化管理委员会.生产经营单位生产安全事故应急预案编制导则:GB/T 29639—2020[S].北京:中国标准出版社,2013.

[12] 国家安全生产应急救援指挥中心.安全生产应急管理[M].北京:煤炭工业出版社,2007.

[13] 尚春明,贾抒,翟宝辉,等.发达国家应急管理特点研究[J].城市发展研究,2005,12(6):66-71.

[14] 陈丽.德国应急管理的体制、特点及启示[J].西藏发展论坛,2010(1):43-46.

[15] 封睢.德国应急管理体系的启示[J].城市与减灾,2006(2):17-19.

[16] 张维平.美国、加拿大、意大利应急管理现状和对中国的启示[J].中国公共安全(综合版),2006(11):143-149.

[17] 闪淳昌,周玲,方曼.美国应急管理机制建设的发展过程及对我国的启示[J].中国行政管理,2010(8):100-105.

[18] 郭中华,尤完.建筑施工生产安全事故应急管理指南[M].北京:中国建筑工业出版

社,2019.

［19］国家安全生产应急救援指挥中心.建筑施工安全生产应急管理［M］.北京:煤炭工业出版社,2017.

［20］中国建筑工程总公司.施工现场职业健康安全和环境管理应急预案及案例分析［M］.北京:中国建筑工业出版社,2006.

［21］宋英华.国家应急管理战略工程［M］.北京:人民出版社,2017.

［22］北京海德中安工程技术研究院.建筑施工应急救援预案及典型案例分析［M］.北京:中国建筑工业出版社,2007.

［23］钟汉华.施工项目质量与安全管理［M］.北京:北京大学出版社,2012.

［24］黄春蕾,李月娟.建筑施工安全管理［M］.北京:科学技术文献出版社,2018.

［25］宋健,韩志刚.建筑工程安全管理［M］.北京:北京大学出版社,2011.

［26］胡进洲,刘春娥.建筑工程质量与安全管理［M］.北京:国防科技大学出版社,2013.

［27］尤完,叶二全.建筑施工安全生产管理资料编写大全:上册［M］.北京:中国建筑工业出版社,2016.

［28］尤完,叶二全.建筑施工安全生产管理资料编写大全:下册［M］.北京:中国建筑工业出版社,2016.